彻底摆脱手算
全面解决方案

统筹e算实训教程

建筑工程分册

王在生　连玲玲　编著
解本政　徐锡权　主审

中国建筑工业出版社

图书在版编目(CIP)数据

统筹e算实训教程　建筑工程分册/王在生，连玲玲编著．—北京：中国建筑工业出版社，2011.11
ISBN 978-7-112-13660-5

Ⅰ.①统…　Ⅱ.①王…②连…　Ⅲ.①建筑工程-工程造价-教材
Ⅳ.①TU723.3

中国版本图书馆CIP数据核字(2011)第204850号

本书以房间装饰和某商务楼工程施工图纸为例，讲解工程量计算以及全费用报价和工程量清单招标控制价的编制方法。通过统筹e算表格算量和图形算量的实例，使读者了解如何彻底摆脱手工算量，掌握规范工程量计算式和校核工程量的方法，为进一步公开工程量计算式提供了样本；并按2011年7月发布的《山东省建设工程工程量清单计价规则》展现工程量清单招标控制价和定额计价的步骤、方法和格式要求。工程造价人员通过学习，能全面、系统地掌握两种算量方法及软件使用，将复杂的工程量计算变得简单化、规范化，使广大造价人员轻松、愉快地编制工程造价。

本书可供大中专院校土木工程、工程管理、造价管理等专业学生和造价工作人员学习和参考，也可用于算量和造价软件的学习以及与同类软件的结果进行比对。

*　　*　　*

责任编辑：邓　卫
责任设计：李志立
责任校对：张　颖　赵　颖

统筹e算实训教程
建筑工程分册
王在生　连玲玲　编著
解本政　徐锡权　主审
*
中国建筑工业出版社出版、发行（北京西郊百万庄）
各地新华书店、建筑书店经销
北京科地亚盟排版公司制版
北京中科印刷有限公司印刷
*
开本：850×1168毫米　1/16　印张：13¾　字数：380千字
2011年12月第一版　2011年12月第一次印刷
定价：**32.00**元
ISBN 978-7-112-13660-5
(21423)

序

技术方法应遵循两个重要原则，才具有大范围推广的可能性。一个原则是必须准确承载其所依据的科学原理，另一个原则是必须使运作方式简单化。

真正做到符合上述两个原则并非易事。几乎所有的技术方法都会表述其所依据的科学原理，但仅有极少数技术方法能真正做到“准确承载”。使运作方式简单化更非易事，因使方式复杂其实并不复杂，而使方式简单却绝非简单。鉴于此，虽然各种方法在工程领域不断推出，但真正能够经受住实践与时间的检验、广受欢迎并自然获得全面推广的方法，却为数不多。

工程量计算的基本属性，是一种工程技术方法；使工程量计算方法既能准确承载其所依据的科学原理，又能使运作方式简单化，是摆在工程造价领域专家面前的重大课题。

统筹法是现代项目管理理论中的重要方法之一。统筹法的基本功能，是选择最优工作方案，优化项目运作过程，获取更佳效益。30 多年前，沈阳市建筑工程局总结出一套计算工程量的“三线一面统筹算法”，经进一步完善，已纳入造价师的考试内容。该方法的要点，是“统筹程序、合理安排、利用基数、连续计算、一次算出、多次应用、结合实际、灵活机动”[①]。其中，实现“一算多用”是提高效益的关键。

我国工程造价领域已推出“三线一面统筹算法”，随着科学技术的不断进步，对效率更高、更加简便实用的工程量统筹算法，工程造价界将以极高的期望值拭目以待。

伴随改革开放的伟大事业，我国启动了史无前例的城市化进程。在连续 30 年超大规模的房屋建设中，工程量计算在工程领域中的地位越显重要。近年来，在工程量计算方面的新思路、新方法、新技术不断涌现，新标准、新规范、新教程不断推出，专业造价软件开发企业也不断发展壮大，大好局面鼓舞人心。

《统筹 e 算实训教程》是关于工程量计算方法的新作，凝聚了王在生先生几十年投身工程造价和计算软件开发事业的心血。王先生常年坚持研究工程量计算理论与方法，如今再结硕果。祝愿本书能够经受住实践与时间的检验，为推动工程造价领域的科技进步，作出实际贡献。

陈青来

2011 年 3 月

① 该 32 字要点是教科书中的规范表述，为方便记忆，可简化为“统筹安排、基数连算、一算多用、灵活实际”16 字。

前 言

《建设工程工程量清单计价规范》(GB 50500—2008，简称 08 规范) 强制性规定："采用工程量清单方式招标，工程量清单必须作为招标文件的组成部分，其准确性和完整性由招标人负责。"本条说明了投标人依据工程量清单进行报价，对工程量清单不负有核实的义务，更不具有修改和调整的权力。本条的认真执行一方面可改变目前所有投标人按照同一图纸重复计算工程量的现状，节省大量的社会财富和时间，既增加了社会效益，又可以避免工程招标中的弄虚作假、暗箱操作等不规范的招标行为，有利于创造公开、公平、公正的市场竞争环境，但另一方面对招标人也提出了更高的要求。本规定打破了长期以来让投标人计算工程量的传统理念，确定了在工程领域宜采用单价合同而不宜采用总价合同，为彻底实现量价分离的计价政策改革而铺平了道路。

由中国建设工程造价管理协会主编的《建设项目全过程造价咨询规程》，是为加强行业管理，规范工程造价咨询企业承担建设项目全过程造价咨询的内容、范围、格式、深度要求和质量标准，提高全过程工程造价管理咨询的成果质量而编制的。全过程造价咨询是指在工程建设的各个阶段，包括合理计算和确定投资估算价、设计概算价、施工图预算价、合同价、竣工结算价、竣工决算价整个过程。以往各个阶段的工程量计算工作都是独立进行的，由于计算式不公开，以致形成算量信息孤岛，从而不利于全过程的造价控制。

08 规范和全过程造价咨询规程的执行，需要相应的措施来保障。也就是说，用什么方法来保证工程量清单的准确性和完整性，以及如何公开工程量计算书，打破算量信息孤岛，以利于全过程的造价控制。这些是编制本实训教程要解决的问题。

本书的理论基础是华罗庚教授倡导的统筹法和钱学森教授的控制论，与陈青来教授的平法设计思想是一致的，一个是让设计师干创造性的工作，一个是让造价师干创造性的工作。本书着重从以下三个方面来阐述：

(1) 参照同类工程案例来保证工程量清单项目的完整性。

所谓完整性指的是不漏项。要保证不漏项，编制人不但要熟悉图纸，还应熟悉清单和定额的工程量计算规则以及已办理完结算的同类参照工程所用到的定额、换算、补充定额和补充清单。做工程前，最好把同类参照工程的做法清单/定额表复制过来，再根据本工程具体做法进行调整。

这样做体现了让造价师干创造性工作的思想。挂接清单和套定额的工作是一个共性问题，又是一个经验问题。因为一般新手容易漏项，而且对清单项目特征的描述也会五花八门，如果在造价界业内能形成一大批模板提供给新手套用，他们只需算出实物量来对号入座，这将是一场造价界的革命，必将会像设计界的平法设计那样在全社会得到广泛的应用。

(2) 表算为主、图算为辅、两算并举、相互验证来确保工程量计算的准确性。

三维图算具有直观、快速和给操作者带来成就感等特点，熟练掌握图算技术是造价人员必须具备的基本功。但图算不能完全代替表算（包括手算和电子表格计算），因为图算的准确性不能完全由操作者来控制，图算不保存修改稿，纸面文档的法律效力是电子文档不可替代的，所以，图算是辅助性的，是校对工程量准确性的最佳选择。

本书列出了门窗过梁表、构件清单表、辅助计算表、钢筋明细表、钢筋汇总表等原始数据输入表格，其结果均可调入工程量计算书，便于公开，便于同手算和图算结果进行核对。最后形成的清单、定额工程量表可以直接导入套价软件，2 分钟即可完成定额计价和清单计价的全部工作。

书中对工程量计算书中一些有异议的常见问题，依据计算规则作了进一步的解释。

为了验证表算的准确性，书中给出了图形算量的简易操作步骤和输出结果。读者可从 www.ystb.com 网站上下载施工图电子文档和学习版软件，学习图算软件的操作步骤，对照输出结果来验证图算、表算的优越性和不足之处。

（3）按 2011 年 7 月发布的《山东省建设工程工程量清单计价规则》要求结合实际情况做出招标控制价的所有表格。

按《山东省建设工程工程量清单计价规则》规定，招标控制价共含封-2、表-01、表-02、表-03、表-04、表-05、表-06、表-07、表-08、表-11、表-12、表-13、表-14、表-15、表-16、表-17、表-18、表-20 共 18 张表。本书根据实例需要给出了 15 类表，还对原建设部令 107 号文中所提“全费用单价”的形式做了介绍。

本书的室内装饰案例取自日照某工程的一个房间，对一个完整工程的图纸本想参照国内含有手工算量完整案例的“十一五”国家级教科书，便于对计算结果进行比对，但这些书中采用的图纸大都是过时的预制板并且没有平法设计内容，后来找到了人民交通出版社出版的《广联达工程造价类软件实训教程案例图集》中的练习工程图纸，感到比较符合目前的结构形式，于是我们以此为蓝本，自行绘制了商务楼工程施工图，对原图做了大量补充和更正。广联达公司是全国最大的造价软件公司，也是国内建设领域信息化服务产业的领军企业。他们的产品从单一的预算软件发展到工程造价管理、项目管理、招投标管理、教育培训等 30 余个产品，并被广泛应用于建筑设计、施工、审计、咨询、监理、房地产开发等行业及财政审计、石油化工、邮电、电力、银行审计等系统。他们出版的教程是供全国广大用户学习的，本书采用与其统一的案例图纸算量将有利于图算和表算互相比对、互相学习、共同提高。本书的著作权人是青岛英特软件有限公司和广联达软件股份有限公司。

本书给出了“工程量计算”的定义，并在国内首次提出了规范工程量计算式的 11 项规程和工程量校核方法，给出了公开工程量计算式的样本，详细介绍了表格电算工程量（完全代替手算）和图形计算工程量的全过程，将复杂的工程量计算变得简单化、规范化，并全部由计算机完成，目的是使广大造价人员轻松、愉快地编制工程造价。

使用本书，读者不但能全面、系统地学会招标控制价和工程预算的编制，且能掌握多种工程量的计算方法。本书对在校学生来说也是一个很完整的实训案例。此外本书还可以作为检验算量软件正确性的参照，可以为工程造价工作者彻底摆脱手工计算提供一套全面的解决方案。

本书由王在生、连玲玲编著，参编人员分工如下：王在生第 1、2 章；王在生、连玲玲第 3 章；刘铮、连玲玲第 4 章；王在生、杨建辉第 5 章；吴春雷、连玲玲第 6、7 章；赵旸（广联达软件股份有限公司）第 8 章；戚聿伟附录图纸绘制；李静校对；最后由王在生和连玲玲统稿。

本书由山东建筑大学管理学院解本政教授和日照职业技术学院建筑工程学院院长徐锡权教授主审。

一方面，由于编著者水平有限，书中错误和不妥之处在所难免，为了实现将工程量计算更简化、更准确的目标，需要大家来挑毛病；另一方面，本书曾作为新员工的培训教材，虽然学员们感到很实用，但大部分内容在学校中没有学到，统筹 e 算的教材在国内尚属首例，本书有何不当之处，欢迎各位专家、造价和软件业界同行，以及广大师生赐正。

2011 年 8 月

目 录

1 统筹 e 算的概念

20 世纪 70 年代，国内造价界发生了两件大事，一是推广统筹法计算工程量；二是应用电子计算机算量。两者结合在一起经过了 30 多年的发展，现称为“统筹 e 算”，将是打破全过程算量信息孤岛的有效途径。

1.1 表算工程量的发展历程

早在 1973 年，华罗庚教授的小分队就在沈阳进行了应用计算机编制建筑工程预算的初步尝试，并提出了统筹法计算工程量的设想。从 1974 年起，原国家建委建筑科学研究院经济研究所计算机应用小组曾先后与北京、天津、济南、西安等地的建工局、建委合作，进行了应用电子计算机编制工程预算的试验研究工作，并在山东济南和国内其他城市推广应用。

从 20 世纪 90 年代初开始，国内专业从事造价软件开发的企业陆续创建，在工程量计算方面形成了图算和表算两大分支，其中图算工程量的发展从 1989 年北京市定额站等单位推出图算软件以来，已经历了 21 个年头，先后有神机、海文、广联达、清华斯维尔、PKPM 和鲁班等软件公司在国内推广，已取得了突破性进展，从 2002 年至今的资料表明：其应用面正在逐步扩大。但随着 BIM 的实现，设计院的图纸将能够带出工程量，届时让预算员建模算量的软件将完成它的历史使命。

表格计算工程量的模式从 1976 年即投入应用，与图算相比，它较符合手算的习惯，能解决建筑、装饰、安装、市政、园林、修缮、仿古等各专业的工程量计算问题，可充分利用计算机的复制、粘贴及变量调用功能，所有资料以电子文档的方式存储，以所见即所得的形式进行输入输出，能够让预算人员彻底摆脱手算。相信对大多数的预算人员来说，选择先进的表算来代替手算和 Excel 表算不仅是理智的选择，而且是形势发展的必然趋势。

1.2 统筹 e 算软件的设计思想

统筹法（Overall Planning Method）最先是由我国著名数学家华罗庚教授提出的。简单地说，就是将错综复杂的工作进行合理安排。在工程量计算领域，统筹法同样有着广阔的发挥空间。根据马克思唯物辩证法的普遍联系原理，一切事物都是存在着内在联系的。如果我们能抓住这些联系，站在全局的角度统一安排各个构件的计算顺序，就能实现各种数据的重复利用，还可以减少数据输入，便于复核，减少出错率，从而实现大幅度减少工作量的目的。

统筹法算量已推广了 30 多年，基本上没有发展。如大学教材中对统筹法算量的介绍仍然是“统筹程序、合理安排、利用基数、连续计算、一次算出、多次应用、结合实际、灵活机动”32 个字的基本要点。

“统筹 e 算”在原统筹法算量的基础上，将其基本要点扩充为思想、关联、功能 3 个方面共 8 条原则 64 个字，见图 1-1。

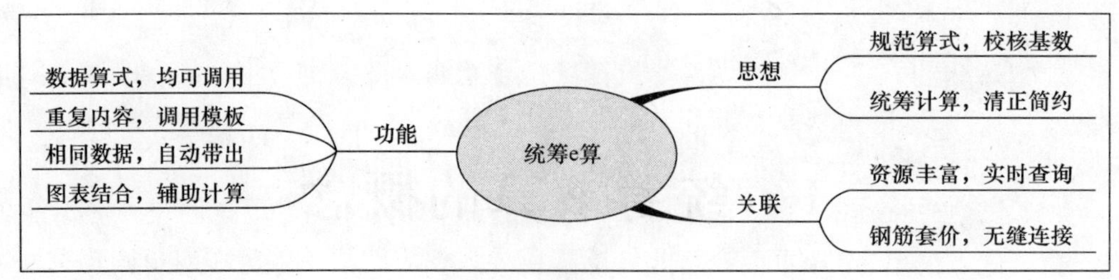

图 1-1　统筹 e 算 8 条原则

（1）规范算式，校核基数

基数由三线一面扩展为三线三面，形成一闭合体系，且必须进行校核，利用校核后的基数，一次算出，多次应用。基数变量通过变量名或行值 Zm（m 为序号）来调用。

为了规范工程量计算式，便于交流，我们分顺序、约定、技巧和简化四个方面，拟定了 11 条规范算式规程，见图 1-2。

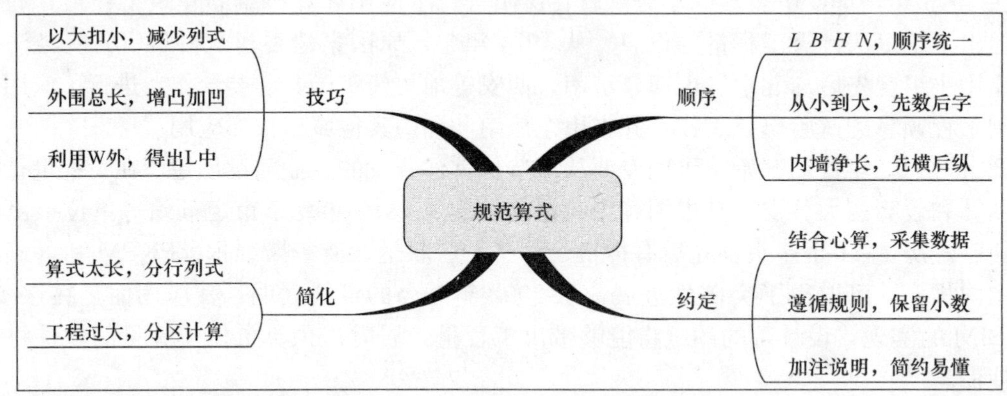

图 1-2　规范算式 11 条规程

1）采集数据顺序：

① $LBHN$，顺序统一：计算式的顺序是长×宽×高×个数；

② 从小到大，先数后字：采集图纸数据的顺序遵循先数字轴后字母轴的最小化原则；

③ 内墙净长，先横后纵：内墙长度以数字轴（横墙）为主，丁角通长部分一般不断开。

2）基本约定：

④ 结合心算，采集数据：数据的采集要与心算相结合；

⑤ 遵循规则，保留小数：计算结果要严格按工程量计算规则保留小数位；

⑥ 加注说明，简约易懂：加注必要的简约说明，以预算员能看懂为原则。

3）应用技巧：

⑦ 以大扣小，减少列式：面积的计算宜采用大扣小的方法；

⑧ 外围总长，增凸加凹：外墙长 W 要用外包长度加凹进简化计算；

⑨ 利用 W 外，得出 L 中：外墙中 L 一般可利用 W 扣减 4 倍墙厚求出。

4）简化：

⑩ 算式太长，分行列式：计算式不要太长，数据多时分行计算；

⑪ 工程过大，分区计算：大工程宜分单元或分区进行计算。

通过教学实践证明，使用以上 11 条规范算式规程，可以基本上做到使每人所录入的数据顺序一致而不必在图纸上做任何记号，这样就可以做到基数计算式的统一。此方法将为制定国家统一的工程量计算规范打下基础。

(2) 统筹计算，清正简约

统筹安排计算流程，一般是通过熟悉建筑图纸结合结构说明做出门窗过梁表，通过熟悉结构图纸做出构件清单表，然后再从基数算起，分基础、主体和装饰三大部分利用辅助计算表计算实体工程量和利用钢筋软件计算钢筋量，可同时利用图算软件进行校核。

以上工作不牵涉套清单和定额。接下来依据工程要求做出做法清单/定额表（可参照类似工程的模板修改），进入清单/定额页面，将实体工程量导入相应的清单或定额内，调整工程量，做出一份完整的工程量计算书，将清单/定额工程量表转入套价，完成计价工作，见图 1-3。

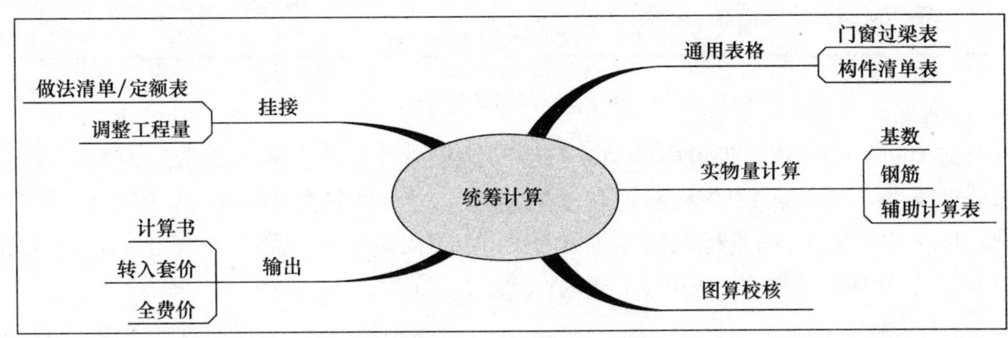

图 1-3 统筹计算 5 个步骤

清正简约指的是所有计算公式均清晰地在计算书正文中以简约方式展现出来，便于核对和公开工程量计算式。核对时只看计算书而不需要计算机，也不需要在录入原始数据时用到辅助计算图表。

(3) 资源共享，实时查询

原版清单计价规范、定额数据、计算规则、定额说明、综合解释、补充定额均及时更新，不断充实，以便供用户实时查询。

(4) 钢筋套价，无缝连接

现阶段可直接导入钢筋软件的计算结果。采用规范定额换算，可基本替代套价软件的前处理，导入套价软件自动完成计价工作。将来要把算量、钢筋计算和套价整合为一套系统，实现广义的“统筹 e 算”。为了与套价软件无缝连接，规范定额换算是项很必要的工作。统筹 e 算把定额换算分为标号换算、倍数换算、常用换算（例如商品混凝土、竹胶板模板等）、一般换算和临时换算五种。前三种换算很容易解决，但各个软件公司的处理方法不同，造成数据交流的不便；一般换算是定额的扩充，最好是视同定额一样由定额管理部门来解决，否则会因理解不一致而造成混乱。

(5) 数据算式，均可调用

应用序号变量技术，使计算书中所有计算结果和计算式，均可以二维变量的形式调用。

所谓“序号变量技术”就是利用序号作为变量名。以前只应用在费用文件中，可以不定义变量名。如图 1-4 中的计费基础栏内，字母 A、B、C、R 变量值取自表外计算结果，第 4 行的计费基础是前 3 项之和，直接用 1＋2＋3 表示；第 7～10 项的计费基础是第 4 项清单计价合计，直接用 4 表示；当插入一行，第 4 行成为第 5 行后，原计费基础中的 4 自动改为 5，也就是说序号变量具有联动性，这是它与其他变量的主要区别，故称其为序号变量技术。

目前在工程量计算书中，引入了二维序号变量概念。

计算书中用 m 表示各行的序号，用 n 表示某项清单或定额内工程量计算式的序号。以 D 打头加序号 m 的变量 Dm 表示第 m 项清单或定额的工程量或全部计算式，以 H 打头加序号 n 的变

序号	费用名称	费率	说明	金额	计费基础
1	一 分部分项工程量清单计价合计			507346	A
2	二 措施项目清单计价合计			137989	B
3	三 其他项目清单计价合计			89020	C
4	四 清单计价合计		一+二+三	734355	1+2+3
5	其中人工费R			136769	R
6	五 规费		1+…+4	23573	7+8+9+10
7	1.工程排污费	0.26%	四	1909	4
8	2.社会保障费	2.6%	四	19093	4
9	3.住房公积金	0.2%	四	1469	4
10	4.危险工作意外伤害保险	0.15%	四	1102	4
11	六 税金	3.44%	四+五	26073	4+6
12	七 合计		四+五+六-社会保障费	764907	4+6+11-8

图 1-4　费用文件界面

量 Hn 表示某项清单或定额工程量中的第 n 行中间结果或计算式。图 1-5 所示为本书案例商务楼工程的部分计算书，其中第 21 项机械夯填土的定额工程量计算式中 $D11$ 代表第 11 项垫层的清单工程量，$D14$ 代表第 14 项基础的清单工程量，$D4.1$ 代表第 4 项第 1 行挖土的定额工程总量，$D20.2$ 和 $D20.3$ 分别代表第 20 项第 2 行和第 3 行的工程量。

3	**2**	**010101003001**	**挖基础土方:坚土,4m内**	**m³**	**290.59**
4		1-3-15	挖掘机挖坚土自卸汽车运1km内	m³	290.24
	1		2(16.96+13.74+.2*2)*.2*1.2[工作面]+D3	305.518	
	2	人工挖土	-H1*5%	-15.276	
5		1-2-3-2	人工挖机械剩余5%坚土深2m内	m³	15.28
6		1-3-47	挖掘机装土方	=	15.28
7		1-3-57	自卸汽车运土方1km内	=	15.28
8		1-3-58*9	自卸汽车运土方增运1km×9	m³	305.52
9		1-4-4-1	基底钎探(灌砂)	眼	233
10		10-5-6	1m³内履带液压单斗挖掘机运输费	台次	1.00
11	**3**	**010401006001**	**垫层**	**m³**	**23.30**
12		2-1-13′	C154现浇无筋混凝土垫层	=	23.3
13		10-4-49	混凝土基础垫层木模板	m²	6.14
14	**4**	**010401003001**	**满堂基础:C20**	**m³**	**101.73**
15		4-2-11′	C204现浇混凝土 无梁式满堂基础	=	101.73
16		10-4-42′	无梁满堂基础胶合板模木支撑[扣胶合板]	m²	25.62
17		10-4-310	基础竹胶板模板制作	m²	6.25
18	**5**	**010301001001**	**砖基础:M10砂浆**	**m³**	**22.88**
19		3-1-1.09	M10砂浆砖基础	=	22.88
20	**6**	**010103001001**	**土(石)方回填**	**m³**	**187.43**
	1	室外回填	D3-D11-D14-S1*.7	28.024	
	2	室内回填	(R1-2.4*0.24)*.92	158.067	
	3	楼梯间	2.4*1.16*.48	1.336	
21		1-4-13	槽、坑机械夯填土	m³	202.36
	1	室外回填	D4.1-D11-D14-S1*.7	42.952	
	2	室内回填	D20.2+D20.3	159.403	

图 1-5　商务楼工程的部分计算书

(6) 重复内容，调用模板

可调用整个工程数据、做法清单/定额模板、清单/定额工程量或计算式以及建筑做法挂接定额模板等，能自动积累以上模板，供交流和新工程调用，可减少预算员的重复劳动，确保工程量清单的完整性。

做法清单/定额表的左半部是工程具体做法，右半部是套用的清单和定额的编号和名称，该表的采用在国内是一个创新，一经推出即得到业内人士的赞同。此表可在熟悉图纸过程中形成，也可模仿国外常用的拉抽屉做法，利用类似工程的模板复制后进行增删，以保证项目的完整性(不漏项)。

(7) 相同数据，自动带出

定额量与清单量相同（见图 1-5 第 12 行）或辅助计算表中与上行同列数据相同的数据以及定额中所包含的主材名称和数量均自动带出，以尽量节省原始数据的录入。

(8) 图表结合，辅助计算

辅助计算表均配有图形，可选择填表录入数据或按图示位置录入后导入表中，通过录入原始数据，自动计算工程量，并列出计算式转入工程量计算书中。

辅助计算表的设计源自电算初期，当时按 5 个分部分别设计了 34 个表（有重复表格），现将建筑装饰部分发展归纳为 12 个表，另又增加了市政道路表。如现在的室内装修表中，只需输入房间长、宽、高、扣墙和增垛长度以及洞口变量即可输出该房间的长度、平面面积、墙面积和脚手架 4 项工程量计算式。

1.3 统筹 e 算算量软件简介

1.3.1 表格设计

主表：适用于各专业工程输入数据的主界面和输出的主要表格，在表中可进行全屏幕编辑和全局变量与局部变量的调用，具有计算中间结果和中间汇总功能。

基数表：在主表中输入数据计算和校核基数，同时生成基数索引以便随时查阅。

门窗过梁表：分层统计门窗及相应过梁。上部为门窗表，下部为过梁表，两表之间自动关联，可以进行门窗与对应过梁的核对。在主表中可利用其代号进行单个门窗或内外墙门窗工程量的调用。

构件清单表：按定额号录入混凝土构件名称、尺寸和分层数量，便于主表调用，同时可与钢筋算量配合应用。

做法清单/定额表：根据建筑做法库，导入本工程建筑做法说明，相关定额及名称或调用已有工程模板进行修改，让预算员只干创造性工作。

辅助计算表：

基础综合　计算基础挖槽、垫层、搅拌、模板、砌体、回填、运余土、钎探
挖地槽　计算挖地槽、垫层、搅拌、模板、钎探
挖坑　计算挖方（圆）坑、垫层、搅拌、模板、钎探
带形基础　计算带形基础的混凝土、搅拌、模板
截头方锥体　计算混凝土独立基础或柱帽等构件的混凝土、搅拌、模板
独立基础　计算杯形基础或独立基础等构件的混凝土、搅拌、模板
工形柱　计算工形柱的混凝土、模板、搅拌
构造柱　计算构造柱及马牙槎的混凝土、搅拌、模板、拉结筋
现浇构件　计算现浇构件（梁、柱、板）的混凝土、搅拌、模板
室内装修　计算房间的周长、墙面、地面、顶棚和脚手架
门窗装修　计算门窗、筒子板、贴脸、台板
屋面表　计算屋面、泛水、找坡、保温
市政道路　计算基层、结合层、面层（市政工程专用）

1.3.2 统筹 e 算算量特点

统筹 e 算算量软件是根据长期实践积累的经验开发出的一套方便、快捷的表算工程量软件，

它的界面简洁、新颖，功能实用且人性化，是统筹法与表算工程量的完美结合。下面通过实例来介绍统筹 e 算算量软件的六大特点：

（1）一次算出，多次应用

统筹 e 算软件为用户提供了方便、快捷的多种数据调用方法，主要体现在以下四个方面：

1）全局变量的调用

全局变量包括基数、门窗、过梁代号，在整个工程内有效，可以随意调用。

2）局部变量的调用

局部变量利用清单或定额项的项号（*Dn*）或计算式的行号（*Hn*），实现计算结果和计算式在分部内的调用。*Dn* 适用于本分部内，*Hn* 适用于本项清单或定额内。例如，使用 *Dm.n* 调用第 *m* 项清单或定额的第 *n* 项计算式的工程量。

3）实物量变量调用

在清单/定额模式页面下，输入“*Ym*”表示调用实物量计算模式中的第 *m* 项值，输入“=*Ym*”表示调用第 *m* 项计算式。

4）强大的数据导入功能

见本节“（5）拓宽导入功能，减少重复劳动”。

（2）所见即所得，透明度高

输入与输出的格式和数据保持一致，不隐藏内部计算，使计算结果直观、透明（见图 1-6）。

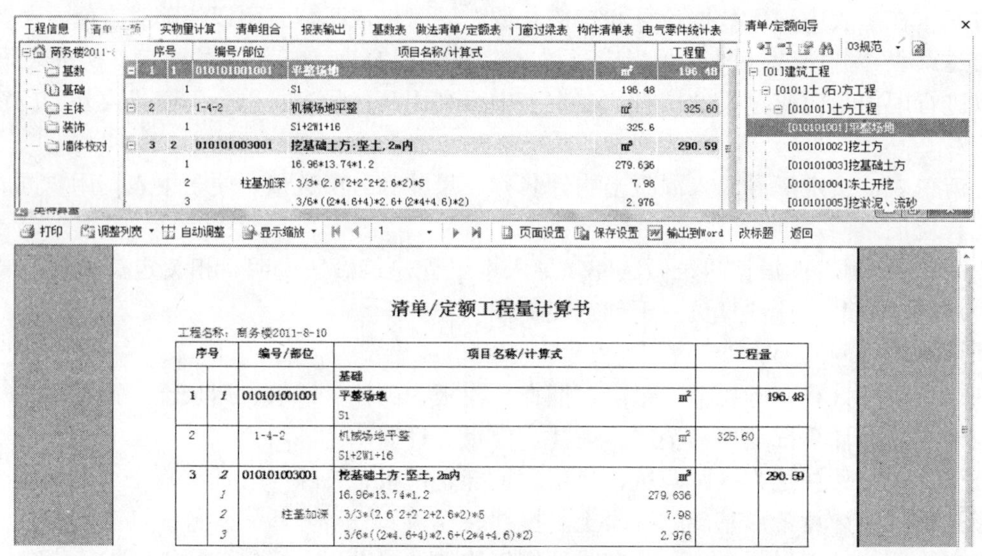

图 1-6　输入输出界面

（3）利用门窗过梁表进行互相验证，简化输入数据（见图 1-7）

门窗过梁表

序号	门窗号	图纸编号	宽×高	面积	30W墙	18N墙	30D墙	24混凝土	数量	洞口过梁号
1	C1	PLC53-07	.9*1.5	1.35	5				5	GL109
	2-5层				1*4				4	
	顶层				1				1	
2	C2	PLC-53-08	.9*2.4	2.16	1				1	GL109
	一层				1				1	

序号	过梁号	图纸编号	长×宽×高	体积	30W墙	18N墙	30D墙	24混凝土	数量	对应门窗号
1	GL109	结施06	1.4*.3*.18	0.076	6				6	C1;C2

图 1-7　门窗过梁表

门窗过梁表用来集中统计整个工程的门、窗、洞口及它们对应的过梁。过梁表中的对应门窗号可自动生成。门窗及过梁变量的调用方法是：

M、*C*、*GL*、*YGL*——全部门、窗、过梁和预制过梁总量

分类表示，以窗为例（其他类同）：

C〈24〉——24 墙窗口总量　　*C*〈24W〉——24 外墙窗口总量　　3*C*1——3 个 *C*1 总工程量

（4）利用辅助计算表格实现图表结合录入数据，自动计算多项工程量

功能强大、设计巧妙的辅助计算表格是统筹 e 算软件最具特色的功能之一，只需在表格中填入需要计算的定额和必要的一些数据后，就可以得到所套定额的全部工程量，也可采用无定额输入方式，只计算出多项工程量。

（5）拓宽导入功能，减少重复劳动

统筹 e 算软件内设置了多种导入功能：

1）房间导入——将基数中的房间尺寸导入室内装修表。

2）构件导入——将构件清单表中的定额号和构件尺寸导入工程量计算界面。

3）清单/定额导入——将做法清单/定额表全部或部分导入主表，当定额项和清单项计量单位相同时用“＝”号表示（不再重复计算）；当定额中含主材时，带出主材和系数。

4）计算式导入——将传统的清单算量、定额算量、清单组合三步模式合并为清单、定额同时算量。在实物量计算界面下完成辅助计算表（用不套定额的纯算量模式），然后再将计算式导入主表。

5）工程做法库做法导入——将建筑做法说明标准图集挂接定额制成工程做法库，可导入做法清单/定额表。

6）其他导入——包括导入钢筋计算结果、导入分部数据、导入其他工程全部或部分数据等。

（6）易学易用，应用面广，符合手算习惯

全部是数据操作，符合预算员的思维和手算习惯，适合于各专业工程量计算，可以让预算员更容易地从手算转移到电算。

1.4　工程量计算的定义与四化

工程量是指按照事先约定的工程量计算规则计算所得的、以物理计量单位或自然计量单位所表示的建筑工程各个分部分项工程或结构构件的数量。工程量计算力求准确，它是编制工程量清单、确定建筑工程直接费、编制施工组织设计、编制材料供应计划、进行统计工作和实现经济核算的重要依据。

08 规范对工程量计算提出了新的要求：第一，实行工程量清单计价，可避免所有投标人按照同一图纸计算工程量的重复劳动，节省大量的社会财富和时间；第二，08 规范将清单工程量的正确性和完整性由招标人负责定为强制性条文。因此，工程量计算的定义应包含转化、校核、公开三方面内容：

（1）将设计图纸的尺寸，依据做法说明和相应的计算规则，转化为计算式和工程量；

（2）对工程量结果要校核验证，并对其正确性和完整性负责；

（3）按照工程量计算规程，统一列式，公开工程量计算式，将其作为设计文件的有机组成部分，同设计图纸一起，一传到底，避免工程量计算在全过程造价管理中的重复劳动。

工程量计算的结果必须列出计算式，才便于校对和存档。图算的计算式一不完整（有些布尔算式只有结果），二太繁琐，三不便存档，四不普遍（如：市政、园林、仿古、修缮等专业尚无图算软件），故只能作为校核的手段。所以对工程量计算的定义，其一，不能光有工程量，而没

有计算式。其二，对计算结果要验证，并对其正确性和完整性负责。先打破1人算10遍10个样的怪论，自己要证明自己的计算正确，要用两种方法来证明，譬如用图算方法来证明表算结果的正确。其三，要想避免重复劳动，必须制定工程量计算规程，以便实现公开工程量计算式。

为了落实工程量计算的定义，必须将工程量计算实现科学化、规范化、标准化和模板化。简称“工程量计算的四化”。

科学化是指从大学教材着手，将工程量计算作为统筹法的一门分支科学来研究。图形算量的研究毕竟是软件公司的事，随着BIM的实现，将来设计院的图纸可以带出工程量来，就不需要再重复建模算量了，所以不能局限于把学生培养成软件的奴隶，而要把学生培养成计算工程量的主人，要用电算化的手段来实现统筹法计算工程量，用于在全过程造价控制中对工程量准确性的需求。而图算的工程量仅供校核使用。

规范化是指所列计算式要遵循规范，也就是前面所讲的11条规程，以保证不但自己日后能看懂，而且别人也能看懂。要彻底打破10人算10个样和1人算10遍也是10个样的现状。最简单的例子就是计算门窗面积，有的人用数量×宽度×高度，而有的人用宽度×高度×数量，计算顺序不能统一。如果大家统一都使用$L \times B \times H \times N$的规程来计算的话，那么就可以使大家列式统一，公开工程量计算式的要求便易于被人接受。

标准化是指要严格执行工程量计算规则，绝不允许随心所欲或自以为是，想怎样算就怎样算。例如：楼梯的计算规则是按水平投影面积计算，包括楼梯梁和息板，而有一本教程却计算了直行楼梯，又计算了梯梁和楼梯平板的工程量；又例如：满堂基础的底板和梁是不可分割的一个构件，按计算规则规定可依据梁高分别套有梁式满堂基础和无梁式满堂基础，而有的教程却分别按基础梁和满堂基础来计算，是不标准的；再例如：保留小数的问题，规定计算结果保留2位小数，一些人为了所谓的精确，坚持保留3位以上，那不能证明算得精准，只能证明这些人太任性，计算规则都不想遵守。

模板化是指要造价师只干创造性劳动。一般来说，一个地区的同类工程要编哪些清单，套用哪些定额，都是雷同的。一些新手最大的缺陷就是漏项，“漏了项目漏了钱”这句话是建筑业的老生常谈。这些并不是创造性工作，完全可以借鉴前人的模板来修订，既省时、省力，又能保证其完整性，何乐而不为？

工程量计算实现了四化，就为“公开工程量计算式”打下了基础。计算式一旦公开，就可以避免大量的重复劳动，节省大量的人力资源，缩短了审核工程量和招投标的时间。而且在众目睽睽之下，自己的计算错误被及时发现，自己的计算水平会不断提高。将会对整个建筑业的公平竞争作出贡献，开创工程量计算的新篇章。

1.5 统筹e算工程量的发展前景

无论是表算还是图算，目的都是为了帮助预算员摆脱手算并且使工程量计算工作准确、高效。三维图算直观、迅速，使预算人员有成就感，尤其对预算新手来说容易上手，但它的计算书烦琐、不易校核，对计算机掌握程度要求较高，要求预算人员的图形思维比较好；表算工程量的计算书清晰、简洁，计算过程透明、计算方式更符合预算员的习惯，缺点是相对枯燥、对于大型工程速度较慢，对预算员的业务素质要求较高。我们认为这两种方法各有优缺点，它们并不是完全对立的两种技术，相反，运用得当的话，它们还可以相辅相成，取长补短。从另一方面来讲，我们提出要建立科学的工程量计算规程，彻底打破工程量计算10人算10个样和1人算10遍也是10个样的传统观念，建立用两种方法来证明其正确性，即表算为主、图算为辅、两算并举、相互验证的理念。要求预算员既掌握三维算量，又掌握统筹e算技术。

把所见即所得的原则整合到表算工程量当中，是表算工程量的又一次飞跃，将会使表算工程量软件更加深入人心。一位资深的预算专家了解统筹 e 算软件以后，曾断言该方法熟练掌握之后，在效率和实用上不会亚于图形算量，这说明了用户对统筹 e 算计算方法的信心。

统筹 e 算软件是实现公开工程量计算式的有力助手，有利于实现公开、公平、公正的竞争秩序，有利于预算员水平的提高。它有无限广阔的发展前景。

复习思考题

（1）简述统筹 e 算的 8 条原则。

（2）简述规范算式的 11 条规程。

（3）简述统筹计算的 5 个步骤。

（4）统筹 e 算如何体现一次算出、多次应用的功能？

（5）统筹 e 算有哪些导入功能？

（6）简述“工程量计算”的定义。

（7）你对“工程量计算的四化”是如何理解的？

（8）思考题：将统筹 e 算与 excel 表进行比较，统筹 e 算的哪些功能在 excel 表中无法实现？反之 excel 表的哪些功能在统筹 e 算中尚不能实现？

2 算量基础知识

2.1 算量与定额和工程量清单的关系

2.1.1 工程量清单与定额的关系

住房和城乡建设部标准定额研究所副所长徐金泉在《建设工程工程量清单计价规范》GB 50500—2008（以下简称08规范）的宣贯提纲中阐述了工程量清单与定额的关系：

（1）08规范清单计价项目的设置，参考了全国统一定额的项目划分，使清单计价项目设置与定额计价项目设置相衔接，以便于推广工程量清单计价方式；

（2）08规范附录中的“项目特征”，基本上取自原定额的项目（或子目）设置的内容；

（3）08规范附录中的“工程内容”与定额子目相关联，它是综合单价的组价内容；

（4）工程量清单计价，企业需要根据自己的企业实际消耗成本报价，在目前多数企业没有企业定额的情况下，现行全国统一定额仍然可作为消耗量定额的重要参考。

西欧、日本以及中国香港的一些专业人士夸奖我们中国大陆有定额这样的好东西真了不起，并说在他们国家里办不到，而我国有些人却极力主张取消定额。这一点不符合“既要与国际惯例接轨，又要考虑我国的实际”这一修订原则，所以5年后的08规范又对定额重新重视起来。工程量清单综合单价分析表新增“定额编号”、“定额名称”、“定额单位”几项，这说明了对定额的重新重视。

2.1.2 关于量价合一与量价分离

由量价合一到量价分离是计价政策的改变，它与计价方法无关。有人认为：定额计价即工料单价法，属于量价合一；清单计价即综合单价法，属于量价分离；这是把量价合一和量价分离理解为不同的计价方法，是不确切的。量和价可以指工程量和报价，也可以当成定额的消耗量和人材机取定价。当政策允许按企业消耗量或市场价调整时，谓之量价分离，体现了公平。当政策规定按定额量和政府公布价计算时，谓之量价合一，体现了公正，例如用于招标控制价的编制规定。

清单计价和工料单价法计价均可采用量价合一的政策，如招标控制价的编制，必须按定额和有关部门发布的指导价计算，如有错误，允许投诉；而投标报价则实行量价分离的政策，不但价格可调，连消耗量也可随企业不同而自由调整。量价合一与量价分离如图2-1所示，图中用方框表示固定，圆框表示可调。

08规范规定宜采用单价合同，体现了量价分离；而总价合同的实质则是量价合一，故在08规范的正文和条文说明中均不再提及，只是在宣贯教材中提出不排除总价合同，但给出的解释是：对于总价合同形式，工程量清单中的工程量不具备合同约束力，工程量以合同图纸标示的内容为准。这就又回到了让投标方按图纸计算工程量的老路上，从而违背了工程量清单的准确性和完整性由招标人负责的强制性规定，所以说总价合同是不符合08规范的。

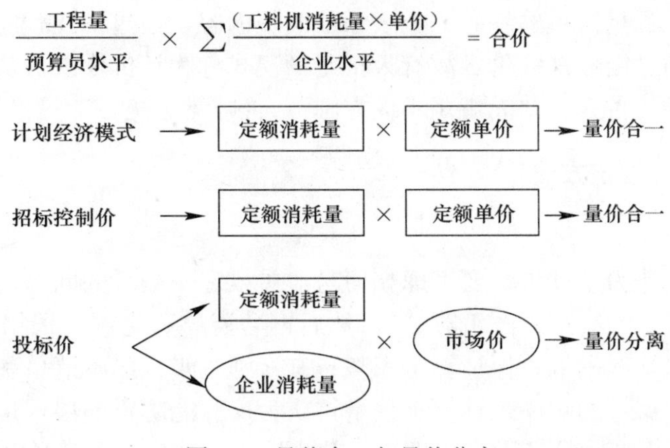

图 2-1　量价合一与量价分离

2.1.3　关于企业定额

提出将企业定额作为投标报价依据已经七年多了，不能再停留在空话阶段，应提出有效的措施来尽快实现。因此建议企业定额与国家定额执行六统一原则，即计算规则、工作内容、定额编号、定额名称、定额单位和人材机组成统一，不同的是消耗量和价格，如图 2-2 所示。如是，企业定额将会全面开花，很快在全国各企业中建立起来。

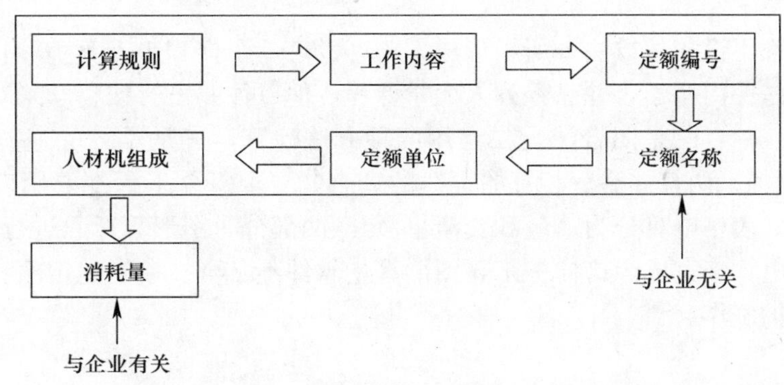

图 2-2　定额七要素

2.1.4　算量不能脱离定额

建国初期，我国引进了前苏联的定额计价方法，60 多年来已深入人心并积累了大量的经验。进入 WTO 后，有些学者认为定额是计划经济的产物，现在执行的是过渡阶段清单模式，主张 5 年内取消定额。当时也有学者认为，定额是个好东西，不应轻易去掉。

至今，7 年过去了，社会平均消耗量定额并未取消，这说明定额确实是个好东西，它好在一个定额号可以代表以下 6 项内容：

（1）项目名称和计量单位；

（2）工程量计算规则；

（3）工作内容；

（4）定额说明和综合解释；

（5）人材机组成；

（6）省基价（计费基础）和地市价。

相对定额而言，工程量清单的编码只能表示前两项内容，通过描述，它不可能把后四项内容表达清楚，清单只能通过定额来计价，故有人把定额模式称为计价模式。从另一方面来说，定额又是计算工程量的法规，古人云“无规矩不成方圆”，否则无法统一工程量的计算方法。

2.1.5 算量顺序与校核方法

(1) 算量顺序

计算工程量的目的是为了计价，要考虑如何与清单或定额结合的问题。有人习惯于先按图纸一张一张地计算工程量（又称消灭图纸算法），然后再套清单和定额，根据相应计算规则进行整理和补充，这样做可以不漏图纸，保证算量完整；有人则主张在熟悉清单和定额计算规则的基础上根据清单编码和定额编号的顺序来计算工程量，认为这样能防止漏项，达到事半功倍的效果。

统筹 e 算综合了以上两种计算顺序，即：部分先算量，然后调入清单和定额项内进行调整和补充其余工程量。

首先，工程中的一部分量可以先不套定额，按分项（按房间、屋面、构件等）单独计算。例如：房间装修就可不套定额而填表计算出房间周长、平面面积、墙面面积和脚手架面积。因为这些与房间尺寸有关的量分属于不同的清单和定额，如果按定额项目计算，将不利于统筹考虑数据的共用。

然后，将做法清单/定额表调入，将以上分项算量的计算式再分配到相应的清单或定额项中。其余项目将根据清单编码和定额编号的顺序来计算工程量。

(2) 校核方法

一般教材中大都不讲校核方法，所以形成了 10 人算 10 个样和 1 人算 10 遍也是 10 个样的现状。计算工程量也是一门科学，并已经列入大学课程，但以往并没有按科学来对待。

校核的方法有三种：一是闭合法，二是用两种方法计算，三是重算一遍。统筹 e 算提出了“表算为主、图算为辅、两算并举、相互验证”的理念，要求每个工程都要用表格电算一遍，再用图算来校对一遍。表格电算分为算量和套清单/定额两部分，图形算量只进行算量，让套清单/定额的工作由表格电算来完成。这样一来，图形算量软件不必再挂接当地定额和清单，将省去不少重复的开发和维护工作。

2.2 换算定额

2.2.1 换算定额的五种表示方法

上面说过一个定额号可以代表六项内容，当遇到换算的情况下如何表示是计价软件的一个难题。最原始的方法是定额号后面加上一个字母“H”或一个汉字“换”表示换算，这种简单的加 H（换）的方法，不能准确地像定额那样表示出换算名称、换算依据和价格。根据 20 多年来开发造价软件的经验，我们采取了五种方法来处理换算定额号的问题。

(1) 换算定额——指定额说明或综合解释提到的换算，将视同定额一样建立换算库来解决，一劳永逸。这些换算定额已被许多地市采用，并刊登在价目表上。如 2-1-1-2 表示 3∶7 灰土垫层（独立基础），它表示当垫层为独立基础时，人工和机械乘系数 1.1。

(2) 强度等级换算——指混凝土和砂浆强度等级的换算，用定额号带小数表示，小数部分可以是定额中多单价的顺序号，也可以是配合比表中的序号，如 3-1-14.2 与 3-1-14.03 均表示为 M5.0 混浆混水砖墙 240。

(3) 倍数换算——用定额号带×号乘倍数表示，如 4-2-46×−1′，表示 C202 商品混凝土梯板厚－10，4-2-46×3′表示 C202 商品混凝土梯板＋10×3。

（4）常用换算——指定额说明中影响大量定额的系数调整和有关规定，由于它具有唯一性，故统一用定额号和换算号后面加“′”表示。如 2-1-13-2′表示 C154 商品混凝土无筋混凝土垫层（独立基础）。例如针对山东定额可用定额号加“′”表示以下 6 种换算：

1）商品混凝土——在套价软件中进行价格调整；

2）三、四类材——木门窗制作人机乘系数 1.3，安装人机乘系数 1.35；

3）弧形墙砌筑——人工乘系数 1.1，材料乘系数 1.03；

4）弧形墙抹灰——人工乘系数 1.15；

5）竹胶板制作——济南、青岛、烟台、淄博规定将胶合板模板定额中胶合板扣除；

6）安装定额中法兰单位由副改片，主材数量为 1 片，人、材、机乘系数 0.61，螺栓数量不变。

通过前面 4 种换算方法，解决了大量标准换算问题，它们均可在算量中解决，可直接导入套价软件中不需再次调整。

（5）临时换算——这是最原始的办法，指针对个别工程项目进行的换算，不具有普遍性，用定额号或换算号后面加 H 来表示，在套价中进行换算数据与价格调整。

2.2.2 统一换算定额的意义

换算定额表示方法的统一，是一个全国范围内的共性问题。因为每个省的定额都会遇到一般换算、常用换算、强度等级换算和倍数换算。它不但解决了算量软件和套价软件的衔接问题，而且对各软件之间数据的交流、上报和招投标都具有十分现实的意义。

2.2.3 换算定额的编制方法

（1）依据定额说明

山东省建筑工程消耗量定额第 265 页注：若门窗上安装门锁，则应减去 150 插销及 M4×20 木螺钉 80 个，在综合解释中又提到：普通执手门锁安装，另按定额 5-1-110 子目的相应规定计算。

现以 5-9-3 定额为例，依据以上规定作出换算定额 5-9-3-1 如表 2-1 所示：

换算定额 5-9-3-1 计算表 **表 2-1**

5-9-3 单扇木门配件				5-1-110 普通门锁安装	5-9-3-1 单扇木门配件（安门锁）		
编码	材机名称	单位	数量	数量	数量	单价	合价
1	综合工日（土建）	工日		0.790	0.790	53	41.87
14510	半圆头螺钉 M4×20	百个	2.700		2.700	6	16.2
14481	立式磁性吸门器	个	10.000		10.000	10.5	105
14493	木螺钉 M4×20	百个	0.800				
14495	木螺钉 M5×30	百个	1.600		1.600	7.26	11.62
14832	普通合页 125	副	20.000		20.000	3.78	75.6
14820	铁插销 150 封闭式	个	10.000				
14845	铁三角 125	百个	0.400		0.400	22.6	9.04
14786	执手锁	把		10.000	10.000	89.9	899
						合计	1158.33

（2）依据定额编制原则

下面以 10-5-1-1 的换算为例来进行讲解。定额“10-5-1 塔式起重机混凝土基础浇筑养护”

的定额编制方法与其他消耗量定额不同的地方是，它既没有混凝土强度等级的表示，也没有把搅拌混凝土的工作内容分列出来，这就影响到强度等级换算和商品混凝土换算的一致性问题。为此，我们按消耗量定额的编制方法将水泥、砂、石、水的消耗量改用强度等级表示，并把混凝土搅拌分离出来，这就需要计算出增加的量和扣除的量，具体计算如下：

1）增加 C204 混凝土 10.15m^3（一般每 10m^3 基础混凝土定额中需要的混凝土消耗量）。

2）求出 10.15m^3 C204 混凝土所需的材料含量，从原定额中扣除（表 2-2）。

10.15m^3 C204 混凝土所需的材料含量 **表 2-2**

材料编码	材料名称及规格	单 位	C204 配比含量	用 量
4006	普通硅酸盐水泥 32.5MPa	t	0.333	0.333×10.15=3.38
5167	黄砂（过筛中砂）	m^3	0.394	0.394×10.15=4.00
5202	碎石 20-40	m^3	0.958	0.958×10.15=9.72
26371	水	m^3	0.18	0.18×10.15=1.83

3）按定额“4-4-15　基础现场搅拌混凝土”得出搅拌 10.15m^3 C204 混凝土所需的人、材、机量，如表 2-3 所示，从原定额中扣除。

搅拌 10.15m^3 C204 混凝土所需的人、材、机量 **表 2-3**

材料名称及规格	单 位	4-4-15　定额含量	消耗量
综合工日（土建）	工日	2.29	2.29×1.015=2.324
水	m^3	8.18	8.18×1.015=8.30
混凝土搅拌机 400L	台班	0.39	0.39×1.015=0.396

4）根据以上计算，需增加 1 项，扣除 7 项数据，得出换算定额 10-5-1-1 的定额组成，见表 2-4。

换算定额 10-5-1-1 计算表 **表 2-4**

10-5-1　塔式起重机混凝土基础浇注养护				10-5-1-1　C204 现浇混凝土塔吊基础			
编码	材料名称	单位	定额量	调整量	定额量	单价	合价
1	综合工日（土建）	工日	10.39	−2.324	8.066	53	427.5
4006	普通硅酸盐水泥 32.5MPa	t	3.38	−3.38			
5167	黄砂（过筛中砂）	m^3	4.00	−4.00			
5202	碎石 20-40	m^3	9.72	−9.72			
26104	草袋	条	10.00		10.00	2.54	25.4
26371	水	m^3	10.98	−1.83−8.30	0.85	4.4	3.74
56006	混凝土搅拌机 400L	台班	0.39	−0.39			
56066	混凝土振捣器（插入式）	台班	0.57		0.57	11.27	6.42
81037	C204 现浇混凝土碎石<40	m^3		+10.15	10.15	199.93	2029.29
						合计	2492.35

注：按照表 2-3 所示，本表 10-5-1-1 的换算应扣除混凝土搅拌机 400L 的消耗量 0.396（台班），但因定额 10-5-1 中混凝土搅拌机 400L 的含量仅为 0.39（台班），故本表 10-5-1-1 的换算扣除含量为 0.39（台班）。

2.2.4　抹灰砂浆厚度和配比调整的换算方法

举例：外墙 3

解释：表 2-5 摘自山东省标准设计图集 L06J002 建筑工程做法第 115 页

建筑做法 **表 2-5**

编　号	名　称	基层墙体	建筑做法	备　注
外墙 3	水泥砂浆外墙	砖墙	1. 7 厚 1∶2.5 水泥砂浆抹面压光 2. 7 厚 1∶3 水泥砂浆找平 3. 9 厚 1∶1∶6 水泥石膏砂浆打底扫毛	1. 适用于无装饰要求或临时建筑 2. 设计时应在立面图中绘出分格线

套用此做法的参照定额为“9-2-20　砖墙面墙裙水泥砂浆 14＋6”，从定额消耗量中看出它是由 14 厚 1∶3 水泥砂浆打底和 6 厚 1∶2.5 水泥砂浆抹面组成。现需要对其进行抹灰砂浆厚度和配比的调整，使其符合外墙 3 的做法。

第一种方法：再增加 3 项定额来解决

打底需要 9 厚 1∶1∶6 混合砂浆，应增定额“9-2-58×9　1∶1∶6 混合砂浆抹灰层＋1×9”；抹面则由原 6 厚 1∶2.5 水泥砂浆改为 7 厚，增定额“9-2-55×1　1∶2.5 水泥砂浆抹灰层＋1”；找平则由原 14 厚 1∶3 砂浆改 7 厚，减定额“9-2-54×－7　1∶3 水泥砂浆抹灰层－1×7”。4 项定额的单价合计为：

9-2-20	砖墙面墙裙水泥砂浆 14＋6	136.63
9-2-58×9	1∶1∶6 混合砂浆抹灰层＋1×9	4.59×9＝41.31
9-2-55×1	1∶2.5 水泥砂浆抹灰层＋1	5.44
9-2-54×－7	1∶3 水泥砂浆抹灰层－1×7	－5.12×7＝－35.84
	合计	147.54

第二种方法：用 1 项换算定额来代替

以上 1 项定额加 3 项换算的方法也可以用 1 项换算定额来代替，如表 2-6 所示。两者的单价差 0.68 元，前者减 1∶3 水泥砂浆 7mm 是按 1mm 的定额含量乘 7，即 0.012×7＝0.084 扣除；而后者是 14mm 的定额含量 0.162 折成 7mm 的含量 0.081 计算，其差为 0.003×233.82＝0.70（元）。两种算法的区别是不同定额的含量取整误差所致，可以认为都是正确的，但后者较为合理，而且是一劳永逸的做法。

换算定额 9-2-20-2 计算表 **表 2-6**

9-2-20　砖墙面墙裙水泥砂浆 14＋6				9-2-20-2　墙面墙裙混浆 9 砂浆 7＋7 外墙 3			
材料编码	材机名称	单位	定额量	调整量	定额量	单价	合价
2	综合工日（装饰）	工日	1.45	0.04×3	1.57	53.00	83.21
81078	水泥砂浆 1∶2.5	m^3	0.069	0.012	0.081	260.23	21.08
81079	水泥砂浆 1∶3	m^3	0.162	－0.162/2	0.081	233.82	18.94
26371	水	m^3	0.07	0.001×3	0.073	4.4	0.32
56017	灰浆搅拌机 200L	台班	0.039	0.002×3	0.045	93.27	4.2
81091	混合砂浆 1∶1∶6	m^3		0.012×9	0.108	189.51	20.47
						合计	148.22

2.3　基数及其应用

2.3.1　基数定义的由来与发展——从三线一面到三线三面

基数的定义源于 20 世纪 70 年代，当时全国推广统筹法计算工程量方法，即把建筑的工程量分成与四个基数（简称三线一面）有关的部分来连续计算，即按外墙长计算的量有外墙抹灰、护坡、脚手架等，按外墙中和内墙净长计算的工程量有墙体、内抹灰（当时是用墙体量乘系数），按外围面积来计算的有场地平整、屋面等。

随后，由于综合定额的实行，计算规则的改变，这种统筹法已不再适用于大部分工程。但其统筹法的思想是先进合理的。随着全国统一基础定额的颁布、工程量计算规则的改变，统筹法算量的技术又开始应用。在《工程估价》这本书中发展为四线二面一册计算法。其中四线中增加的是基础或垫层净长线，二面中增加了室内净面积，一册是标准图册。

三线三面的理论最早出现在 1990 年由中国建筑工业出版社出版的《微电脑用于编制预算》一书中。它在三面中增加了墙身面积，是通过墙体长度乘厚度计算出来的。这样一来就形成了一个闭合体，即外围面积＝室内面积＋墙身面积，可用此公式来验证基数的正确性。因为基数的正确关系到以后的计算，须有措施来保证其正确性。基数计算一错将成为后面计算错误的根源，形成一错再错的严重后果。

三线三面的具体含义如下：

(1) 外墙长 W：计算外抹灰、脚手架、檐口、散水；

(2) 外墙中 L：计算外墙砌体；

(3) 内墙净长 N：计算内墙砌体；

(4) 外围面积 S：计算建筑面积、场地平整；

(5) 室内面积 R：计算室内面积和室内装修；

(6) 墙身面积 Q：计算墙身防潮层；

(7) 校核公式：$S-R-Q\approx 0$。

基数定义可延伸为在整个工程中可调用的数据，如建筑面积、建筑体积、各类基础长和基底长、放坡系数、屋面延尺系数和隅延尺系数以及弧长、弓形面积等。

基数可以通过基数名或序号（以字母 Z 打头）调用，这在计算机软件中是很容易实现的。

2.3.2 数据采集规则在基数表中的应用

对一个复杂工程来说，不经训练要想基数闭合不是一件易事。由于基数都算不准，所以出现了 10 人算 10 个样的现状。实践证明，经过训练以后，算准基数的效率可提高 3 倍以上，其关键是采集数据要按前面所讲的 11 条规则（见图 1-2）进行。

下面以部分基数表（表 2-7）为例，结合附录中的商务楼工程图纸来说明数据采集规则的应用。

基数表　　　　表 2-7

序号	编号/部位	项目名称/计算式		工程量
1	外围面积	16×12.28	196.48	$S1$
2	外墙长	2(16＋12.28)	56.56	$W1$
3	外墙中	$W1$－4×0.24	55.6	$L1$
4	24 内墙长	5.5×3＋4.3×2＋1.76＋15.52＋2.4	44.78	$N1$
5	库房	3.06×5.5＋4.34×5.5＝40.7		
6	大厅	7.64×6.06－1.32×4.3＝40.622		
7	楼梯间	2.4×4.06＝9.744		
8	室内面积	$\sum\times 2-H7$	172.388	$R1$
9	墙体面积	($L1$＋$N1$)×0.24	24.091	$Q1$
10	校核	$S1-Q1-R1$	0.001	

(1) LBHN，顺序统一——计算式的顺序是长×宽×高×个数

此原则适用于各个专业，可广泛用于体积、面积和长度的列式。例如：门窗口可按宽×高×

个数来输入，一定要把高放在第 2 位，个数放在最后，这样在软件中才能依据门口的宽度来确定扣除踢脚板的长度，或依据窗口的宽度来确定窗台板的长度。

(2) 从小到大，先数后字——采集图纸数据的顺序遵循先数字轴后字母轴的最小化原则

例如：外围面积的计算式必须先输 16（数字轴长度），再输 12.28（字母轴长度）。

先算外围面积，再算外墙长和外墙中是符合统筹法原则的。因为外墙长与外围面积的数据相关，可以对照。“三线一面”不要理解为先算三线，再算一面。

(3) 内墙净长，先横后纵——内墙长度以数字轴（横墙）为主，丁角通长部分一般不断开

本条原则是先算数字轴墙的长度，遇到拐角、十字角时，一般情况下内墙长度以数字轴（横墙）为主，纵墙扣除横墙墙厚；遇到丁角时，一般情况下按通长部分不断开的原则计算。

例如：第 4 行 24 内墙长的计算式，它的标准列式是：5.5×3＋4.3×2＋1.76＋15.52＋2.4，解释如下：

1）5.5 是 2 轴的内墙长度，与其相同的共 3 道，分别与 1/C 轴以丁角和十字相交，按通长不断开的原则算至内皮；

2）4.3 为 3 轴的内墙长，共 2 道，体现了遇拐角时以数字轴为主算至外皮的原则；

3）1.76 是 4 轴的一段，上面是十字接头，下面是丁字接头，这两种接头的原则是通长部分不要断开，故扣除了纵墙的墙身；

4）15.52 是 1～7 轴间 1/C 轴墙的长度，2.4 是 3～5 轴间 C 轴墙的长度。因为起始轴号 3＞1，所以先计算 15.52，后计算 2.4。

(4) 结合心算，采集数据——数据的采集要与心算相结合

例如：第 5 行库房的室内面积计算式中房间净长不能输 3.3－0.12－0.12，也不要输 3.3－0.24，而要直接输 3.06。

要求将简单计算式直接输成结果，这样做有两个原因：一是便于后面利用辅助计算表计算房间装修时调用；二是一般老预算员和大学生（不会和小学生是一个水平）对这种简单运算，心算就可理解，列式计算反而多余。

(5) 遵循规则，保留小数——计算结果要严格按工程量计算规则保留小数位

08 规范的条文说明中要求，工程量的有效位数应遵守下列规定：

1）以“t”为单位，应保留三位小数，第四位小数四舍五入；

2）以“m^3”、“m^2”、“m”、“kg”为单位，应保留两位小数，第三位小数四舍五入；

3）以“个”、“项”等为单位，应取整数。

在计算结果中，将依据清单或定额的单位来确定工程量的有效位数，一般中间结果增加一位小数，即保留 3 位小数，可足以保证计算结果取 2 位有效位数的精确性。

(6) 加注说明，简约易懂——加注必要的简约说明，以预算员能看懂为原则

对计算式的说明，可以放在部位列内，也可放在计算式中用中括号括起来，如表 2-14 中第 4.1 行中的［工作面］。

(7) 以大扣小，减少列式——面积的计算宜采用大扣小的方法

例如：表 2-7 第 6 行大厅的室内面积计算式 7.64×6.06－1.32×4.3＝40.622 体现了大扣小的方法。这样，在辅助计算表调用计算式时，能够减少数据录入和计算式。例如本书商务楼案例中室内装修表第 2 项房间的尺寸 1.32×4.3 只用于计算房间扣除的面积，而不再计算房间长度、墙面抹灰面积和墙面脚手架面积；如果分成 2 个小房间相加计算，则不但要多计算 3 个工程量，而且还要分别输入 2 个房间连接处的一段空墙的长度。

在计算建筑面积时，采用大扣小的方法也是合理的。先算大面积，再扣小面积，要比算出几个小面积相加要易于校对。

(8) 外围总长，增凸加凹——外墙长 W 要用外包长度加凹进简化计算

本条原则用于计算凹阳台或凸出楼梯间的外墙长度。

(9) 利用 W 外，得出 L 中——外墙中 L 一般可利用 W 扣减 4 倍墙厚求出

例如：第 3 行外墙中的计算式 $W1-0.96$，其中 0.96 是 4 个外墙的厚度。

(10) 算式太长，分行列式——计算式不要太长，数据多时分行计算

利用序号变量，可以将长计算式分段列出。例如：第 8 行室内面积的计算式 $\sum\times2-H7$，其中 $H7$ 等于第 7 行的结果。

(11) 工程过大，分区计算——大工程宜分单元或分区进行计算

例如：第 5、6 行都是计算的半个单元室内面积，相当于分区计算，第 7 行计算的是中间楼梯间的面积，第 8 行室内面积的计算式 $\sum\times2-H7$，即是将整个面积乘 2，再扣去 1 个楼梯面积。

2.4 表格算量工作流程

算量文件以单位工程为基础，可按标段分为三级（工程项目、单项工程、单位工程）、二级（工程项目、单位工程）或一级（单位工程）存储。这样做可方便归档管理，也符合清单要求。

进入单位工程后，做法清单/定额表、门窗过梁表、构件清单表、基数表的数据和形成的变量以及钢筋算量结果可在任意分部中调用。单位工程内设置分部，可以将做法清单/定额表按分部调入，省去每次工程重新做清单、定额项目的麻烦；在实物量计算界面下，可以利用辅助计算表格录入数据，得到计算式，然后将计算式调入相应的清单或定额项内，形成清单/定额工程量计算书文件。统筹 e 算软件能够实现算量、钢筋、套价的无缝连接，具体工作流程如图 2-3 所示。

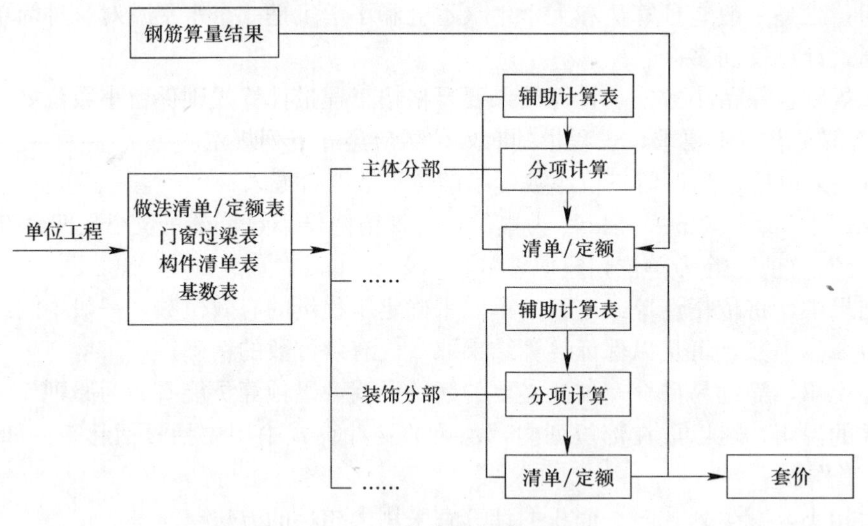

图 2-3 表格算量工作流程

2.5 清单算量与定额算量

2.5.1 清单算量要与清单编制相结合

为什么要实行清单计价？算一次定额量再算一次清单量是否多此一举？这是一个困惑，也是

多年来工程量清单推行难的重要原因之一。把采用清单计价的好处说成是量价分离，而定额计价是量价合一以及清单是综合单价法，而定额是工料单价法的解释均是站不住脚的。因为招标控制价即是量价合一，而定额计价也可实行综合单价法。

（1）实行工程量清单计价的好处是：

1）便于同国际接轨，便于建立全国统一、开放、健康、有序的建设市场。我国的定额管理是以地区为界的，虽然有全国统一基础定额，但每个省市都有自己的一套定额，国家有必要以清单的方式将其统一起来。

2）清单是定额的综合。大家对综合定额还是很留恋的，山东的 96 综合定额已停用 7 年了，至今还有人在应用，这充分说明了综合的好处。例如：圈梁混凝土子项，在消耗量定额中要套制作、搅拌、运输、超高增加等 4 个定额项目。如果调整，需改动 4 个子目；而清单只需改一个即可。政府统一综合定额的弊端是太粗，而清单则由用户自己根据工程实际需要来编制，完全可以综合得恰到好处。

3）08 规范规定的招标控制价、投标报价、合同价、竣工结算价完善了建设过程的价格概念，实行工程量清单计价可有效地控制投资、保护甲乙双方的利益。

（2）清单算量应与清单编制相结合，其项目特征的描述应和算量同步完成，这样才能一步到位，省去从算量转入套价后在套价中进行特征描述的重复劳动。工程量项目特征描述应遵循的原则是：

1）要结合拟建工程项目的实际要求予以简约的描述，而不要按格式化刻板地进行描述；

2）可采用详见××图集××图号的方式；

3）项目特征描述的目的是为了确定综合单价，与单价无关的内容不要描述；

4）钢筋可不分规格仅按种类列出清单项目。

（3）关于“项目特征描述”的争议：

从 03 规范发布以来，关于项目特征的描述，出现了两种模式，即简化模式和复杂模式。例如：一项矩形柱清单，在 03 规范宣贯辅导教材第 350 页的描述见表 2-8。

简化模式 **表 2-8**

序 号	项目编码	项目名称	计量单位
5	010402001001	矩形柱 C25	m^3

大部分教材中的描述模式，则不管是否与综合单价有关，均照抄 03 规范的项目特征进行刻板的描述，如表 2-9 所示。

复杂模式 **表 2-9**

序 号	项目编码	项目名称	计量单位
2	010402001001	矩形柱 ① 柱高度：7.60m ② 柱截面尺寸：300mm×400mm ③ 混凝土强度等级：C25 ④ 混凝土拌合料要求：现场集中搅拌制作	m^3

更有甚者，再按截面尺寸又分列出多项清单来，本来一行可解决的问题，结果用了一整页。

显然，第一种模式完全可以满足确定综合单价的要求，第二种模式不但繁琐，而且把与确定综合单价无关的柱高和截面尺寸列入清单中，这是毫无必要的。

08 规范给出了结合实际和为了确定综合单价的要求来描述的原则。希望能认真贯彻执行，不要再把简单问题复杂化了。

国家一再强调要建立节约型社会，节约是中华民族的传统美德，更是社会进步的体现，造价人员应提高到“节约为荣、浪费可耻”的境界来对待自己的每一项工作。有人不愿意实行清单计价，主要理由就是认为清单把简单的事情搞复杂了。其实并不单是上面的问题，如宣贯辅导教材的简化描述已经做了示范，而某些执行者则倾向于把简单的事情复杂化，把一些与综合单价毫不相干的内容，如截面尺寸等也单列出来，形成了多个清单均为一个综合单价的现状。

古人云“惜墨如金”，原意是指作画，意即用墨要恰如其分，不可任意挥霍，尽可能做到用墨不多而表现丰富，后人引用到做文章上。著名作家巴金在《读自己的创作·小序》中写道“我真羡慕那些能够做到‘惜墨如金’的人。”对比上面的例子使人感到，简直是在“挥墨如土”。两种做法，何取何舍的道理是很清楚的，尤其是当今时代，全世界都在讲低碳，都在节约能源，更不应再提倡浪费的做法。

2.5.2 清单与定额算量规则

清单和定额算量要依据各自相应的计算规则（表 2-10）：

（1）清单算量要与清单编码相结合，依据规范附录中的计算规则进行计算；

（2）定额算量要与定额号相结合，依据定额中的计算规则、说明、综合解释进行计算；

（3）算量前一定要熟练掌握其相应的计算规则，才能事半功倍。

算量要依据相应的计算规则　　表 2-10

项目编码	项目名称	清单计算规则	定额计算规则
010101001	平整场地	按设计图示尺寸以建筑物首层面积计算	首层结构外边线，每边各加 2m 计算
010101003	挖基础土方	按设计图示尺寸以基础垫层底面积乘以挖土深度计算	除按设计图示尺寸外应再计算工作面及放坡增加部分

定额计算规则中的基础工作面宽度表见表 2-11。

基础工作面宽度表　　表 2-11

基础材料	单边工作面宽度（m）
砖基础	0.20
毛石基础	0.15
混凝土基础	0.30
基础垂直面防水层	（自防水层面）0.80
支挡土板	0.10

注：其中混凝土垫层工作面宽度按支挡土板计算。

土方放坡系数表见表 2-12。

土方放坡系数表　　表 2-12

土　类	放坡系数		
	人工挖土	机械挖土	
		坑内作业	坑上作业
普通土	1∶0.50	1∶0.33	1∶0.65
坚土	1∶0.30	1∶0.20	1∶0.50

08 规范中的土石方体积折算系数表（表 2-13），一般用于夯实用土量的折算。由于清单项目中无运土项目，故没有派上用场。但定额工程量计算规则与此完全相同，定额的土方工程量也是按天然密实体积计算，如果用挖出的土方再进行回填时，所需用土量应乘以夯实体积与天然密实体积的折算系数 1.15。即：

余土外运量 = 挖土体积 − 回填土体积 × 1.15

回填土用量 = 回填土体积 /0.87

土石方体积折算系数表 **表 2-13**

天然密实度体积	虚方体积	夯实后体积	松填体积
1.00	1.30	0.87	1.08
0.77	1.00	0.67	0.83
1.15	1.49	1.00	1.24
0.93	1.20	0.81	1.00

2.5.3 清单与定额算量模式

(1) 清单与定额单独算量

在 03 规范中，招标方计算清单量，不要求计算定额量，所以，投标方接到工程量清单后，要计算定额量，然后将定额量组合到清单中去。

(2) 清单与定额同时算量

在 08 规范中，招标方除了计算清单量外，还要编制招标控制价，故还要计算定额量，所以，可采取清单工程量和定额量一起计算的方式，如表 2-14 所示。

清单与定额同时算量 **表 2-14**

序号		编号/部位	项目名称/计算式		工程量	
			基础			
1	1	010101001001	平整场地	m^2		196.48
			S1	196.48		
2		1-4-2	机械场地平整	m^2	325.60	
			S1+2W1+16	325.6		
3	2	010101003001	挖基础土方；坚土，4m 内	m^3		290.59
	1		16.96×13.74×1.2	279.636		
	2	柱基加深	0.3/3×(2.6^2+2^2+2.6×2)×5	7.98		
	3		0.3/6×(4.6×2.6+(4.6+4)×(2.6+2)+4×2)	2.976		
4		1-3-15	挖掘机挖坚土自卸汽车运 1km 内	m^3	290.24	
	1		2(16.96+13.74+0.2×2)×0.2×1.2[工作面]+D3	305.518		
	2	人工挖土	−*H*1×5%	−15.276		
5		1-2-3-2	人工挖机械剩余 5%坚土深 2m 内	m^3	15.28	
			−*D*4.2	15.276		
6		1-3-47	挖掘机装土方	m^3	15.28	
7		1-3-57	自卸汽车运土方 1km 内	m^3	15.28	
8		1-3-58×9	自卸汽车运土方增运 1km×9	m^3	305.52	
			*D*4.1	305.518		
9		1-4-4-1	基底钎探（灌砂）	眼	233	
			16.96×13.74	233		
10		10-5-6	$1m^3$ 内履带液压单斗挖掘机运输费	台次	1	

说明：

1) S1 是首层外围面积，取自基数。

2) S1+2W1+16 是按定额计算规则（首层结构外边线，每边各加 2m 计算）求场地平整的计算公式，式中 *W*1 是外墙长度，取自基数。

3）第 3 项中 2～3 行计算式，是 5 个正截头方锥体和一个矩形截头方锥体（此处是将 B 轴上 2 个基础加深部分合并为 1 个）的计算式。截头方锥体的计算公式很多，本书取自原建设部标准定额司编《全国统一建筑工程基础定额（土建工程）有关应用问题解释》第 189 页正方形（或矩形）截头锥体公式：

矩形：$V=1/6\times h\times[(2a+a')\times b+(2a'+a)\times b']$

正方形：$V=1/3\times h\times(a^2+b^2+a\times b)$

它可不必熟记公式，而在模板图上填尺寸，由下列步骤得来：

第一步：在分项计算界面下，打开辅助计算表 E，选择不输定额模式，可采用填表录入或填图录入，如图 2-4 所示；

第二步：将辅助计算表的计算结果提取（调入）到分项计算书中，如图 2-5 所示；

第三步：转入清单/定额界面，在左窗口打开分项计算索引，将计算式双击，调入清单/定额计算书中，如图 2-6 所示。

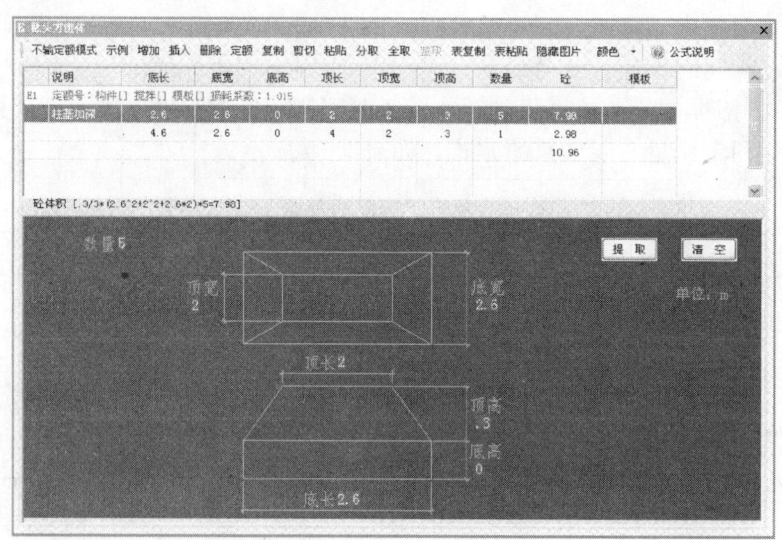

图 2-4　截头方锥体计算表

序号	编号/部位	项目名称/计算式		工程量
		基础		
1	E	截头方锥体	m³	10.96
1	柱基加深	.3/3*(2.6^2+2^2+2.6*2)*5	7.98	
2		.3/6*((2*4.6+4)*2.6+(2*4+4.6)*2)	2.976	

图 2-5　截头方锥体计算表提取结果

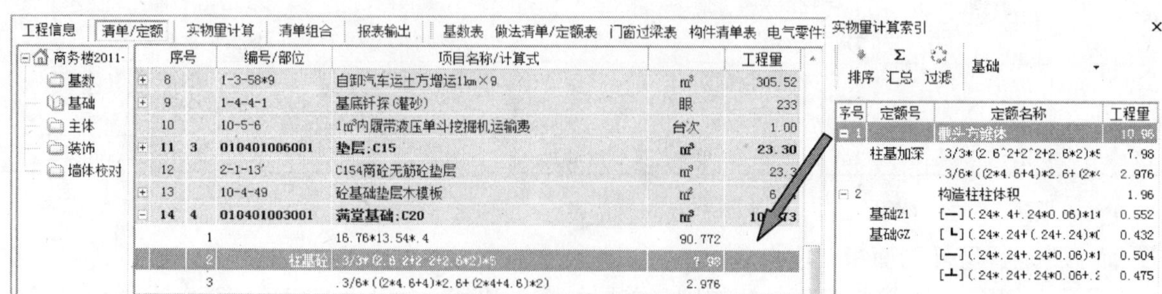

图 2-6　分项计算结果调入清单/定额编辑区

4）第 4 项是计算定额量，按定额计算规则（除按设计图示尺寸外应再计算工作面及放坡增加部分），由于挖深达不到放坡要求，现只考虑工作面，依据表 2-11，按混凝土基础为 0.3m，垫层为 0.1m，故挖土应再加宽 0.2m，即：2(16.96＋13.74＋0.2×2)×0.2×1.2[工作面]＋D3。

5）按定额工程量计算规则：机械挖土方应满足设计砌筑基础的要求，其挖土总量的 95％执行机械土方相应定额，其余按人工挖土。人工挖土套用相应定额时乘以系数 2。第 4 项的机械挖土量要扣除 5％；第 5 项人工挖土要借用第 4 项的扣除量，故为－D4.2；另外定额要乘系数 2，可直接套换算定额 1-2-3-2。

6）第 6、7 项是处理人工挖土的装车和运土，因为在第 4 项机械挖土中包含了装运土。

7）第 8 项是调整运土距离，要求 10km，定额只包括了 1km 内，故增加 9km，这里用到了倍数调整，只需在定额号的后面加×9 即可。

8）第 9 项是要对基底进行钎探，按每平方米 1 个计算。

9）挖土机的进场费要考虑，此项属措施项目，只能计取一次，在这里列出，输出到套价时，会自动进入措施项目。

2.6 建筑工程通用表格

做法清单/定额表、门窗过梁表、构件清单表是统筹 e 算软件中比较常用的 3 种表格，这 3 种表格在第 3 章和第 5 章中均有实例。

2.6.1 做法清单/定额表

做法清单/定额表的用途是：

(1) 它相当于一个档案馆，只要做了做法清单/定额表，就会自动保存，供下一个工程调用。

(2) 它又是一个图书馆，别人做了做法清单/定额表，也可以拷贝过来，供你借用。

(3) 它可以选择全部或部分调入工程计算书内，直接在清单或定额项内录入数据计算，有关主材会自动带出，构件做法涉及的相关定额（如厚度、运距、模板等的调整）在做法清单/定额表中已经设定，这样一来要比在工程计算书编辑区使用关联定额进行编辑方便得多。因此，它可以有效保证工程量清单的完整性——不缺项漏项。

2.6.2 门窗过梁表

本表除统计数量和计算门窗洞面积和过梁体积外，还可实现以下功能：

(1) 表示门窗洞与过梁的关系——在门窗表的过梁栏输入代号后，过梁表的对应门窗号栏会自动带出门窗代号；

(2) 便于在计算书中分层（房间）、分墙体调用门窗面积和过梁体积；

(3) 在门窗装修表中可通过门窗代号调用洞口尺寸，计算筒子板及贴脸工程量。

2.6.3 构件清单表

本表可按定额号分类、分层统计构件数量，起到提纲作用，以便有序计算构件体积和模板，并提供给钢筋计算软件，以便统一按构件提取钢筋数据。

在构件尺寸栏中的数据和数量可以按构件分类全部调入计算书中，完成算量。

复习思考题

(1) 何谓“量价合一”和“量价分离”？08 规范中是如何应用的？

(2) 比较先套清单或定额再算量、边算量边挂接以及先算量然后再套清单或定额三种算量顺序的利弊?

(3) 简述校核工程量的必要性和方法。

(4) 简述你所应用的定额换算方法，用实例来说明建立换算库的好处。

(5) 有人说基数校核太难了，一个工程几天都算不对，没有人花时间去算。你是如何应对的?

(6) 有人说利用传统的三线一面也可以求出墙身面积 Q，利用外围面积 $S-Q$ 也可以得出室内面积 R，没有必要把基数扩展为三线三面。请谈谈你的看法。

(7) 在工作中你对清单项目特征描述采用的是“简化模式”还是“复杂模式”? 请说明理由。

(8) 请解释为什么一项机械挖土方清单要套 7 项定额来组价。

(9) 简述做法清单/定额表的用途。

(10) 简述门窗过梁表的用途。

(11) 简述构件清单表的用途。

3 统筹 e 算入门——从算量到全费模式报价

在房屋基本建设工程量计算中，计算房间周长、地面、顶棚、墙面以及门窗面积等工程量是最基本的技能；在日常生活中房间装饰几乎是每个住户都会遇到的实际问题。一个房屋的装饰工程和其全生命周期的二次装修所花的费用要远远大于其主体工程。虽然装修工程量计算与主体工程相比是比较简单的，但应用却非常广泛，因此把它作为统筹 e 算的入门实例，来介绍快速算量和计价的方法，这是本章的实训内容。

3.1 算量—清单—定额

统筹 e 算入门案例取自某工程的一个房间，如图 3-1 所示。

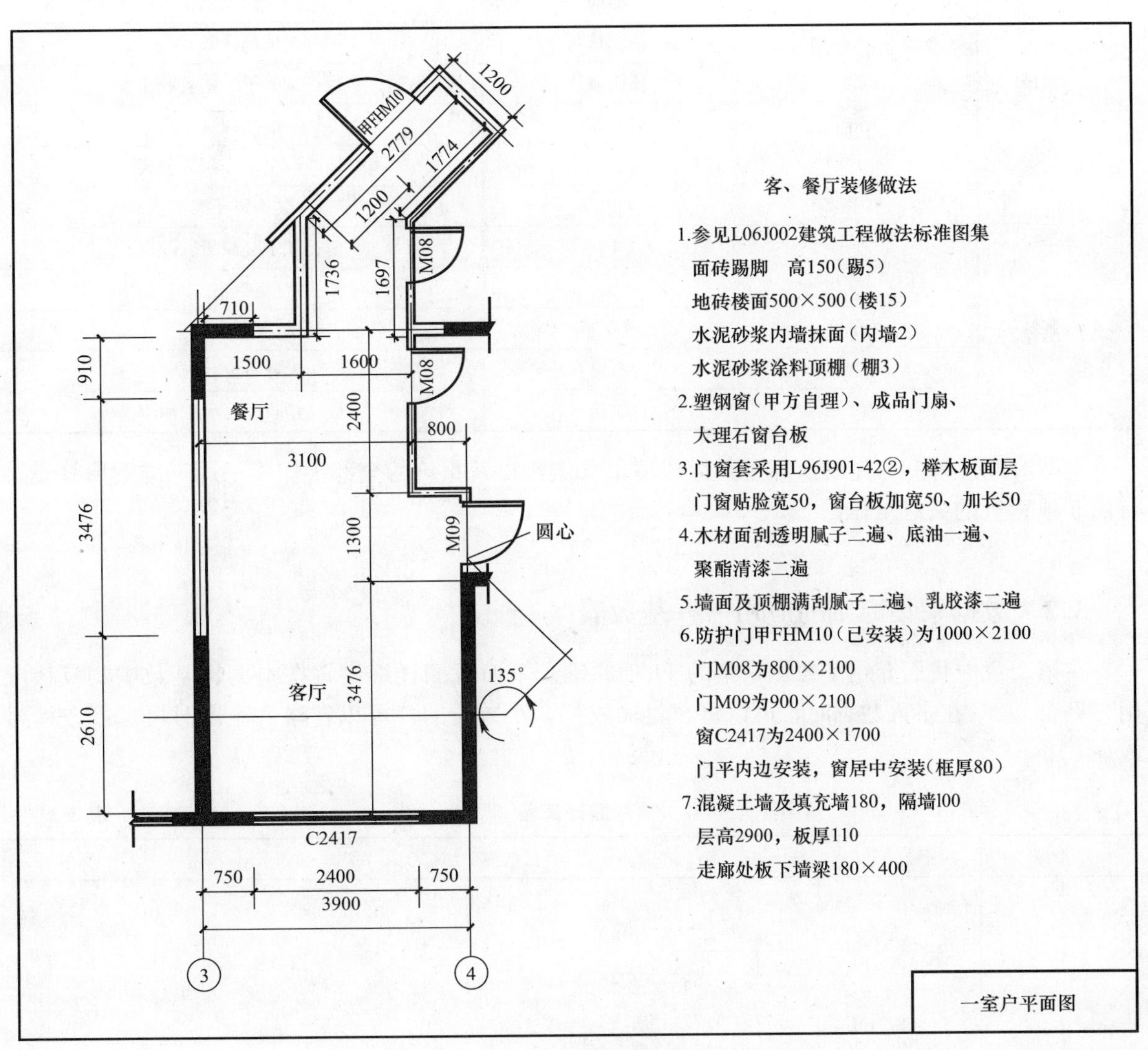

图 3-1 装饰工程图纸

首先，我们要弄清楚该工程计算哪些工程量，套用多少清单，挂接多少定额。一般来说，室内装饰分室内装修和门窗装修两大部分，室内装修要计算出周长、平面、立面、脚手架等量，门窗装修要计算洞口、筒子板、窗台板和贴脸的工程量。以上8个工程量可以用辅助计算表按房间的基本数据（如长、宽、高）和门窗口的基本数据（如门窗宽、高、贴脸宽、窗台宽）等算出。

工程量的计算可以依据清单或定额项目分别计算，无论图算或表算在目前都需要先挂接清单或定额，但这是一项重复的工作，因为每个工程所需的清单和定额大同小异，完全可以制成模板——做法清单/定额表来调用。这样一来，工程量的计算就不必先套清单或定额项目，计算完工程量后，将对应量调入清单或定额项目中即可。这样做既可保证工程量清单项目的完整性（不漏项），又可以使图形算量软件独立于清单和定额，以适应全国各省市的用户。

接下来我们要清楚，一般房间装修都要套12项清单和23项定额，详见表3-1。

室内装饰算量—清单—定额表 **表3-1**

类　别	算量（8项）	清单（12项）	定额（23项）
室内装修	周长（踢脚线）	踢脚线	踢脚线
	平面（地面、顶棚）	地面	地面
		顶棚抹灰	顶棚抹灰
		顶棚喷浆	顶棚刮腻子、刷乳胶漆
	立面（墙面扣洞口）	墙面抹灰	墙面抹灰
		墙面喷浆	墙面刮腻子、刷乳胶漆
	脚手架	脚手架	装饰脚手架
门窗装修	洞口（门、窗、洞口）	门	门、腻子、油漆、配件
		窗	塑钢窗
	筒子板	筒子板	防水、基层、面层、腻子、油漆
	窗台板	大理石窗台板	大理石窗台板
	贴脸	贴脸	成品贴脸、腻子、油漆

本章应用统筹e算完成从算量到组成清单、定额以及报价的全部工作，采用三维图形算量进行前5项算量的核对工作。

3.2 数据采集原则的应用——基数表

在第1章中我们介绍了数据采集的11项原则。下面我们详细讲解在本案例基数中的具体应用，见表3-2（在录入数据时，可以将×号输成*，小数前的0可以省略，输出时可选择改×号或加0）。

基数计算表 **表3-2**

序　号	编号/部位	项目名称/计算式	工程量
		基数计算式	基数名
1	餐客厅	3.72×6.996−0.76×2.36=24.232	
2	走廊	(1.736+1.697)×1.46/2=2.506	
3		(2.779+1.774)×1.06/2=2.413	
4		∑　29.151	R

(1) 采集图纸数据的顺序宜按轴线顺序先数字轴后字母轴。

如 3.72×6.996 算式中，3.72 是数字轴尺寸，在前；6.996 是字母轴尺寸，在后。

走廊的面积按直角梯形公式（上底＋下底）×高/2 的方式录入。导入辅助计算表后，会自动将上底＋下底放在 a 边栏，高放在 b 边栏，程序会自动按梯形公式计算出面积（见表 3-8）。

(2) 数据的采集要与心算相结合。

不要把一个数据输成计算式，例如面积计算式 3.72×6.996－0.76×2.36，其中的 0.76 用心算得出，即 0.76＝0.8－0.09＋0.05。

(3) 面积的计算宜采用大扣小的方法。

下面是在辅助计算表里，使用两种数据采集方法计算房间 4 个工程量的截图。

1) 大扣小（图 3-2）：

	说明	a边	b边	高	增垛扣墙	立面洞口	间数	踢脚线	墙面	平面	脚手架
J1	定额号：长度[][] 墙面[][][] 地面[][][][] 顶棚[][] 脚手架[]										
	餐客厅	3.72	6.996	2.79	-1.46	C+M08+M09	1	18.27	48.07	26.03	55.72
		0.76	-2.36				1			-1.79	
								18.27	48.07	24.24	55.72

图 3-2　大扣小截图

2) 房间相加（图 3-3）：

	说明	a边	b边	高	增垛扣墙	立面洞口	间数	踢脚线	墙面	平面	脚手架
J1	定额号：长度[][] 墙面[][][] 地面[][][][] 顶棚[][] 脚手架[]										
	餐客厅	3.72	4.636	2.79	-2.96	C	1	13.75	34.29	17.25	38.37
		2.96	2.36	2.79	-2.96-1.46	M08+M09	1	4.52	13.78	6.99	17.35
								18.27	48.07	24.24	55.72

图 3-3　房间相加截图

从图 3-2 和图 3-3 来看，采用大扣小的方法，在录入数据时不需要录入“扣墙”长度 2.96 和第 2 行的墙“高” 2.79，也不需要计算“踢脚线”、“墙面”和“脚手架”工程量；而采用房间相加的方法，会增加 3 个数据的录入，多列出 3 个计算结果。

3.3　做法清单/定额表

本案例的做法清单/定额表如表 3-3 所示，说明如下：

(1) 做法清单/定额表中“名称”和“做法说明”摘自 L06J002 建筑工程做法图集，其中内墙 2 与棚 3 的做法说明中含有“内墙涂料”一项，考虑到清单中是将涂料另列，故将其分为两个做法。

(2) “编号”列包括清单编码（只列出前 9 位）和对应的定额编号。

(3) “清单/定额名称”列中的清单名称包含项目特征，对项目特征描述的内容有三个原则：一是符合附录中的规定，二是结合拟建工程的实际需要，三要能满足确定综合单价的需要。在此原则的基础上进行编制，力求简约、完整。

(4) 定额名称和换算定额名称均依据造价管理部门颁发的价目表为蓝本，需要在此基础上再换算的定额均在定额号后面加 H 表示，其名称亦相应改动。如本案例中 9-1-169-2H 表示将定额消耗量中的 1∶2 水泥砂浆换为 1∶3 水泥砂浆。

做法清单/定额表　　表 3-3

序号	部位及做法名称	做法说明	编　号	清单/定额名称
		装饰		
1	楼 15 地面砖楼面	1. 8～10 厚地面砖，砖背面刮水泥浆粘贴，稀水泥浆（或彩色水泥浆）擦缝	020102002	块料楼地面；楼 15，500×500
		2. 30 厚干硬性 1：3 水泥砂浆结合层	9-1-169-2H	干硬 1：3 水泥砂浆全瓷地板砖 500×500
		3. 素水泥浆一道		
		4. 现浇钢筋混凝土楼板		
2	踢 5 面砖踢脚 （混凝土及混凝土砌块墙）	1. 5～10 厚面砖，白水泥浆（或彩色水泥浆）擦缝	020105003	块料踢脚线；踢 5
		2. 3～5 厚 1：1 水泥砂浆或建筑胶粘剂粘贴	9-1-86	水泥砂浆彩釉砖踢脚板
		3. 6 厚 1：2 水泥砂浆压实抹光		
		4. 9 厚 1：2.5 水泥砂浆打底扫毛		
		5. 素水泥浆一道		
		6. 混凝土墙、混凝土小型空心砌块墙		
3	内墙 2 水泥砂浆抹内墙 （混凝土及混凝土砌块墙）	1. 7 厚 1：2 水泥砂浆压实赶光	020201001	墙面一般抹灰；内墙 2
		2. 7 厚 1：2.5 水泥砂浆找平扫毛	9-2-21-2	混凝土墙面墙裙 1：2 水泥砂浆 14＋7 内墙 2
		3. 7 厚 1：2.5 水泥砂浆打底扫毛或划出纹道		
		4. 素水泥浆一道		
		5. 混凝土墙、混凝土小型空心砌块墙		
4	棚 3 水泥砂浆顶棚	1. 现浇钢筋混凝土楼板，素水泥浆一道	020301001	顶棚抹灰；棚 3
		2. 7 厚 1：2.5 水泥砂浆打底扫毛或划出纹道	9-3-3	现浇混凝土顶棚水泥砂浆抹灰
		3. 7 厚 1：2 水泥砂浆找平		
5	成品门扇	1. 成品门扇	020401004	胶合板门；成品门，透明腻子二遍，底油一遍，聚酯清漆二遍
		2. 刮透明腻子二遍，底油一遍，聚酯清漆二遍	5-1-107	普通成品门扇安装（扇面积）
			9-4-31	底油一遍聚酯清漆二遍单层木门
			9-4-215	聚酯清漆增透明腻子一遍单层木门
			5-9-3-1	单扇木门配件（安执手锁）
6	塑钢窗	塑钢窗	020406007	塑钢窗
			5-6-2	单层塑料窗安装
7	门窗贴脸	1. 成品贴脸 50×20	020407004	门窗木贴脸；成品贴脸 50×20，透明腻子二遍，底油一遍，聚酯清漆二遍
		2. 刷透明腻子二遍	9-5-56	平面木装饰线宽度 50 内
		3. 刷底油一遍，聚酯清漆二遍	9-4-34-1	底油一遍聚酯漆二遍装饰线 50 内
			9-4-218-1	聚酯清漆增透明腻子一遍饰线 50 内
8	门窗筒子板 L96J901-42②	1. 墙上钻孔下木楔，中距 500，垫木中距 500	020407006	饰面夹板筒子板；L96J901-42②，透明腻子二遍，底油一遍，聚酯清漆二遍
		2. 墙面刷防水涂料一层	6-2-74	立面砖墙面石油沥青一遍
		3. 中密度板	9-5-5-1	门窗套、贴脸中密度板基层
		4. 榉木板面层	9-5-10	门窗套、贴脸粘贴榉木夹板面层
		5. 刷透明腻子二遍	9-4-35	底油一遍聚酯清漆二遍其他木材面
		6. 刷底油一遍，聚酯清漆二遍	9-4-219	聚酯清漆增透明腻子一遍其他木材面

续表

序号	部位及做法名称	做法说明	编　号	清单/定额名称
9	大理石窗台板	大理石窗台板	020409003	石材窗台板；大理石窗台板
			9-5-20	窗台板干粉胶大理石面层
10	内墙刷乳胶漆	1. 内墙满刮腻子二遍	020507001	刷喷涂料；墙面满刮腻子二遍，乳胶漆二遍
		2. 乳胶漆二遍	9-4-209	顶棚、内墙抹灰面满刮腻子二遍
			9-4-152	室内墙柱光面刷乳胶漆二遍
11	顶棚刷乳胶漆	1. 顶棚满刮腻子二遍	020507001	刷喷涂料；顶棚满刮腻子二遍，乳胶漆二遍
		2. 乳胶漆二遍	9-4-209	顶棚、内墙抹灰面满刮腻子二遍
			9-4-151	室内顶棚刷乳胶漆二遍
12	措施项目	装饰脚手架	CS2.1	脚手架
			10-1-22-1	装饰钢管脚手架 3.6m 内

3.4　定额换算依据

在表 3-3 用到的部分换算定额，是按定额说明或综合解释进行的换算，视同定额一样建立换算库，将一劳永逸地调用，节省用户大量重复劳动。下面说明其换算的内容（表 3-4）。

定额换算依据　　**表 3-4**

序号	定额号	名　称	换算内容
1	9-1-169	干硬水泥砂浆全瓷地板砖 L2400 内	1. 原地砖 600×600，消耗量 28 块，改为地砖 500×500，消耗量 41 块； 2. 临时换算，1∶2 砂浆换算为 1∶3 砂浆
	9-1-169-2H	1∶3 干硬水泥砂浆全瓷地板砖 500×500	
2	9-2-21	混凝土墙面墙裙水泥砂浆 12＋8	1. 原 1∶2.5 水泥砂浆 8 厚，消耗量 0.092，现 14 厚，消耗量 0.161； 2. 取消 1∶3 水泥砂浆 12 厚，增加 1∶2 水泥砂浆 7 厚，消耗量 0.081； 3. 增加 1mm 的抹灰厚度，套用定额 9-2-55 1∶2.5 水泥砂浆抹灰层±1，综合工日增加 0.04，水增加 0.001，灰浆搅拌机增加 0.002
	9-2-21-2	混凝土墙面墙裙 1∶2 水泥砂浆 14＋7 内墙 2	
3	5-9-3	单扇木门配件	安装执手锁，需要套用定额 5-1-110 普通门锁安装，所以增加综合工日 0.79，扣除木螺钉 M4×20，扣除 150 封闭式铁插销 10 把，增加执手锁 10 把
	5-9-3-1	单扇木门配件（安执手锁）	
4	9-4-34	底油一遍聚酯漆二遍木扶不带托板	宽度 50 以内的线条乘系数 0.2
	9-4-34-1	底油一遍聚酯漆二遍装饰线 50 内	
5	9-4-218	聚酯清漆增透明腻子一遍木扶不带托板	宽度 50 以内的线条乘系数 0.2
	9-4-218-1	聚酯清漆增透明腻子一遍饰线 50 内	
6	9-5-5	门窗套、贴脸中密度板基层带龙骨	门窗套不做木龙骨时，每 $10m^2$ 扣除 1.3 工日，扣除装修材 $0.1m^3$
	9-5-5-1	门窗套、贴脸中密度板基层	
7	10-1-22	双排里钢管脚手架 3.6m 内	内装饰脚手架，内墙高度在 3.6m 以内时按相应脚手架子目 30％计取
	10-1-22-1	装饰钢管脚手架 3.6m 内	

3.5 换算定额操作方法

统筹 e 算换算方法（YT）　　表 3-5

定额号	定额名称	换算定额号	换算名称	换算操作
9-1-169	干硬水泥砂浆全瓷地板砖 L2400 内	9-1-169-2	干硬水泥砂浆全瓷地板砖 500×500	1. 改名称加 1∶3； 2. 加 81079 水泥砂浆 1∶3 数量改 0.303； 3. 原 81077 水泥砂浆 1∶2 的数量改 0
		9-1-169-2H	1∶3 干硬水泥砂浆全瓷地板砖 500×500	
9-2-21	混凝土墙面墙裙水泥砂浆 12+8	9-2-21-2	混凝土墙面墙裙 1∶2 水泥砂浆 14+7 内墙 2	
5-9-3	单扇木门配件	5-9-3-1	单扇木门配件（安执手锁）	
9-4-34	底油一遍聚酯漆二遍木扶不带托板	9-4-34-1	底油一遍聚酯漆二遍装饰线 50 内	
9-4-218	聚酯清漆增透明腻子一遍木扶不带托板	9-4-218-1	聚酯清漆增透明腻子一遍饰线 50 内	
9-5-5	门窗套、贴脸中密度板基层带龙骨	9-5-5-1	门窗套、贴脸中密度板基层	
10-1-22	双排里钢管脚手架 3.6m 内	10-1-22-1	装饰钢管脚手架 3.6m 内	

其他软件换算方法（Q）　　表 3-6

定额号	定额名称	换算定额号	换算名称	换算操作
9-1-169	干硬水泥砂浆全瓷地板砖 L2400 内	9-1-169 换	干硬水泥砂浆全瓷地板砖 L2400 内全瓷地板砖 500×500 换为"水泥砂浆 1∶3"	在弹出的换算窗口中点选"全瓷地板砖 500×500"，将"水泥砂浆 1∶2"改为"81079 水泥砂浆 1∶3"
9-2-21	混凝土墙面墙裙水泥砂浆 12+8	9-2-21 换	混凝土墙面墙裙水泥砂浆 12+8 换为"水泥砂浆 1∶2"	在弹出的换算窗口中将"换水泥砂浆 1∶3"改为"81077 水泥砂浆 1∶2"，在工料机显示窗口将"水泥砂浆 1∶2.5"的含量改为 0.163，将"水泥砂浆 1∶2"的含量改为 0.081，将"综合工日（装饰）"的含量改为 1.61，将"水"含量改为 0.071，将"灰浆搅拌机 200L"含量改为 0.041
5-9-3	单扇木门配件	5-9-3 换	单扇木门配件安执手锁	在弹出的换算窗口中点选"安执手锁"
9-4-34	底油一遍聚酯漆二遍木扶不带托板	9-4-34×0.2	底油一遍聚酯漆二遍木扶不带托板 50mm 以内的线条 单价×0.2	在弹出的换算窗口中点选"50mm 以内的线条 单价×0.2"
9-4-218	聚酯清漆增透明腻子一遍木扶不带托板	9-4-218×0.2	聚酯清漆增透明腻子一遍木扶不带托板 50mm 以内的线条 单价×0.2	在弹出的换算窗口中点选"50mm 以内的线条 单价×0.2"
9-5-5	门窗套、贴脸中密度板基层带龙骨	9-5-5 换	门窗套、贴脸中密度板基层带龙骨不做木龙骨	在弹出的换算窗口中点选"不做木龙骨"
10-1-22	双排里钢管脚手架 3.6m 内	10-1-22 换	双排里钢管脚手架 3.6m 内装饰钢管脚手架单价×0.3	在弹出的换算窗口中点选"装饰钢管脚手架 单价×0.3"

在统筹 e 算中，凡定额中涉及的换算说明全部均预先做成换算定额（包括换算定额号、名称、单位、工料机数据组成等）保存，同调用定额一样使用，不需要额外操作。它可以使程序和库的关系松散，使换算问题不需要在软件程序中进行处理，显然这是一种一劳永逸的方法。但绝

大部分其他软件仍采用另一种临时换算的方法，需要在程序中增加代码来处理当地的一些换算问题。

将两种方法进行对比如下：

(1) YT 换算定额号的表示方法是唯一的，并与换算内容一致，除临时换算 H 外，均可在算量中实现，导入套价后不再修改；Q 换算定额号的表示方法是在原定额号后面加“换”字，其换算内容不能在算量软件中实现，必须进入套价软件后完成。

(2) YT 的换算定额名称是自动带出的，且数据经过省站及各地市价目表的验证，同调用定额一样不需任何操作；Q 的有些换算名称会因人而异，既烦琐又容易出错。

(3) YT 的换算定额名称简化并且准确地体现了换算内容；Q 的换算定额名称太啰唆，且有些换算内容表述不清。

(4) YT 的换算如做成做法清单/定额表，可一键导入整个工程的全部定额号、名称等，使预算员只做创造性劳动，彻底避免重复操作；Q 尚不能做到这一点。

(5) YT 的大部分换算靠换算定额库来解决，不必用程序来处理，增加了软件的通用性。

3.6 算量步骤

(1) 新建一个工程，起名为“装饰案例”，选“建筑消耗量 (06)”。

(2) 将分部名称“整个工程”改为“室内装饰”，进入【实物量计算】页面。

(3) 在【门窗过梁表】中录入门窗代号（表 3-7），图纸编号与代号相同时，自动带出。再录入门、窗宽×高（0.8×2.1，0.9×2.1，1×2.1，2.4×1.7）和数量，做出门窗表。

(4) 在【基数表】中录入基数数据（表 3-2），本例中用到的基数原始数据共 10 个：

房间平面尺寸 10 个，分成三行录入，即 3.72×6.996－0.76×2.36，（1.736＋1.697）×1.46/2 和（2.779＋1.774）×1.06/2。

(5)【门窗装修表】和【室内装修表】（表 3-8）中用到原始数据共 17 个，其中【门窗装修表】中录入门窗代号，即可从【门窗过梁表】中调出门窗尺寸和数量，再补录筒子板宽度（普通门 0.14，防护门 0.22，窗 0.07）、贴脸宽 0.05（普通门用 2 面，窗和防护门用 1 面）和窗台板宽 0.12；【室内装修表】的房间尺寸和房间数量由基数索引调入，再补录抹灰面高 2.79，在增垛扣墙列内录入扣墙长度－1.46（附墙垛输正值），对于走廊中间两个梯形面积的共用交接边，则录入“斜边”即可，不必再计算斜边长度，然后录入门窗表中的洞口代号。

通过上述辅助计算表得出 8 个结果，并自动形成计算式，提取到【实物量计算】页面中，完成实物量计算。

(6) 在【报表输出】中输出实物量计算书，如表 3-9。

(7) 进入统筹 e 算【做法清单/定额表】，选择“调入”，出现选择定额做法模板画面；选择“装饰模板”（已完成的做法清单/定额表，如表 3-3），点击打开后，即可将“装饰模板”中的“做法清单/定额表”调入该工程。

(8) 切换到【清单/定额】，在【视窗】内选择“做法清单/定额索引”，双击分部名称“装饰”，即可将该分部的全部清单、定额调入。

(9) 在【视窗】内选择“实物量计算索引”，通过选中双击可将其计算式调入清单或定额项内，并调整增减量（见表 3-10）：

1) 第 1 项块料楼地面的清单与定额计算规则不同，清单量即室内净面积 R，定额量需要增加门口面积（0.8×2＋0.9）×0.1＋1×0.18；

2) 第 7 项顶棚抹灰需增加梁侧抹灰量 1.46×0.29×2。

（10）凡定额单位与清单单位相同者，则自动带出工程量，不同者则需对定额工程量进行调整。本例中块料踢脚线、门窗木贴脸的清单单位是 m^2，而定额单位为 m，为了简化计算式，将实物工程量调入定额项内，利用定额量计算清单量。

（11）进入【报表输出】，输出清单/定额工程量计算书（见表 3-10）。

（12）进入三维算量 3DA2010 软件，利用图形算量校对表算结果的正确性。

（13）按 3.8 节全费模式报价操作，输出全费报价单。

3.7 统筹 e 算报表

3.7.1 门窗表（表 3-7）

门窗表 **表 3-7**

门窗号	图纸编号	宽×高	面 积	18 墙	10 墙	数 量	洞口过梁号
M08	M08	0.8×2.1	1.68		2	2	
M09	M09	0.9×2.1	1.89		1	1	
M10	甲 FHM10	1×2.1	2.1	1		1	
C1	C2417	2.4×1.7	4.08	1		1	
			小计	2	3		
			面积	6.18	5.25		

注：表格中带有下滑线的数据表示录入内容，其他数据为软件自动生成，下同。

3.7.2 辅助计算表（表 3-8）

辅助计算表 **表 3-8**

室内装修表 J

说明	a 边	b 边	高	增垛扣墙	立面洞口	间数	踢脚线	墙面	平面	脚手架
餐、客厅	3.72	6.996	2.79	−1.46	C+M08+M09	1	18.27	48.07	26.03	55.72
	0.76	−2.36				1			−1.79	
走廊	1.736+1.697	1.46	2.79	−1.46−斜边	M08	1	2.63	7.9	2.51	9.58
	2.779+1.774	1.06	2.79	−斜边	M10	1	4.61	13.56	2.41	15.66
							25.51	69.53	29.16	80.96

门窗装修表 K1：

说明	门窗代号	宽	高	筒面宽	贴脸宽	台板宽	台板加长	数量	洞口	筒子板	贴脸	台板
内墙门	M08	0.8	2.1	0.14	0.05×2			2	3.36	1.40	20.80	
	M09	0.9	2.1	0.14	0.05×2			1	1.89	0.71	10.60	
	M10	1	2.1	0.22	0.05			1	2.1	1.14	5.40	
窗	C1	2.4	1.7	0.07	0.05	0.12	0.05	1	4.08	0.41	6.00	0.30
									11.43	3.66	42.80	0.30

在第 1 章中介绍了 12 种辅助计算表。以前的设计是先填定额号，将计算出的工程量汇入定额，如室内装修表可计算出 12 项定额的工程量，但这种方式不适用于计算清单量。随着做法清单/定额表可一次性全部调入功能的实现，先算量后套清单、定额模式的优越性远大于依据清单和定额来算量的模式。这样一来，所有的图形算量软件完全可以不再挂接清单或各地的定额，就可以做到全国通用。表格算量作为套价软件的前处理，集中进行套清单或定额的工作，既可避免

大量的重复劳动，又可促成套清单或定额工作的标准化。

（1）室内装修表

a 边和 b 边的数据可由基数表调入。当房间为直角梯形时，a 边为上底＋下底，为直角三角形时，a 边为底，用数字前加“＋”号表示（例如直角三角形一直角边为 2，则在 a 边处录入“＋2”），b 边填直角梯形或直角三角形的高。

扣墙增垛栏内填负数为空墙长度，正数为附墙垛长度。梯形的斜边长度由软件自动计算，并在计算式中列出结果，当斜边为空墙时，应在此栏填“－斜边或－XB”，在计算式中将由于正负抵消而不再列出。

立面洞口栏内可直接填门窗表中的代号，在计算踢脚线时会自动扣墙增垛，并将门洞宽度扣除，在计算墙面时会自动扣墙增垛，并扣除门窗洞口面积，在计算脚手架时，扣墙而不增垛，也不扣除门窗洞口面积。详见实物工程量计算书（表 3-9）。

（2）门窗装修表

输入门窗代号后，宽、高和数量均自动带出，筒子板的宽度要加抹灰面，贴脸的宽度按设计要求输入，窗台板的宽度要比墙筒子板面再多出 50，加长 50。凡与上行数据相同时，敲回车键均可自动带出。

3.7.3 实物工程量计算书（表 3-9）

在辅助计算表中，通过全取按钮，可将计算式调入【实物量计算】页面，其页面形式按所见即所得的原则与表 3-9 完全一致。

实物工程量计算书 **表 3-9**

序号		编号/部位	项目名称/计算式		工程量
1	J		踢脚线	m	25.52
	1	餐客厅	2×(3.72＋6.996)－1.46－(0.8＋0.9)	18.272	
	2	走廊	1.736＋1.697＋1.46－1.46－0.8	2.663	
	3		2.779＋1.774＋1.06－1	4.613	
2	J		墙面	m^2	69.53
	1	餐客厅	(2×(3.72＋6.996)－1.46)×2.79－C－*M*08－*M*09	48.072	
	2	走廊	(1.736＋1.697＋1.46＋1.461－2.921)×2.79－*M*08	7.898	
	3		(2.779＋1.774＋1.06)×2.79－*M*10	13.56	
3	J		平面	m^2	29.15
	1	餐客厅	3.72×6.996	26.025	
	2		0.76×(－2.36)	－1.794	
	3	走廊	(1.736＋1.697)×1.46/2	2.506	
	4		(2.779＋1.774)×1.06/2	2.413	
4	J		墙脚手架	m^2	80.96
		餐客厅	(2×(3.72＋6.996)－1.46)×2.79	55.722	
	2	走廊	(1.736＋1.697＋1.46＋1.461－2.921)×2.79	9.578	
	3		(2.779＋1.774＋1.06)×2.79	15.66	
5	K		洞口	m^2	11.43
	1	内墙门 M08	2*M*08	3.36	
	2	M09	*M*09	1.89	
	3	M10	*M*10	2.1	
	4	窗 C1	*C*1	4.08	

续表

序号		编号/部位	项目名称/计算式		工程量
6	K		筒子板	m^2	3.66
	1	内墙门 M08	(0.8+2×2.1)×0.14×2	1.4	
	2	M09	(0.9+2×2.1)×0.14	0.714	
	3	M10	(1+2×2.1)×0.22	1.144	
	4	窗 C1	(2.4+2×1.7)×0.07	0.406	
7	K		贴脸	m	42.80
	1	内墙门 M08	2×(0.8+2×2.1+4×0.05)×2	20.8	
	2	M09	2×(0.9+2×2.1+4×0.05)	10.6	
	3	M10	1+2×2.1+4×0.05	5.4	
	4	窗 C1	2.4+2×1.7+4×0.05	6	
8	K		台板	m^2	0.30
		窗 C1	(2.4+0.05×2)×0.12	0.3	

3.7.4 清单/定额工程量计算书（表 3-10）

清单/定额工程量计算书 **表 3-10**

序号		编号/部位	项目名称/计算式		定额量	清单量
1	1	020102002001	块料楼地面；楼 15,500×500	m^2		29.15
			R			
2		9-1-169-2H	干硬 1：3 水泥砂浆全瓷地板砖 500×500	m^2	29.58	
			R+[增门口](0.8×2+0.9)×0.1+1×0.18			
3	2	020105003001	块料踢脚线；踢 5	m^2		3.83
			*D*4×0.15			
4		9-1-86	水泥砂浆彩釉砖踢脚板	m	25.52	
	1	餐客厅	2×(3.72+6.996)−1.46−(0.8+0.9)	18.272		
	2	走廊	1.736+1.697+1.46−1.46−0.8	2.633		
	3		2.779+1.774+1.06-1	4.613		
5	3	020201001001	墙面一般抹灰；内墙 2	m^2		69.53
	1	餐客厅	(2×(3.72+6.996)−1.46)×2.79−*C*−*M*08−*M*09	48.072		
	2	走廊	(1.736+1.697+1.46−1.46)×2.79−*M*08	7.898		
	3		(2.779+1.774+1.06)×2.79−*M*10	13.56		
6		9-2-21-2	混凝土墙面墙裙 1：2 水泥砂浆 14+7 内墙 2	m^2	69.53	
7	4	020301001001	顶棚抹灰；棚 3	m^2		30.00
	1		*R*	29.151		
	2	增梁侧	1.46×0.29×2	0.847		
8		9-3-3	现浇混凝土顶棚水泥砂浆抹灰	m^2	30.00	
9	5	020401004001	胶合板门；成品门，透明腻子二遍，底油一遍，聚酯清漆二遍	m^2		5.25
			2*M*08+*M*09			
10		5-1-107	普通成品门扇安装（扇面积）	m^2	5.25	
11		9-4-31	底油一遍聚酯清漆二遍 单层木门	m^2	5.25	
12		9-4-215	聚酯清漆增透明腻子一遍 单层木门	m^2	5.25	
13		5-9-3-1	单扇木门配件（安执手锁）	樘	3	
14	6	020406007001	塑钢窗	m^2		4.08
			C			

续表

序号		编号/部位	项目名称/计算式		定额量	清单量
15		5-6-2	单层塑料窗安装	m²	4.08	
16	7	020407004001	门窗木贴脸；成品贴脸 50×20，透明腻子二遍，底油一遍，聚酯清漆二遍	m²		2.14
			D17×0.05			
17		9-5-56	平面木装饰线宽度 50 内	m	42.80	
	1	内墙门 M08	2×(0.8+2×2.1+4×0.05)×2	20.8		
	2	M09	2×(0.9+2×2.1+4×0.05)	10.6		
	3	M10	1+2×2.1+4×0.05	5.4		
	4	窗 C1	2.4+2×1.7+4×0.05	6		
18		9-4-34-1	底油一遍聚酯漆二遍装饰线 50 内	m²	42.80	
19		9-4-218-1	聚酯清漆增透明腻子一遍 饰线 50 内	m²	42.80	
20	8	020407006001	饰面夹板筒子板；L96J901-42②，透明腻子二遍，底油一遍，聚酯清漆二遍	m²		3.66
	1	内墙门 M08	(0.8+2×2.1)×0.14×2	1.4		
	2	M09	(0.9+2×2.1)×0.14	0.714		
	3	M10	(1+2×2.1)×0.22	1.144		
	4	窗 C1	(2.4+2×1.7)×0.07	0.406		
21		6-2-74	立面砖墙面石油沥青一遍	m²	3.66	
22		9-5-5-1	门窗套、贴脸中密度板基层	m²	3.66	
23		9-5-10	门窗套、贴脸粘贴榉木夹板面层	m²	3.66	
24		9-4-35	底油一遍聚酯清漆二遍其他木材面	m²	3.66	
25		9-4-219	聚酯清漆增透明腻子一遍其他木材面	m²	3.66	
26	9	020409003001	石材窗台板；大理石窗台板	m²		0.30
		窗 C1	(2.4+0.05×2)×0.12			
27		9-5-20	窗台板干粉胶大理石面层	m²	0.30	
28	10	020507001001	刷喷涂料；墙面满刮腻子二遍，乳胶漆二遍	m²		69.53
			D5			
29		9-4-209	顶棚、内墙抹灰面满刮腻子二遍	m²	69.53	
30		9-4-152	室内墙柱光面刷乳胶漆二遍	m²	69.53	
31	11	020507001003	刷喷涂料；顶棚满刮腻子二遍，乳胶漆二遍	m²		30.00
			D7			
32		9-4-209	顶棚、内墙抹灰面满刮腻子二遍	m²	30.00	
33		9-4-151	室内顶棚刷乳胶漆二遍	m²	30.00	
34	12	CS2.1	脚手架	项		1
35		10-1-22-1	装饰钢管脚手架 3.6m 内	m²	80.96	
	1	餐客厅	(2×(3.72+6.996)−1.46)×2.79	55.722		
	2	走廊	(1.736+1.697+1.46−1.46)×2.79	9.578		
	3		(2.779+1.774+1.06)×2.79	15.66		

3.8 全费模式报价

依据原建设部令第 107 号文中对综合单价法的定义：分部分项工程量的单价为全费用单价。全费用单价综合计算完成分部分项工程所发生的直接费、间接费、利润、税金，这与国际上所谓综合单价的定义是一致的。

08清单的综合单价是一种狭义上的综合单价，但在目前我国建筑市场存在过度竞争的情况下，规定保障税金和规费为不可竞争的费用的做法很有必要。

目前，在装修市场上大都采用全费模式报价。关于综合单价的确定，现依统筹e算和英特套价的操作为例，介绍两种方式：

（1）严格按定额规定计算全费单价

第1步：在统筹e算软件【报表输出】界面，选择“清单/定额工程量表”（表3-11），输出到英特套价11版。

清单/定额工程量表 **表3-11**

序号	清单/定额编号	项目名称	单位	工程量	
		室内装饰			
1	020102002001	块料楼地面；楼15 500×500	m²		29.15
	9-1-169-2H	干硬1∶3水泥砂浆全瓷地板砖500×500	10m²	2.958	
2	020105003001	块料踢脚线；踢5	m²		3.83
	9-1-86	水泥砂浆彩釉砖踢脚板	10m	2.552	
3	020201001001	墙面一般抹灰；内墙2	m²		69.53
	9-2-21-2	混凝土墙面墙裙1∶2水泥砂浆14+7内墙2	10m²	6.953	
4	020301001001	顶棚抹灰；棚3	m²		30.00
	9-3-3	现浇混凝土顶棚水泥砂浆抹灰	10m²	3	
5	020401004001	胶合板门；成品门，透明腻子二遍，底油一遍，聚酯清漆二遍	m²		5.25
	5-1-107	普通成品门扇安装（扇面积）	10m²	0.525	
	9-4-31	底油一遍聚酯清漆二遍单层木门	10m²	0.525	
	9-4-215	聚酯清漆增透明腻子一遍单层木门	10m²	0.525	
	5-9-3-1	单扇木门配件（安执手锁）	10樘	0.3	
6	020406007001	塑钢窗	m²		4.08
	5-6-2	单层塑料窗安装	10m²	0.408	
7	020407004001	门窗木贴脸；成品贴脸50×20；透明腻子二遍，底油一遍，聚酯漆二遍	m²		2.14
	9-5-56	平面木装饰线宽度50内	10m	4.28	
	9-4-34-1	底油一遍聚酯漆二遍装饰线50内	10m	4.28	
	9-4-218-1	聚酯清漆增透明腻子一遍饰线50内	10m	4.28	
8	020407006001	饰面夹板筒子板；L96J901-42②，透明腻子二遍，底油一遍，聚酯漆二遍	m²		3.66
	6-2-74	立面砖墙面石油沥青一遍	10m²	0.366	
	9-5-5-1	门窗套．贴脸中密度板基层	10m²	0.366	
	9-5-10	门窗套．贴脸粘贴榉木夹板面层	10m²	0.366	
	9-4-35	底油一遍聚酯清漆二遍其他木材面	10m²	0.366	
	9-4-219	聚酯清漆增透明腻子一遍其他木材面	10m²	0.366	
9	020409003001	石材窗台板；大理石窗台板	m²		0.30
	9-5-20	窗台板干粉胶大理石面层	10m²	0.03	
10	020507001001	刷喷涂料；墙面满刮腻子二遍，乳胶漆二遍	m²		69.53
	9-4-209	顶棚．内墙抹灰面满刮腻子二遍	10m²	6.953	
	9-4-152	室内墙柱光面刷乳胶漆二遍	10m²	6.953	
11	020507001002	刷喷涂料；顶棚满刮腻子二遍，乳胶漆二遍	m²		30.00
	9-4-209	顶棚．内墙抹灰面满刮腻子二遍	10m²	3	
	9-4-151	室内顶棚刷乳胶漆二遍	10m²	3	
12	CS2.1	脚手架	项		1
	10-1-22-1	装饰钢管脚手架3.6m内	10m²	8.096	

第 2 步：在英特套价 11 版中，设置好“专业”、“定额选择”、“专业名称”，“地区选择”设为“定额 11”；将临时换算 9-1-169H 中 1∶2 砂浆换算为 1∶3 砂浆；塑钢窗设为专业工程暂估价，其总承包服务费为 3%，进入【费用汇总】界面，得合价 10677 元。

第 3 步：点击【全费价】按钮，进入【生成全费价模式】窗口，点击【生成全费价】即可生成，合计价为 10678 元；其全费单价自动保存在英特套价＼全费价子目录内（也可以点击【导出全费单价】按钮另存）。

第 4 步：返回统筹 e 算，在【清单/定额】模式下，点击【全费】——【清单全费报价单】按钮，进入【清单全费模式报价单】窗口，整个工程只有工程量清单被列出。点击该窗口工具栏中的【导入价格文件 $】按钮，从浏览文件窗口中选择刚刚保存过的扩展名为“.ZHDJ”的全费单价文件，将通过套价程序生成的全费单价调入算量文件。

第 6 步：切换到【报表输出】界面，选择“全费模式报价单”即可输出全费报价单，如表 3-12。

全费模式报价单 **表 3-12**

序号	项目编码	项目名称	单位	工程量	全费单价	合价	专业工程
		装饰工程					
1	020102002001	块料楼地面；楼 15，500×500	m^2	29.15	109.8	3201	
2	020105003001	块料踢脚线；踢 5	m^2	3.83	103.01	395	
3	020201001001	墙面一般抹灰；内墙 2	m^2	69.53	25.02	1740	
4	020301001001	顶棚抹灰；棚 3	m^2	30.00	22.17	665	
5	020401004001	胶合板门；成品门，透明腻子二遍，底油一遍，聚酯清漆二遍	m^2	5.25	295.53	1552	
6	020406007001	塑钢窗	m^2	4.08	252.15		1029
7	020407004001	门窗木贴脸；成品贴脸 50×20；透明腻子二遍，底油一遍，聚酯漆二遍	m^2	2.14	312.25	668	
8	020407006001	饰面夹板筒子板；L96J901-42②，透明腻子二遍，底油一遍，聚酯漆二遍	m^2	3.66	180.8	662	
9	020409003001	石材窗台板；大理石窗台板	m^2	0.30	343.32	103	
10	020507001001	刷喷涂料；墙面满刮腻子二遍，乳胶漆二遍	m^2	69.53	14.54	1011	
11	020507001002	刷喷涂料；顶棚满刮腻子二遍，乳胶漆二遍	m^2	30.00	15.47	464	
		小计				10461	1029
		措施项目（装饰）					
12	CS2.1	脚手架				183	
		小计				183	
		其他项目					
		总承包服务费				34	
		小计				34	
		合计				10678	

（2）自主确定全费单价

在统筹 e 算【清单/定额】模式下，点击【全费】按钮，将会把工程量清单列出；直接修改全费单价，然后在【报表输出】中，选“全费模式报价单”，输出即可。

3.9 三维算量校核

3.9.1 三维算量操作步骤

本节简要介绍如何使用3DA2010三维算量软件完成本章装饰案例的计算，得到相关实物工程量，以便与统筹e算结果进行核对。

(1) 新建工程

在【工程设置】对话框中设置相应的工程信息。本例需要设置如下信息：【计量模式选项】中定义工程名称为“装饰案例”，定额名称选择“山东省建筑工程消耗量定额”，清单名称选择“国标清单（山东）”，输出模式选择“清单模式”、“实物量按清单规则计算”；在【楼层设置选项】中定义首层标高2.9m，可以将第二、三层删除。本例中不需设置其他工程信息，设置结束点击【完成】按钮。

(2) 建立轴网

命令位置：【轴网】→【绘制轴网】。点击命令后，在绘制轴网对话框中建立两组直线轴网，第一组轴网为下开间3900，上开间1590，左进深7176、1646；第二组轴网下开间起始编号为4，轴距为1005、1864，右进深起始编号为D，轴距为1060，在【角度】选项框中选择轴网转角“45°”。将两组轴网都布置到操作界面后，单击左侧轴网菜单栏中的【移动轴网】命令，选中要移动的轴网，按照命令栏提示，确定移动基点，将两组轴网组合在一起。

(3) 定义墙体

命令位置：【结构】→【墙体布置】。点击命令后，出现墙体布置所需的“导航器”和“布置和修改按钮”。导航器位于窗体左侧，包括大类型栏、构件类型栏、编号列表栏、构件布置定位方式输入栏和定位简图。在构件列表区中点击【定义编号...】按钮，在弹出的【定义编号】界面选中“墙”，点击【新建】命令新建一段墙体，在【属性】界面中定义墙体的相关属性（软件中各构件定义方法相同）。本例中需定义三种墙体：混凝土墙Q1，厚度180，高度“同层高”；砌体墙QT1，厚度180，高度“同层高”；砌体墙QT2，厚度100，高度“同层高”。其他属性无需设置，点击【布置】按钮，返回操作界面。在导航器构件列表中选择要布置的墙体，在窗体上方选择合适的布置方式，按照图纸布置墙体。

(4) 定义梁

命令位置：【结构】→【梁体布置】。定义和布置方法同墙体定义与布置，本工程梁体结构类型为“普通梁”，梁截面宽为180，截面高为400。

(5) 定义板

命令位置：【结构】→【板体布置】。本工程板结构类型为“有梁板”，板顶高“同层高”，板厚110。【智能布置】和【CAD搜索布置】命令是在布置板体等面型构件时最常用的两个命令，只有在构件或线体围成了封闭区间并且边界构件及其所围成的封闭区域完全显示在操作界面可视区域时，才能布置成功。为了方便使用【智能布置】或【CAD搜索布置】布置板、房间装饰、脚手架等面型结构构件，在布置之前可以点击工具栏中的【构件显示】按钮，将轴网、梁隐藏。

(6) 定义门窗

命令位置：【建筑一】→【门窗布置】。本例中需定义三个门、一个窗，门构件编号分别为M08、M09、FHM10，窗构件编号为C2417。其中M08门宽800，门高2100，立樘边离外侧距为“平内边”；M09门宽900，门高2100，立樘边离外侧距为“平内边”；FHM10门宽1000，门高2100，立樘边离外侧距为“平内边”；C2417为窗宽2400、窗高1700，立樘边离外侧距为“居中”。在不需要精确定位门窗的时候一般采用【墙上布置】命令来布置门窗。

（7）定义房间内装饰

命令位置：【装饰】→【房间布置】。房间装饰包括楼地面、顶棚、侧壁，读者可以单独布置，也可以将三者组合布置，此处介绍组合布置。本工程楼地面构件名称为“楼地面 1”，装饰材料类别为“块料面”；顶棚构件名称为“顶棚 1”，做法描述为“抹灰面”；侧壁内外面构件名称为“侧壁 1”，描述为“内墙面”，本例中只用到踢脚和墙面，可以将“墙裙”和“其他面”删除；踢脚装饰面高 150，起点高度“同层底”，装饰材料类别为“块料面”；墙面装饰面高“同板底”，起点高度“同层底”，装饰材料类别为“抹灰面”；房间构件名称为“房间 1”，属性挂接上刚刚定义完的侧壁编号“侧壁 1”、楼地面编号“楼地面 1”、顶棚编号“顶棚 1”。点击【布置】按钮，返回操作界面。在导航器构件列表区的构件类型栏中选择“房间”，在编号列表栏选择“房间 1”，在房间 1 属性列表栏中勾选“布置地面”、“布置侧壁”、“布置顶棚”，踢脚装饰面高为 150，墙面装饰面高“同板底”，选择合适的布置方式，将房间装饰布置到图上。

（8）定义脚手架

命令位置：【建筑一】→【脚手架】。本工程构件编号为 JSJ1，搭设高度为“同板底”。

（9）设置计算规则，输出内容

命令位置：【工具】→【算量选项】。根据当地计算规则的不同，可以设置不同的计算公式和输出内容。在算量选项窗口的【工程量输出】标签下选择各构件需要输出的工程量，在【计算规则】标签下设置修改工程量计算规则。本例中需要输出表 3-13 所示 7 项构件的清单工程量，故需调整构件的清单计算规则。调整计算规则需要注意：楼地面清单计算规则不加门底面积；内墙抹灰不需扣除梁头面积，需要扣去门窗面积；内墙块料踢脚无需加门侧面积，需要扣除门洞的面积；顶棚抹灰面需要增加空圈处梁底面积和梁侧面积。

（10）分析构件工程量

命令位置：【报表】→【分析选项】。构件布置及计算规则设置完成后，就可以分析工程量了。点击命令后，在弹出的【工程量分析】窗口左侧选择楼层，右侧选择要分析的构件，点击【确定】按钮开始分析所选构件的工程量。分析结束后软件将自动弹出【工程量分析统计】窗口，切换至【实物工程量】标签，在此标签下可以看到所分析构件的实物工程量。

3.9.2 三维算量模型截图（图 3-4）

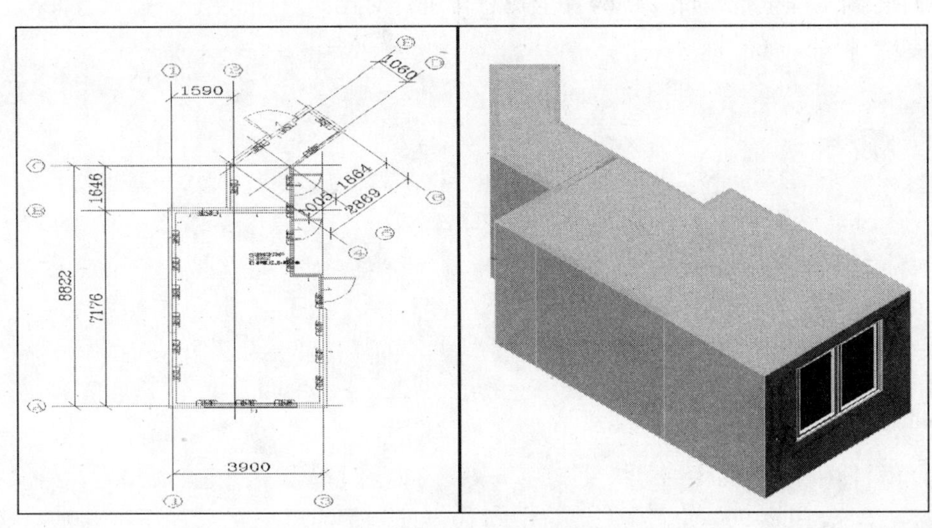

图 3-4 三维算量模型截图

3.9.3 三维算量结果输出（表 3-13）

实物工程量表　　　　表 3-13

序　号	构件名称	工程量名称	工程量	具体做法名称
1	楼地面	楼地面面积组合（m^2）	29.15	
2	顶棚	顶棚面积（m^2）	30.00	
3	踢脚	踢脚面积（m^2）	3.83	
4	墙面	墙面面积（m^2）	69.53	
5	脚手架	立面脚手架面积（m^2）	80.96	
6	门	门樘面积（m^2）	5.25	构件编号＝M08；构件编号＝M09
7	窗	窗樘面积（m^2）	4.08	

复习思考题

（1）掌握一般室内装饰报价需要计算的 8 个工程量，需要套用的 12 项清单和 23 项定额。

（2）熟练掌握房间计算式的列式顺序，通过实例来说明按 11 条规程列式的唯一性，并以此来证明统一列式的可行性。

（3）掌握对清单项目特征描述的三个原则及具体应用。

（4）弄清楚本案例所用到的 7 项换算（9-1-169-2H、9-2-21-2、5-9-3-1、9-4-34-1、9-4-218-1、9-5-5-1、10-1-22-1）依据及具体内容。

（5）当定额单位与清单单位不同而与实物量单位相同时，有几种调入方法？哪种更为简单？

（6）上机实习：

1）使用统筹 e 算计算本章装饰案例，要求输出门窗过梁表、室内装修表、实物工程量计算书、清单/定额工程量计算书。

2）使用三维算量软件计算本章装饰案例，输出相关实物工程量，与统筹 e 算的计算结果进行对比。

3）将计算结果输出到英特套价，按省价输出工程的全费价及全费单价，并将全费单价导入统筹 e 算软件得到工程全费报价，将两者全费总价进行对比。

4 商务楼工程钢筋表格算量

目前钢筋算量大都通过电算来完成，很少再用手算了。电算分图算和表算两种方法，关于图算我们在第 8 章中介绍，本章介绍英特钢筋表算方法。

表算钢筋接近于传统手算方法。在一些目前尚不能使用图算的领域，如市政、园林、仿古、修缮等工程中的混凝土构件的钢筋计算，以及对图算不感兴趣的预算人员中，代替手算或 Excel 表算的专业表算钢筋软件具有广泛的应用前景。

4.1 工作流程

鼠标左键双击桌面快捷方式——英特钢筋，启动本系统，也可直接点击钢筋工程文件进入。工作流程如图 4-1 所示。

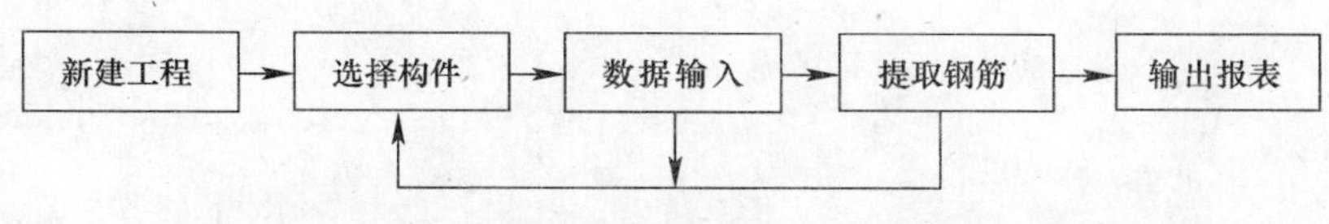

图 4-1 钢筋算量工作流程

进入系统后，输入各项工程信息，如工程名称等，系统将依据工程名称来建立工程数据文件；接下来在“设置”菜单（图 4-2）中对“工程参数”进行定义，对采用何种接头进行“搭接设置”以及确定锚固倍数和有关挂接定额的设置修改。

工程设置

1	选用图集	⊙ 03G101-1 ○ 00G101
2	抗震等级	3 三级抗震
3	设防烈度	7
4	建筑高度(m)	30
5	纵向受拉钢筋搭接修正系数ξ	1.4
6	施工易受扰动锚固修正系数	1
7	钢筋定尺长度(m)	8
8	钢筋根数计算规则	2 进位
9	分布筋是否计算弯钩	1 是
10	直径12以下是否搭接	0 否
11	箍筋弯钩总倍数	27.8
12	拉筋弯钩总倍数	27.8
13	梁多肢箍形式	111

确 定　　取 消

图 4-2 工程参数设置菜单

在此菜单中需要对抗震等级、混凝土强度等级、保护层厚度等进行设置修改；接下来要做的工作是列出构件清单，并输入到项目管理区。该区显示整个工程的结构和当前选中的构件节点。项目管理区作用是：

（1）创建楼层和构件名称；

（2）选择构件，进行数据录入或查询；

（3）控制表格输出，可任选楼层或构件进行打印输出。

数据输入共分表格法、图注法、图集法、画图法、CAD 转换法、直接输入数据法等六种输入方法。下面本书对表格法、图集法、画图法和直接输入数据法分别给予介绍。

4.2 表格法

（1）数据输入

我们看一下梁的例子：

第一步：在项目管理区选中平法梁。

第二步：在表格中录入以下 3 行数据，结果显示如图 4-3 所示。

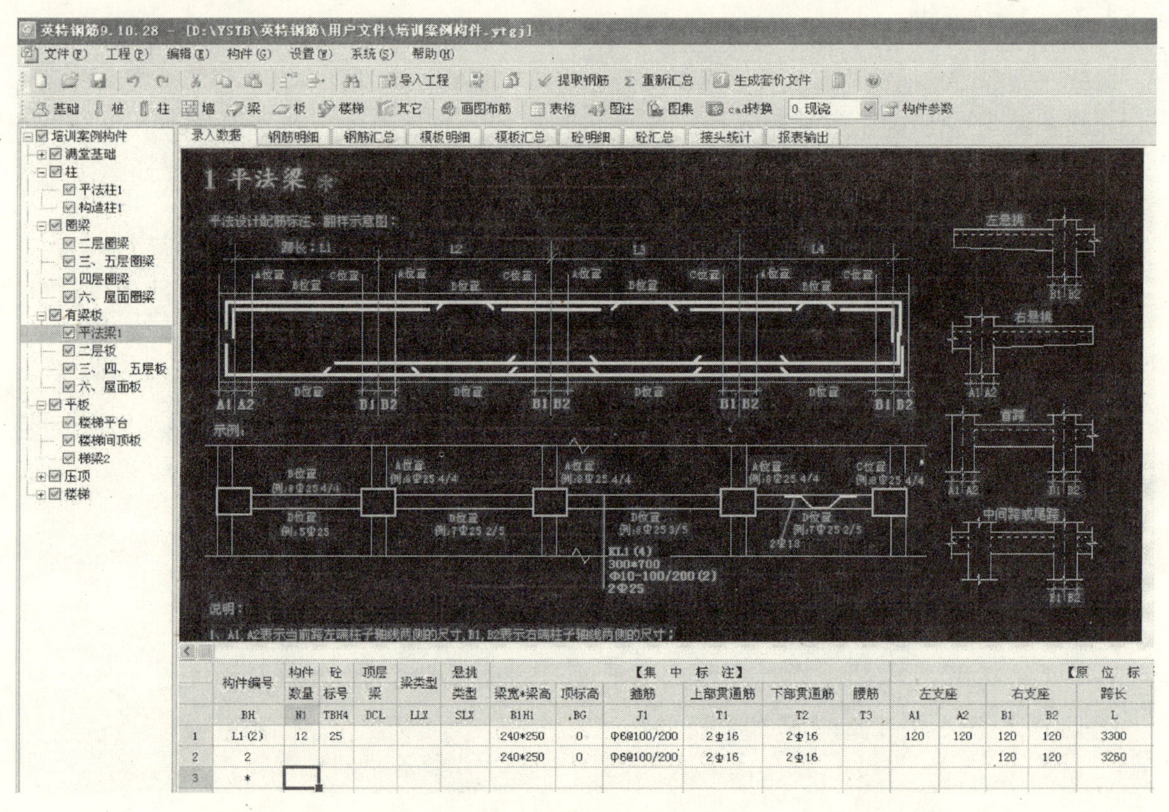

图 4-3 梁钢筋数据录入界面

对图 4-3 中 3 行数据解释如下（参照结施 04）：

1）第 1 行是 L1（2）第 1 跨的数据（1 轴-3 轴），相同编号的梁数量为 12，混凝土等级为 C25，断面尺寸 240mm×250mm，箍筋为 A6@100/200，上部贯通筋为 2B16，下部贯通筋是 2B16，第一跨的左右支座是两道 240mm 宽的梁，轴线即为支座中线，表格中输入支座轴线外尺寸和轴线内尺寸均为 120mm，跨长 3300mm。

2）第 2 行是 L1（2）第 2 跨的数据，除跨长和右支座与上行不同外，其余相同数据可省略。

3）第 3 行的 * 号是结束符号。

第三步：点击提取钢筋按钮，生成报表。

（2）报表输出（表 4-1）

钢筋明细表 **表 4-1**

序号	构件名称	数量	筋　号	规格	图　形	计算式	长度	根数	重量
1	L1(2)	12	上部贯通筋	Φ16	240 6755 240	2(15d+217)+6320	7235	2	274.35
2			下部贯通筋	Φ16	6704	12d+6320+12d	6704	2	254.22
3			箍筋	Φ6	190 200	2(190+200)+7.8d+150	977	42	109.32

（3）计算式解释

1）6320mm 是 L1(2）的净长，15d+217mm 是钢筋锚入支座内的长度，包括了平直段长 217mm 和弯折段长 15d，从图形上可以看出上部贯通筋的长度是 6320+217×2=6755mm，弯折段长是 15×16=240mm。

2）根据图集 03G101 中梁的计算规则，当支座宽度>$l$ae+保护层时，贯通筋可以直锚，长度为 max(0.5hc+5d，$l$ae)，因为该梁支座不满足直锚条件，因此应按照 0.4$l$ae+15d 的弯锚计算。

3）箍筋计算式中的 7.8d 是 2 个弯钩长度，平直部分为 2×10d=120mm，由于该值小于 2×75=150mm，故取平直部分为 150mm。

4）根据 03G101 第 62 页的规定，箍筋加密区长度≥$2h_b$≥500mm，$2h_b$（梁截面高）=2×250=500mm，因此按照 500mm 计算箍筋加密区长度，第一根箍筋从距支座边 50mm 处开始布置。

5）下部贯通筋满足直锚条件，因此按照直形非框架梁直锚 12d 计算端部锚固。

（4）计算结果验证

为了验证计算结果的正确性，现把表算结果（表 4-2）输出，再利用手算进行验证。

表算结果 **表 4-2**

构件名称	Φ6	Φ16	合计
L1(2)	109.32	528.57	637.89

手算结果如下：

Φ16 筋：上部贯通筋=净长+锚固=(3300+3260−240)+0.4×34×16×2+15×16×2=7235mm；

下部贯通筋=净长+锚固=(3300+3260−240)+2×12×16=6704mm；

重量：(7.235+6.704)×2×12×1.58=528.57kg。

Φ6 箍筋：根数=(3300−240)/200+(3260−240)/200+3×4[加密]=42 根；

每根长度=(200+190)×2+197=977mm；

重量：0.977×42×0.222×12=109.31kg（Φ6 钢筋密度为 0.222kg/m^3）；

合计 637.88kg，与表算基本一致。

4.3 图集法

图集法适用于设计上采用桩、雨篷和过梁标准图集的情况。这种输入法最简单，选择图集按钮，在图集列表中只需输入构件编号，通过提取即将钢筋数据显示在录入数据表格中，再在数量上修改，即可完成。

4.4 画图法

画图法（适用于板）可灵活处理各种板的配筋，并可轻松解决异型板钢筋提取问题。分四个步骤：创建轴网、定义构件、布置钢筋、提取钢筋。

单击工具栏上的画图布筋按钮 画图布筋 ，进入画图界面后，应先定义构件信息，将数量、强度等级、保护层、板厚、梁宽输入后，对不规则板的钢筋再确定是否按平均值输出。

（1）创建轴网——单击左侧工具栏上的轴线定义按钮，在弹出窗口里输入上、下开间，左、右进深轴距和跨数。

（2）定义构件——创建完轴网后使用绘图工具栏上的矩形、直线、弧、圆等工具按钮绘出板的图形。画图时软件将自动捕获交点，当鼠标指针发生变化时，即说明成功捕捉到交点。点击右侧工具栏“定义板”命令，设定各板块。

（3）布置钢筋

选择右侧工具栏的“横向底筋”按钮，选定一块板或连续选定多块板后，单击鼠标右键，显示窗口，可布置底筋和面筋，分布筋自动带出。

选择右侧工具栏的“梁侧负筋”或“跨梁负筋”功能，选定梁线，点击鼠标右键，显示窗口。布置负筋和分布筋。

（4）提取钢筋——点击“提取钢筋”按钮，由软件计算每根钢筋数据。

4.5 直接输入数据法

系统提供了 229 种钢筋图形，用户可随意选用，直接在钢筋明细表上输入有关参数即可输出标注尺寸的图形和钢筋重量。

直接输入法又称单根钢筋输入法，是一种最原始的输入方法。它可弥补表格法的不足，是针对特殊构件的一种辅助输入方法。

用户在“钢筋明细”界面的表格中直接输入或修改单根钢筋数据。依次输入或修改构件编号、数量、筋号、类号、规格后，在图形栏选择钢筋图形，输入图形参数后，即可完成该筋号的重量计算。

本实例在输入满堂基础 Z 加深钢筋时，采用了直接输入法。为了与从图形提取的钢筋区别，在钢筋明细表的界面以淡蓝色表示。

4.6 关于箍筋、拉结筋和马凳筋的计算

4.6.1 箍筋计算

箍筋计算的争议很大，有的教科书列举了多种方法，各种钢筋软件的计算方法也不尽相同。手工算量的箍筋一般是按构件外包尺寸简化计算长度。表格计算中是按 03G101-1 图集中的规定来计算的。

（1）弯钩长度：135°的弯钩部分为 $3.9d$，平直部分取 $10d$、75 中较大值（按构造要求时为 $5d$）。封闭箍筋弯钩的计算长度为：$2(3.9+10)d=27.8d$ 或 $2\times3.9d+150=7.8d+150$。当拉筋

起箍筋作用时要钩住箍筋，弯钩的计算长度同上；当拉筋起构造作用时，平直部分取 5d，弯钩计算长度为 2(3.9+5)d=17.8d（图 4-4）。

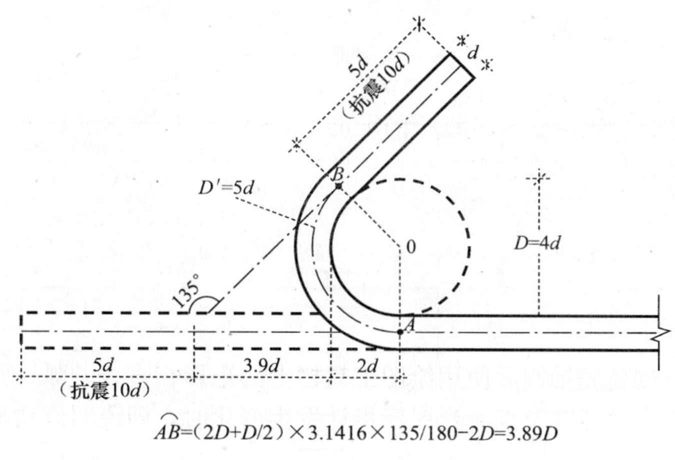

图 4-4　135°弯钩长度

(2) 箍筋长度：箍筋与拉筋在图形上标注的是扣除保护层的净长度，即箍内尺寸。钢筋工程量计算规则是“按设计图示钢筋长度乘以单位理论质量计算”。严格来说，图示钢筋长度即箍内尺寸，而不是外包尺寸（图 4-5）。

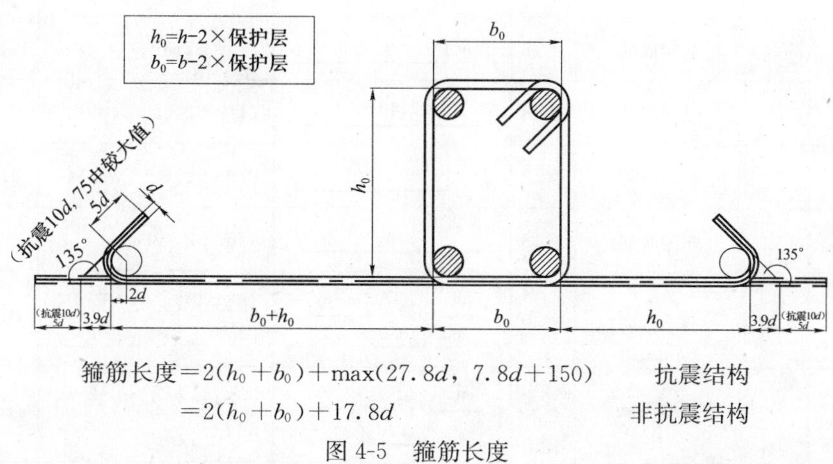

箍筋长度$=2(h_0+b_0)+\max(27.8d,\ 7.8d+150)$　　抗震结构

$=2(h_0+b_0)+17.8d$　　非抗震结构

图 4-5　箍筋长度

抗震结构的箍筋长度是根据 G101-1 图集的规定，取 10d、75mm 中较大值。公式中的 7.8d 是 135°两个弯钩的长度 2×3.9d。此计算方法与深圳在信息价上公布的简单计算方法是一致的：

非抗震箍筋长度 =（梁宽 − 2 × 保护层 + 梁高 − 2 × 保护层）× 2 + 17.8d

抗震箍筋长度 =（梁宽 − 2 × 保护层 + 梁高 − 2 × 保护层）× 2 + 27.8d

4.6.2　拉结筋和马凳筋的计算

马凳，设计有规定的按设计规定，设计无规定时，马凳筋的规格比底板钢筋降低一个规格，按每平方米 1 个计取，长度为 2 倍板厚加 200mm。

墙体拉结 S 钩如设计无规定时按ϕ 8 计，长度为墙厚加 150mm，每平方米 3 个。

构造柱的拉结筋与马牙槎有关，在构造柱的辅助计算表中可与混凝土量同时计算解决，故在钢筋算量中不再计算。

4.7 钢筋明细表

钢筋明细表 表 4-3

序号	构件名称	数量	筋 号	规格	图 形	计算式	长度	根数	重量
1	满堂基础								
1	满堂基础	1	双层双向	⌀18	216 16690 216	16690＋216＋216＋842×2	18806	31	1165.97
2			双层双向	⌀18	216 13470 216	13470＋216＋216＋842	14744	46	1356.45
3			双层双向	⌀18	216 16690 216	16690＋216＋216＋842×2	18806	68	2557.62
4			双层双向	⌀18	216 13470 216	13470＋216＋216＋842	14744	84	2476.99
5			小马凳	⌀16	150 330 100	150＋2(330＋100)	1010	227	362.25
6			横向底筋	⌀18	216 2465	2465＋216＋39*d*	3383	78	527.75
7			横向底筋	⌀18	1980	1980＋2×39*d*	3384	26	175.97
8			横向底筋	⌀18	6560	6560＋2×39*d*	7964	26	414.13
9			纵向底筋	⌀18	216 2165	2165＋216＋39*d*	3083	39	240.47
10			纵向底筋	⌀18	2140	2140＋2×39*d*	3544	26	184.29
11			纵向底筋	⌀18	216 8705	8705＋216＋39*d*＋842	10465	13	272.09
12			纵向底筋	⌀18	1700	1700＋2×39*d*	3104	26	161.41
13	Z 加深	7	横向底筋	⌀20	39 325 39 45 1930 325	1930＋325×2＋39*d*＋39*d*	4140	20	1431.61
14		5	纵向底筋	⌀20	39 325 39 45 1930 325	1930＋325×2＋39*d*＋39*d*	4140	20	1022.58
15			环筋	⌀18	2300 2300	2(2300＋2300)＋842	10042	1	100.42
16		2	纵向底筋	⌀20	39 630 325 1930 45	630＋1930＋325＋39*d*	3665	20	362.1
17			环筋	⌀18	2300 2150	2(2300＋2150)	8900	1	35.6
2	柱								
1	Z1	7	基础角筋	⌀20	100 1481	100＋700－35＋40.8*d*	1581	4	109.34
2			基础 *b* 边筋	⌀20	100 1481	100＋700－35＋40.8*d*	1581	2	54.67
3			基础 *h* 边筋	⌀20	100 1481	100＋700－35＋40.8*d*	1581	2	54.67

续表

序号	构件名称	数量	筋　号	规格	图　形	计算式	长度	根数	重量
4			柱顶角筋	Φ 20	240 4975	5000+275+12d-300	5215	4	360.67
5			柱顶 b 边筋	Φ 20	240 4975	5000+275+12d-300	5215	2	180.33
6			柱顶 h 边筋	Φ 20	240 4975	5000+275+12d-300	5215	2	180.33
7			箍筋	φ 8	350 350	2(350+350)+27.8d	1622	38	170.42
8	GZ1(2-顶)	2	基础角筋	Φ 16	100 925	100+250-25+700	1025	4	12.96
9			中间层角筋	Φ 16	3700	3000+700	3700	20	233.84
10			顶层角筋	Φ 16	469 1175	1200+34d-100	1644	4	20.78
11			箍筋	φ 6	190 190	2(190+190)+7.8d+150	957	120	50.99
12	GZ1(1-梯顶)	2	基础角筋	Φ 16	100 1075	100+400-25+700	1175	4	14.85
13			中间层角筋	Φ 16	5700	5000+700	5700	4	72.05
14			中间层角筋	Φ 16	3700	3000+700	3700	20	233.84
15			顶层角筋	Φ 16	269 2675	2700+34d-300	2944	4	37.21
16			箍筋	φ 6	190 190	2(190+190)+7.8d+150	957	158	67.13
17	GZ1(1-顶)	7	基础角筋	Φ 16	100 1075	100+400-25+700	1175	4	51.98
18			中间层角筋	Φ 16	5700	5000+700	5700	4	252.17
19			中间层角筋	Φ 16	3700	3000+700	3700	20	818.44
20			顶层角筋	Φ 16	469 1175	1200+34d-100	1644	4	72.73
21			箍筋	φ 6	190 190	2(190+190)+7.8d+150	957	151	224.56
22	GZ1(1-6)	5	基础角筋	Φ 16	100 1075	100+400-25+700	1175	4	37.13
23			中间层角筋	Φ 16	5700	5000+700	5700	4	180.12
24			中间层角筋	Φ 16	3700	3000+700	3700	16	467.68
25			顶层角筋	Φ 16	319 2975	3000+34d-250	3294	4	104.09
26			箍筋	φ 6	190 190	2(190+190)+7.8d+150	957	139	147.66
27	GZ1(1-6)	3	基础角筋	Φ 16	100 1075	100+400-25+700	1175	4	22.28
28			中间层角筋	Φ 16	5700	5000+700	5700	4	108.07
29			中间层角筋	Φ 16	3700	3000+700	3700	16	280.61
30			顶层角筋	Φ 16	269 2975	3000+34d-300	3244	4	61.51
31			箍筋	φ 6	190 190	2(190+190)+7.8d+150	957	139	88.59

续表

序号	构件名称	数量	筋　号	规格	图　形	计算式	长度	根数	重量
32	GZ1(2-6)	7	基础角筋	⌀16	100 975	100+300−25+700	1075	4	47.56
33			中间层角筋	⌀16	3700	3000+700	3700	16	654.75
34			顶层角筋	⌀16	319 2975	3000+34*d*−250	3294	4	145.73
35			箍筋	ϕ6	190 190	2(190+190)+7.8*d*+150	957	108	160.61
36	GZ1(1-4)	2	基础角筋	⌀16	100 1075	100+400−25+700	1175	4	14.85
37			中间层角筋	⌀16	5700	5000+700	5700	4	72.05
38			中间层角筋	⌀16	3700	3000+700	3700	8	93.54
39			顶层角筋	⌀16	319 2975	3000+34*d*−250	3294	4	41.64
40			箍筋	ϕ6	190 190	2(190+190)+7.8*d*+150	957	97	41.21
41	GZ1(屋顶)	4	主筋	⌀16	469 1400 319	1400+469+319	2188	4	55.31
42			箍筋	ϕ6	190 190	2(190+190)+7.8*d*+150	957	8	6.8
43	GZ1(楼梯)	2	主筋	⌀16	319 2900 319	2900+319+319	3538	4	44.72
44			箍筋	ϕ6	190 190	2(190+190)+7.8*d*+150	957	15	6.37
3	圈梁								
1	QL	2	1(A-F)轴外侧筋	⌀16	11000	11000+47.6*d*	11761	2	74.33
2			1(A-F)轴内侧筋	⌀16	329 13430 329	13000 + 34*d* × 2 + 47.6*d*	14850	2	93.85
3			箍筋	ϕ6	190 200	2(190+200)+7.8*d*+150	977	117	50.75
4			转角筋	⌀14	250 540 250 45	540+2×250	1040	2	5.03
5			转角外侧筋	⌀16	1976 1976	1215 + 1215 + 2 × 47.6*d*	3952	2	24.98
6			2(1/C-F)轴主筋	⌀16	329 5930 329	5930+329+329	6588	4	83.27
7			3(A-C)轴外侧筋	⌀16	4475	4475	4475	4	56.56
8			转角筋	⌀14	250 540 250 45	540+2×250	1040	2	5.03
9			转角外侧筋	⌀16	1976 1976	1215 + 1215 + 2 × 47.6*d*	3952	2	24.98
10		1	4(E-F)轴主筋	⌀16	329 3190 329	3190+329+329	3848	4	24.32
11			箍筋	ϕ6	190 200	2(190+200)+7.8*d*+150	977	180	39.04
12			C(3-5)轴外侧筋	⌀16	400	400	400	2	1.26
13			C(3-5)轴内侧筋	⌀16	329 2830 329	2400+34*d*×2	3488	2	11.02
14			转角筋	⌀14	250 540 250 45	540+2×250	1040	2	2.52

续表

序号	构件名称	数量	筋号	规格	图形	计算式	长度	根数	重量
15			转角外侧筋	⌀16	1976 ⌊ 1976	1215 + 1215 + 2 × 47.6*d*	3952	2	12.49
16			1/C(1-4)轴主筋	⌀16	329 ⌊ 15950 ⌋ 329	15950 + 329 + 329 + 47.6*d*	17369	4	109.77
17			F(1-7)轴外侧筋	⌀16	13520	13520+47.6*d*	14281	2	45.13
18			F(1-7)轴内侧筋	⌀16	329 ⌊ 15950 ⌋ 329	15520 + 34*d* × 2 + 47.6*d*	17370	2	54.89
19			转角筋	⌀14	250 ╲ 540 ╱ 250; 45	540+2×250	1040	2	2.52
20			转角外侧筋	⌀16	1976 ⌊ 1976	1215 + 1215 + 2 × 47.6*d*	3952	2	12.49
21		4	1(A-F)轴外侧筋	⌀16	11000	11000+47.6*d*	11761	2	148.66
22			1(A-F)轴内侧筋	⌀16	329 ⌊ 13430 ⌋ 329	13000 + 34*d* × 2 + 47.6*d*	14850	2	187.7
23			箍筋	⌀6	190; 200	2(190+200)+7.8*d*+150	977	153	132.74
24			转角筋	⌀14	250 ╲ 540 ╱ 250; 45	540+2×250	1040	2	10.07
25			转角外侧筋	⌀16	1976 ⌊ 1976	1215 + 1215 + 2 × 47.6*d*	3952	2	49.95
26			2(A-F)轴主筋	⌀16	329 ⌊ 13430 ⌋ 329	13430 + 329 + 329 + 47.6*d*	14849	4	375.38
27			3(A-C)轴外侧筋	⌀16	4475	4475	4475	4	113.13
28			转角筋	⌀14	250 ╲ 540 ╱ 250; 45	540+2×250	1040	2	10.07
29			转角外侧筋	⌀16	1976 ⌊ 1976	1215 + 1215 + 2 × 47.6*d*	3952	2	49.95
30		2	4(C-F)轴主筋	⌀16	329 ⌊ 7930 ⌋ 329	7930+329+329	8588	4	108.55
31			箍筋	⌀6	190; 200	2(190+200)+7.8*d*+150	977	37	16.05
32		4	A(1-7)轴外侧筋	⌀16	4320	4320	4320	2	54.6
33			A(1-7)轴内侧筋	⌀16	329 ⌊ 6750 ⌋ 329	6320+34*d*×2	7408	2	93.64
34			转角筋	⌀14	250 ╲ 540 ╱ 250; 45	540+2×250	1040	2	10.07
35			转角外侧筋	⌀16	1976 ⌊ 1976	1215 + 1215 + 2 × 47.6*d*	3952	2	49.95
36			C(1-2)轴主筋	⌀16	329 ⌊ 3490 ⌋ 329	3490+329+329	4148	4	104.86

续表

序号	构件名称	数量	筋　号	规格	图　形	计算式	长度	根数	重量
37			箍筋	Φ6	190 200	2(190+200)+7.8d+150	977	46	39.9
38		2	C(3-5)轴外侧筋	Φ16	400	400	400	2	2.53
39			C(3-5)轴内侧筋	Φ16	329 2830 329	2400+34d×2	3488	2	22.04
40			转角筋	Φ14	250 540 250 45	540+2×250	1040	2	5.03
41			转角外侧筋	Φ16	1976 1976	1215 + 1215 + 2 × 47.6d	3952	2	24.98
42			E(1-7)轴主筋	Φ16	329 15950 329	15950 + 329 + 329 + 47.6d	17369	4	219.54
43			F(1-7)轴外侧筋	Φ16	13520	13520+47.6d	14281	2	90.26
44			F(1-7)轴内侧筋	Φ16	329 15950 329	15520 + 34d × 2 + 47.6d	17370	2	109.78
45			转角筋	Φ14	250 540 250 45	540+2×250	1040	2	5.03
46			转角外侧筋	Φ16	1976 1976	1215 + 1215 + 2 × 47.6d	3952	2	24.98
47			1(A-F)轴外侧筋	Φ16	11000	11000+47.6d	11761	2	74.33
48			1(A-F)轴内侧筋	Φ16	329 13430 329	13000 + 34d × 2 + 47.6d	14850	2	93.85
49			转角筋	Φ14	250 540 250 45	540+2×250	1040	2	5.03
50			转角外侧筋	Φ16	1976 1976	1215 + 1215 + 2 × 47.6d	3952	2	24.98
51			2(A-F)轴主筋	Φ16	329 13430 329	13430 + 329 + 329 + 47.6d	14849	4	187.69
52			3(A-C)轴外侧筋	Φ16	4475	4475	4475	4	56.56
53			箍筋	Φ6	190 200	2(190+200)+7.8d+150	977	317	137.52
54			转角筋	Φ14	250 540 250 45	540+2×250	1040	2	5.03
55			转角外侧筋	Φ16	1976 1976	1215 + 1215 + 2 × 47.6d	3952	2	24.98
56		1	4(C-F)轴主筋	Φ16	329 7930 329	7930+329+329	8588	4	54.28
57			箍筋	Φ6	190 200	2(190+200)+7.8d+150	977	37	8.03
58		2	A(1-3)轴外侧筋	Φ16	4320	4320	4320	2	27.3

续表

序号	构件名称	数量	筋　号	规格	图　形	计算式	长度	根数	重量
59			A(1-3)轴内侧筋	⌀16	329 ⌊6750⌋ 329	6320+34d×2	7408	2	46.82
60			转角筋	⌀14	250 ＼540／ 250 45	540+2×250	1040	2	5.03
61			转角外侧筋	⌀16	1976 ⌊1976	1215 + 1215 + 2 × 47.6d	3952	2	24.98
62			C(1-2)轴主筋	⌀16	329 ⌊3490⌋ 329	3490+329+329	4148	4	52.43
63			箍筋	⌀6	190 200	2(190+200)+7.8d+150	977	46	19.96
64		1	C(3-5)轴外侧筋	⌀16	400	400	400	2	1.26
65			C(3-5)轴内侧筋	⌀16	329 ⌊2830⌋ 329	2400+34d×2	3488	2	11.02
66			箍筋	⌀6	190 200	2(190+200)+7.8d+150	977	12	2.6
67			转角筋	⌀14	250 ＼540／ 250 45	540+2×250	1040	2	2.52
68			转角外侧筋	⌀16	1976 ⌊1976	1215 + 1215 + 2 × 47.6d	3952	2	12.49
69		2	D(1-2)轴主筋	⌀16	329 ⌊3490⌋ 329	3490+329+329	4148	4	52.43
70			箍筋	⌀6	190 200	2(190+200)+7.8d+150	977	16	6.94
71		1	E(2-6)轴主筋	⌀16	329 ⌊9350⌋ 329	9350 + 329 + 329 + 47.6d	10769	4	68.06
72			箍筋	⌀6	190 200	2(190+200)+7.8d+150	977	121	26.24
73			F(1-7)轴外侧筋	⌀16	13520	13520+47.6d	14281	2	45.13
74			F(1-7)轴内侧筋	⌀16	329 ⌊15950⌋ 329	15520 + 34d × 2 + 47.6d	17370	2	54.89
75			转角筋	⌀14	250 ＼540／ 250 45	540+2×250	1040	2	2.52
76			转角外侧筋	⌀16	1976 ⌊1976	1215 + 1215 + 2 × 47.6d	3952	2	12.49
77		4	1(A-F)轴外侧筋	⌀16	11000	11000+47.6d	11761	2	148.66
78			1(A-F)轴内侧筋	⌀16	329 ⌊13430⌋ 329	13430+329+329	14088	2	178.07
79			箍筋	⌀6	190 200	2(190+200)+7.8d+150	977	155	134.46
80			转角筋	⌀14	250 ＼540／ 250 45	540+2×250	1040	2	10.07

续表

序号	构件名称	数量	筋 号	规格	图 形	计算式	长度	根数	重量
81			转角外侧筋	Φ 16	1976 1976	1215 + 1215 + 2 × 47.6d	3952	2	49.95
82			2(A-F)轴主筋	Φ 16	329 13430 329	13430 + 329 + 329 + 47.6d	14849	4	375.38
83			3(A-C)轴外侧筋	Φ 16	4475	4475	4475	4	113.13
84			转角筋	Φ 14	250 540 250 45	540+2×250	1040	2	10.07
85			转角外侧筋	Φ 16	1976 1976	1215 + 1215 + 2 × 47.6d	3952	2	49.95
86		2	4(C-F)轴主筋	Φ 16	329 7930 329	7930+329+329	8588	4	108.55
87			箍筋	φ 6	190 200	2(190+200)+7.8d+150	977	37	16.05
88		4	A(1-3)轴外侧筋	Φ 16	4320	4320	4320	2	54.6
89			A(1-3)轴内侧筋	Φ 16	329 6750 329	6320+34d×2	7408	2	93.64
90			箍筋	φ 6	190 200	2(190+200)+7.8d+150	977	46	39.9
91			转角筋	Φ 14	250 540 250 45	540+2×250	1040	2	10.07
92			转角外侧筋	Φ 16	1976 1976	1215 + 1215 + 2 × 47.6d	3952	2	49.95
93			C(1-2)轴主筋	Φ 16	329 3490 329	3490+329+329	4148	4	104.86
94		2	C(3-5)轴外侧筋	Φ 16	400	400	400	2	2.53
95			C(3-5)轴内侧筋	Φ 16	329 2830 329	2400+34d×2	3488	2	22.04
96			箍筋	φ 6	190 200	2(190+200)+7.8d+150	977	12	5.21
97			转角筋	Φ 14	250 540 250 45	540+2×250	1040	2	5.03
98			转角外侧筋	Φ 16	1976 1976	1215 + 1215 + 2 × 47.6d	3952	2	24.98
99		4	D(1-2)轴主筋	Φ 16	329 3490 329	3490+329+329	4148	4	104.86
100			箍筋	φ 6	190 200	2(190+200)+7.8d+150	977	16	13.88
101		2	E(2-6)轴主筋	Φ 16	329 9350 329	9350 + 329 + 329 + 47.6d	10769	4	136.12
102			箍筋	φ 6	190 200	2(190+200)+7.8d+150	977	161	69.84

续表

序号	构件名称	数量	筋　号	规格	图　形	计算式	长度	根数	重量
103			F(1-7)轴外侧筋	⌀16	13520	13520+47.6d	14281	2	90.26
104			F(1-7)轴内侧筋	⌀16	329 15950 329	15520 + 34d × 2 + 47.6d	17370	2	109.78
105			转角筋	⌀14	250 540 250 45	540+2×250	1040	2	5.03
106			转角外侧筋	⌀16	1976 1976	1215 + 1215 + 2 × 47.6d	3952	2	24.98
107			3(A-C)轴外侧筋	⌀16	3260	3260	3260	2	20.6
108			3(A-C)轴内侧筋	⌀16	329 5690 329	5260+34d×2	6348	2	40.12
109			转角筋	⌀14	250 540 250 45	540+2×250	1040	2	5.03
110			转角外侧筋	⌀16	1976 1976	1215 + 1215 + 2 × 47.6d	3952	2	24.98
111			A(3-5)轴外侧筋	⌀16	400	400	400	2	2.53
112			A(3-5)轴内侧筋	⌀16	329 2830 329	2400+34d×2	3488	2	22.04
113			转角筋	⌀14	250 540 250 45	540+2×250	1040	2	5.03
114			转角外侧筋	⌀16	1976 1976	1215 + 1215 + 2 × 47.6d	3952	2	24.98
115	LL	2	上部钢筋	⌀16	200 2650 200	2650+200+200	3050	2	19.28
116			下部钢筋	⌀16	200 2650 200	2650+200+200	3050	2	19.28
117			箍筋	ϕ6	190 200	2(190+200)+7.8d+150	977	13	5.64
4	有梁板								
1	L1(2)	12	1-2. 上部贯通筋	⌀16	240 6750 240	(15d+215)+6320+(215+15d)	7230	2	274.16
2			1-2. 下部贯通筋	⌀16	6704	12d+6320+12d	6704	2	254.22
3			1. 箍筋	ϕ6	190 200	2(190+200)+7.8d+150	977	42	109.32
4	L2(2)	2	1-2. 上部贯通筋	⌀16	240 6750 240	(15d+215)+6320+(215+15d)	7230	2	45.69
5			1-2. 下部贯通筋	⌀18	216 6320 216	12d+6320+12d	6752	3	81.02
6			1. 箍筋	ϕ6	190 250	2(190+250)+7.8d+150	1077	42	20.08
7	L3(4)	1	1-4. 上部贯通筋	⌀16	240 15950 240	(15d+215)+15520+(215+15d)+47.6d	17192	2	54.33

续表

序号	构件名称	数量	筋 号	规格	图 形	计算式	长度	根数	重量
8			1-4. 下部贯通筋	Φ18	216 15520 216	12d + 15520 + 12d + 47.6d	16808	3	100.85
9			1. 箍筋	Φ6	190 250	2(190+250)+7.8d+150	1077	96	22.96
10	L4(2)	6	1-2. 上部贯通筋	Φ16	240 9350 240	(15d+215)+8920+(215+15d)+47.6d	10592	2	200.82
11			1-2. 下部贯通筋	Φ16	192 8920 192	12d + 8920 + 12d + 47.6d	10065	2	190.83
12			1. 箍筋	Φ6	100 250	2(100+250)+7.8d+150	897	56	66.9
13	L5(2A)	2	1-3. 上部贯通筋	Φ16	192 7452 240	167 + 7260 + (217 + 15d)	7885	2	49.83
14			1-3. 下部贯通筋	Φ18	7479 -28	−25+7260+12d	7451	3	89.41
15			1. 箍筋 1	Φ6	190 225	2(190+225)+7.8d+150	1027	47	22.29
16	L6	8	1. 上部贯通筋 1	Φ16	240 3190 240	(15d+215)+2760+(215+15d)	3670	2	92.78
17			1. 下部贯通筋 1	Φ16	192 2760 192	12d+2760+12d	3144	3	119.22
18			1. 箍筋	Φ6	190 250	2(190+250)+7.8d+150	1077	20	38.26
19	L7	12	1. 上部贯通筋	Φ12	180 1983 180	(15d+215)+1605+(215+15d)	2395	2	51.04
20			1. 下部贯通筋	Φ12	144 1605 144	12d+1605+12d	1893	2	40.34
21			1. 箍筋	Φ6	100 150	2(100+150)+7.8d+150	697	9	16.71
22	L8	6	1. 上部贯通筋	Φ16	240 3490 240	(15d+215)+3060+(215+15d)	3970	2	75.27
23			1. 下部贯通筋	Φ16	192 3060 192	12d+3060+12d	3444	3	97.95
24			1. 箍筋	Φ6	190 250	2(190+250)+7.8d+150	1077	21	30.13
25	L9	10	1. 上部贯通筋	Φ16	240 3450 240	(15d+215)+3020+(215+15d)	3930	2	124.19
26			1. 下部贯通筋	Φ16	192 3020 192	12d+3020+12d	3404	3	161.35
27			1. 箍筋	Φ6	190 250	2(190+250)+7.8d+150	1077	21	50.21
28	B1	2	负筋	Φ8	65 800 65	800+65+65	930	6	4.41
29			负筋分布筋	Φ6	200	100+100	200	5	0.44
30			纵向底筋	Φ8	1200	1200+12.5d	1300	16	16.43

续表

序号	构件名称	数量	筋　号	规格	图　形	计算式	长度	根数	重量
31	B1B11	2	负筋分布筋	φ6	200	100+100	200	10	0.89
32			负筋	φ8	65 1600 65	1600+65+65	1730	6	8.2
33	B2	2	负筋分布筋	φ6	2250	2050+2×100	2250	5	5
34			负筋	φ10	105 800 105	800+105+105	1010	21	26.17
35	B2B1	2	负筋	φ8	105 2200 65	2200+105+65	2370	16	29.96
36			负筋分布筋	φ6	1900	1700+2×100	1900	12	10.12
37	B2B10	2	横向底筋	φ8	6560	6560+12.5d	6660	21	110.49
38			负筋	φ10	105 1600 105	1600+105+105	1810	25	55.84
39			负筋分布筋	φ6	2250	2050+2×100	2250	10	9.99
40	B3	2	负筋分布筋	φ6	250	50+2×100	250	5	0.56
41			负筋	φ10	105 1300 105	1300+105+105	1510	6	11.18
42			负筋	φ10	105 800 105	800+105+105	1010	10	12.46
43	B3B9	2	负筋	φ10	105 1950 105	1950+105+105	2160	11	29.32
44			负筋分布筋	φ6	250	50+2×100	250	5	0.56
45			负筋分布筋	φ6	1200	1000+2×100	1200	6	3.2
46			横向底筋	φ8	7880	7880+12.5d	7980	10	63.04
47	B3B2	2	负筋	φ8	105 2300 105	2300+105+105	2510	16	31.73
48			负筋分布筋	φ6	1900	1700+2×100	1900	12	10.12
49	B4	2	负筋	φ8	105 1950 105	1950+105+105	2160	8	13.65
50			横向底筋	φ8	3300	3300+12.5d	3400	13	34.92
51			负筋	φ8	105 800 105	800+105+105	1010	18	14.36
52			负筋分布筋	φ6	1290	1090+2×100	1290	5	2.86
53	B4B8	2	负筋分布筋	φ6	1290	1090+2×100	1290	5	2.86
54		2	负筋分布筋	φ6	1000	800+2×100	1000	6	2.66
55	B4B3	2	负筋	φ10	105 1300 105	1300+105+105	1510	19	35.4
56			负筋分布筋	φ6	1900	1700+2×100	1900	8	6.75

续表

序号	构件名称	数量	筋　号	规格	图　形	计算式	长度	根数	重量
57	B4B8	2	负筋	φ8	105 1950 65	1950+105+65	2120	18	30.15
58	B5	2	负筋分布筋	φ6	1600	1400+2×100	1600	5	3.55
59			负筋	φ8	105 800 105	800+105+105	1010	16	12.77
60			负筋分布筋	φ6	2600	2500+100	2600	5	5.77
61			负筋	φ8	105 800 105	800+105+105	1010	19	15.16
62	B5B4	2	负筋	φ8	105 1950 105	1950+105+105	2160	16	27.3
63			负筋分布筋	φ6	2600	2500+100	2600	5	5.77
64			负筋分布筋	φ6	1900	1700+2×100	1900	6	5.06
65	B5B4～B2	2	纵向底筋	φ8	12040	12040+12.5*d*	12140	16	153.45
66	B5B6～B7	2	横向底筋	φ8	7880	7880+12.5*d*	7980	15	94.56
67	B6	2	负筋	φ8	105 800 105	800+105+105	1010	6	4.79
68			负筋	φ8	105 2780 105	2780+105+105	2990	6	14.17
69	B6B7	2	负筋分布筋	φ6	1600	1400+2×100	1600	16	11.37
70	B6B8	2	负筋	φ8	105 1300 65	1300+105+65	1470	6	6.97
71			负筋分布筋	φ6	130	30+100	130	3	0.17
72	B6B7	2	负筋	φ8	105 2780 105	2780+105+105	2990	19	44.88
73	B7	2	负筋	φ8	105 800 105	800+105+105	1010	18	14.36
74			负筋分布筋	φ6	2000	1800+2×100	2000	5	4.44
75	B7Bx	2	负筋分布筋	φ6	1600	1400+2×100	1600	3	2.13
76			负筋分布筋	φ6	3000	3000	3000	3	4
77	B7B6	2	纵向底筋	φ8	3000	3000+12.5*d*	3100	22	53.88
78	B7B8	2	负筋	φ8	105 1300 65	1300+105+65	1470	18	20.9
79			负筋分布筋	φ6	2000	1800+2×100	2000	5	4.44
80			负筋分布筋	φ6	2350	2250+100	2350	3	3.13
81	B7Bx	2	负筋	φ8	105 1600 105	1600+105+105	1810	8	11.44
82	B8	2	负筋	φ10	105 1940 65	1940+105+65	2110	6	15.62

续表

序号	构件名称	数量	筋　号	规格	图　形	计算式	长度	根数	重量
83			横向底筋	φ8	4580	4580+12.5d	4680	13	48.06
84	B8Bx	2	负筋分布筋	φ6	2740	2740	2740	3	3.65
85	B8B9	2	负筋	φ10	65 1940 105	1940+65+105	2110	26	67.7
86			负筋分布筋	φ6	2480	2280+2×100	2480	11	12.11
87	B8Bx	2	负筋	φ8	65 2300 105	2300+65+105	2470	7	13.66
88			负筋分布筋	φ6	1000	800+2×100	1000	3	1.33
89	B8B9～B10	2	纵向底筋	φ8	7867	7867+12.5d	7967	22	138.47
90	B9	2	负筋	φ10	105 500 105	500+105+105	710	10	8.76
91			负筋	φ10	105 500 105	500+105+105	710	7	6.13
92			负筋分布筋	φ6	270	170+100	270	3	0.36
93	B9Bx	2	负筋分布筋	φ6	2000	2000	2000	3	2.66
94			负筋	φ10	105 2300 105	2300+105+105	2510	6	18.58
95			负筋分布筋	φ6	1200	1000+2×100	1200	3	1.6
96	B9B10	2	负筋分布筋	φ6	1860	1660+2×100	1860	6	4.96
97			负筋	φ10	105 1650 105	1650+105+105	1860	19	43.61
98			负筋分布筋	φ6	2210	2110+100	2210	3	2.94
99	B10	2	负筋	φ10	105 800 105	800+105+105	1010	21	26.17
100			负筋分布筋	φ6	2250	2050+2×100	2250	5	5
101	B10B11	2	负筋	φ8	105 2200 65	2200+105+65	2370	16	29.96
102			负筋分布筋	φ6	1860	1660+2×100	1860	12	9.91
103			小马凳	φ6	150 90 90 100	150+90×2+100×2	530	56	13.18
104	B11	2	负筋分布筋	φ6	200	100+100	200	5	0.44
105			负筋	φ8	65 800 65	800+65+65	930	6	4.41
106			纵向底筋	φ8	1200	1200+12.5d	1300	16	16.43
107	B2左	2	负筋	φ10	105 800 105	800+105+105	1010	24	29.91
108	B2上	2	负筋	φ8	105 2300 105	2300+105+105	2510	8	15.86

续表

序号	构件名称	数量	筋号	规格	图形	计算式	长度	根数	重量
109	B2 右	2	负筋	ϕ10	105 800 105	800+105+105	1010	9	11.22
110	B2 下	2	负筋	ϕ8	105 2200 65	2200+105+65	2370	8	14.98
111	B10 上	2	负筋	ϕ10	105 1650 105	1650+105+105	1860	6	13.77
112	B10 右	2	负筋	ϕ10	105 800 105	800+105+105	1010	24	29.91
113	B10 下	2	负筋	ϕ8	105 2200 65	2200+105+65	2370	8	14.98
114	B5 左	2	负筋	ϕ8	105 800 105	800+105+105	1010	8	6.38
115	B5 上	2	负筋	ϕ8	105 800 105	800+105+105	1010	8	6.38
116	B7 上	2	负筋	ϕ8	105 800 105	800+105+105	1010	6	4.79
117	B7 右	1	负筋	ϕ8	105 1600 105	1600+105+105	1810	8	5.72
118	B7 下	2	负筋	ϕ8	105 1300 65	1300+105+65	1470	6	6.97
119	B1	4	负筋	ϕ8	65 800 65	800+65+65	930	6	8.82
120			负筋分布筋	ϕ6	200	100+100	200	5	0.89
121			纵向底筋	ϕ8	1200	1200+12.5d	1300	16	32.86
122	B1B7	4	负筋分布筋	ϕ6	200	100+100	200	10	1.78
123			负筋	ϕ8	65 1600 65	1600+65+65	1730	6	16.4
124	B2	4	负筋分布筋	ϕ6	2250	2050+2×100	2250	5	9.99
125			负筋	ϕ10	105 800 105	800+105+105	1010	21	52.35
126	B2B8	4	负筋	ϕ10	105 1600 105	1600+105+105	1810	25	111.68
127			负筋分布筋	ϕ6	2250	2050+2×100	2250	10	19.98
128			横向底筋	ϕ8	6560	6560+12.5d	6660	21	220.98
129	B2B1	4	负筋	ϕ8	105 2200 65	2200+105+65	2370	16	59.91
130			负筋分布筋	ϕ6	1900	1700+2×100	1900	12	20.25
131	B3	4	负筋	ϕ10	105 1300 105	1300+105+105	1510	6	22.36
132			负筋	ϕ8	105 800 105	800+105+105	1010	19	30.32
133			负筋分布筋	ϕ6	1190	990+2×100	1190	5	5.28
134	B3B9	4	负筋	ϕ10	105 1950 105	1950+105+105	2160	17	90.62

续表

序号	构件名称	数量	筋　号	规格	图　形	计算式	长度	根数	重量
135			负筋分布筋	Φ6	105 [1950] 105	1950+2×100	1190	11	11.62
136			横向底筋	Φ8	7880	7880+12.5d	7980	14	176.52
137	B3B2	4	负筋	Φ8	105 [2300] 105	2300+105+105	2510	16	63.45
138			负筋分布筋	Φ6	1900	1700+2×100	1900	12	20.25
139	B4	4	负筋	Φ8	105 [800] 105	800+105+105	1010	11	17.55
140			负筋分布筋	Φ6	350	150+2×100	350	5	1.55
141			横向底筋	Φ8	3300	3300+12.5d	3400	9	48.35
142			负筋	Φ8	105 [1950] 105	1950+105+105	2160	8	27.3
143	B4B3	4	负筋分布筋	Φ6	1900	1700+2×100	1900	8	13.5
144			负筋	Φ10	105 [1300] 105	1300+105+105	1510	19	70.81
145	B4B10	4	负筋	Φ8	105 [1950] 65	1950+105+65	2120	11	36.85
146			负筋分布筋	Φ6	350	150+2×100	350	5	1.55
147			负筋分布筋	Φ6	1000	800+2×100	1000	6	5.33
148	B5	4	负筋分布筋	Φ6	2600	2500+100	2600	5	11.54
149			负筋	Φ8	105 [800] 105	800+105+105	1010	19	30.32
150			负筋分布筋	Φ6	1600	1400+2×100	1600	5	7.1
151			负筋	Φ8	105 [800] 105	800+105+105	1010	16	25.53
152	B5B4	4	负筋	Φ8	105 [1950] 105	1950+105+105	2160	16	54.6
153			负筋分布筋	Φ6	2600	2500+100	2600	5	11.54
154			负筋分布筋	Φ6	1900	1700+2×100	1900	6	10.12
155	B5B4～B2	4	纵向底筋	Φ8	12040	12040+12.5d	12140	16	306.9
156	B5B6～B11	4	横向底筋	Φ8	7880	7880+12.5d	7980	15	189.13
157	B6	4	负筋	Φ8	105 [800] 105	800+105+105	1010	5	7.98
158			负筋	Φ8	105 [2480] 105	2480+105+105	2690	6	25.5
159	B6B11	4	负筋分布筋	Φ6	1600	1400+2×100	1600	14	19.89
160	B6B10	4	负筋	Φ8	105 [1300] 65	1300+105+65	1470	6	13.94

续表

序号	构件名称	数量	筋　号	规格	图　形	计算式	长度	根数	重量
161			负筋分布筋	φ6	130	30+100	130	3	0.35
162	B6B11	4	负筋	φ8	105 2480 105	2480+105+105	2690	19	80.75
163	B7	4	纵向底筋	φ8	1200	1200+12.5*d*	1300	16	32.86
164			负筋分布筋	φ6	200	100+100	200	5	0.89
165			负筋	φ8	65 800 65	800+65+65	930	6	8.82
166	B8	4	负筋	φ10	105 800 105	800+105+105	1010	21	52.35
167			负筋分布筋	φ6	2250	2050+2×100	2250	5	9.99
168	B8B7	4	负筋	φ8	105 2200 65	2200+105+65	2370	16	59.91
169			负筋分布筋	φ6	1860	1660+2×100	1860	12	19.82
170			小马凳	φ6	150 90 90 100	150+90×2+100×2	530	59	27.77
171	B9	4	负筋	φ10	105 800 105	800+105+105	1010	7	17.45
172			负筋分布筋	φ6	270	170+100	270	5	1.2
173			负筋	φ10	105 500 105	500+105+105	710	10	17.52
174	B9B8	4	负筋	φ8	105 2300 105	2300+105+105	2510	16	63.45
175			负筋分布筋	φ6	2210	2110+100	2210	6	11.77
176	B9Bx	4	负筋	φ10	105 2300 105	2300+105+105	2510	8	49.56
177			负筋分布筋	φ6	1540	1340+2×100	1540	3	4.1
178			负筋分布筋	φ6	2940	2940	2940	3	7.83
179	B9B8	4	负筋分布筋	φ6	1860	1660+2×100	1860	6	9.91
180	B10	4	横向底筋	φ8	4580	4580+12.5*d*	4680	9	66.55
181			负筋	φ10	105 1300 65	1300+105+65	1470	6	21.77
182	B10Bx	4	负筋	φ8	65 2300 105	2300+65+105	2470	5	19.51
183			负筋分布筋	φ6	1000	800+2×100	1000	3	2.66
184			负筋分布筋	φ6	1800	1800	1800	3	4.8
185	B10B9	4	负筋	φ10	65 1300 105	1300+65+105	1470	26	94.33
186			负筋分布筋	φ6	2480	2280+2×100	2480	8	17.62

续表

序号	构件名称	数量	筋　号	规格	图　形	计算式	长度	根数	重量
187	B11	4	负筋	Φ8	105 800 105	800+105+105	1010	17	27.13
188			负筋分布筋	Φ6	2600	2400+2×100	2600	5	11.54
189	B11Bx	4	负筋	Φ8	105 1000 105	1000+105+105	1210	8	15.29
190			负筋分布筋	Φ6	1600	1400+2×100	1600	2	2.84
191			负筋分布筋	Φ6	3000	3000	3000	2	5.33
192	B11B10	4	负筋	Φ8	105 1300 65	1300+105+65	1470	18	41.81
193			负筋分布筋	Φ6	2600	2400+2×100	2600	5	11.54
194			负筋分布筋	Φ6	2350	2250+100	2350	3	6.26
195	B11B6～B8	4	纵向底筋	Φ8	10867	10867+12.5d	10967	22	381.21
196	B2左	4	负筋	Φ10	105 800 105	800+105+105	1010	24	59.82
197	B2上	4	负筋	Φ8	105 2300 105	2300+105+105	2510	8	31.73
198	B2右	4	负筋	Φ10	105 800 105	800+105+105	1010	9	22.43
199	B2下	4	负筋	Φ8	105 2200 65	2200+105+65	2370	8	29.96
200	B8上	4	负筋	Φ10	105 1950 105	1950+105+105	2160	6	31.99
201	B8右	4	负筋	Φ10	105 800 105	800+105+105	1010	24	59.82
202	B8下	4	负筋	Φ8	105 2200 65	2200+105+65	2370	8	29.96
203	B5左	4	负筋	Φ8	105 800 105	800+105+105	1010	8	12.77
204	B5上	4	负筋	Φ8	105 800 105	800+105+105	1010	8	12.77
205	B11上	4	负筋	Φ8	105 800 105	800+105+105	1010	6	9.57
206	B11右	2	负筋	Φ8	105 1000 105	1000+105+105	1210	8	7.65
207	B11下	4	负筋	Φ8	105 1300 65	1300+105+65	1470	6	13.94
208	B1	2	负筋	Φ8	65 800 65	800+65+65	930	6	4.41
209			负筋分布筋	Φ6	200	100+100	200	5	0.44
210			纵向底筋	Φ8	1200	1200+12.5d	1300	16	16.43
211	B1B7	2	负筋分布筋	Φ6	200	100+100	200	10	0.89
212			负筋	Φ8	65 1600 65	1600+65+65	1730	6	8.2

续表

序号	构件名称	数量	筋　号	规格	图　形	计算式	长度	根数	重量
213	B2	2	负筋分布筋	Φ6	2250	2050+2×100	2250	5	5
214			负筋	Φ10	105 800 105	800+105+105	1010	21	26.17
215	B2B8	2	负筋	Φ10	105 1600 105	1600+105+105	1810	25	55.84
216			负筋分布筋	Φ6	2250	2050+2×100	2250	10	9.99
217			横向底筋	Φ8	6560	6560+12.5d	6660	21	110.49
218	B2B1	2	负筋	Φ8	105 2200 65	2200+105+65	2370	16	29.96
219			负筋分布筋	Φ6	1900	1700+2×100	1900	12	10.12
220	B3	2	负筋	Φ10	105 1300 105	1300+105+105	1510	6	11.18
221			负筋	Φ8	105 800 105	800+105+105	1010	19	15.16
222			负筋分布筋	Φ6	1190	990+2×100	1190	5	2.64
223	B3B2	2	负筋分布筋	Φ6	1900	1700+2×100	1900	6	5.06
224	B3B9	2	横向底筋	Φ8	7880	7880+12.5d	7980	14	88.26
225	B3B2	2	负筋	Φ8	105 2300 105	2300+105+105	2510	16	31.73
226			负筋分布筋	Φ6	2600	2500+100	2600	6	6.93
227	B4	2	负筋	Φ8	105 1950 105	1950+105+105	2160	8	13.65
228			负筋	Φ8	105 800 105	800+105+105	1010	11	8.78
229			负筋分布筋	Φ6	350	150+2×100	350	5	0.78
230			横向底筋	Φ8	3300	3300+12.5d	3400	9	24.17
231	B4B3	2	负筋	Φ10	105 1300 105	1300+105+105	1510	19	35.4
232			负筋分布筋	Φ6	1900	1700+2×100	1900	3	2.53
233			负筋分布筋	Φ6	2600	2500+100	2600	5	5.77
234	B4B12	2	负筋	Φ8	105 1950 65	1950+105+65	2120	11	18.42
235			负筋分布筋	Φ6	350	150+2×100	350	5	0.78
236			负筋分布筋	Φ6	1000	800+2×100	1000	6	2.66
237	B5	2	负筋分布筋	Φ6	2600	2500+100	2600	5	5.77
238			负筋	Φ8	105 800 105	800+105+105	1010	19	15.16

续表

序号	构件名称	数量	筋　号	规格	图　形	计算式	长度	根数	重量
239			负筋分布筋	ϕ6	1600	1400+2×100	1600	5	3.55
240			负筋	ϕ8	105 800 105	800+105+105	1010	16	12.77
241	B5B4	2	负筋	ϕ8	105 1950 105	1950+105+105	2160	16	27.3
242			负筋分布筋	ϕ6	2600	2500+100	2600	5	5.77
243			负筋分布筋	ϕ6	1900	1700+2×100	1900	6	5.06
244	B5B4～B2	2	纵向底筋	ϕ8	12040	12040+12.5d	12140	16	153.45
245	B5B6～B11	2	横向底筋	ϕ8	7880	7880+12.5d	7980	15	94.56
246	B6	2	负筋	ϕ8	105 800 105	800+105+105	1010	6	4.79
247			负筋	ϕ8	105 2480 105	2480+105+105	2690	6	12.75
248	B6B12	2	负筋分布筋	ϕ6	130	30+100	130	3	0.17
249			负筋	ϕ8	105 1300 65	1300+105+65	1470	6	6.97
250	B6B11	2	负筋	ϕ8	105 2480 105	2480+105+105	2690	19	40.38
251			负筋分布筋	ϕ6	1600	1400+2×100	1600	14	9.95
252			小马凳	ϕ6	150 90 90 100	150+90×2+100×2	530	58	13.65
253	B7	2	负筋	ϕ8	65 800 65	800+65+65	930	6	4.41
254			负筋分布筋	ϕ6	200	100+100	200	5	0.44
255			纵向底筋	ϕ8	1200	1200+12.5d	1300	16	16.43
256	B8	2	负筋分布筋	ϕ6	2250	2050+2×100	2250	5	. 5
257			负筋	ϕ10	105 800 105	800+105+105	1010	21	26.17
258	B8B7	2	负筋分布筋	ϕ6	1860	1660+2×100	1860	12	9.91
259			负筋	ϕ8	105 2200 65	2200+105+65	2370	16	29.96
260	B9	2	负筋	ϕ10	105 800 105	800+105+105	1010	7	8.72
261			负筋分布筋	ϕ6	270	170+100	270	5	0.6
262			负筋	ϕ10	105 500 105	500+105+105	710	10	8.76
263	B9B8	2	负筋分布筋	ϕ6	1860	1660+2×100	1860	6	4.96
264	B9Bx	2	负筋	ϕ10	105 2300 105	2300+105+105	2510	9	27.88

续表

序号	构件名称	数量	筋　号	规格	图　形	计算式	长度	根数	重量
265			负筋分布筋	φ6	1540	1340+2×100	1540	3	2.05
266			负筋分布筋	φ6	2940	2940	2940	3	3.92
267	B9B8	2	负筋	φ10	105 1950 105	1950+105+105	2160	19	50.64
268			负筋分布筋	φ6	3260	3260	3260	5	7.24
269	B11	2	负筋分布筋	φ6	2300	2100+2×100	2300	5	5.11
270			负筋	φ8	105 800 105	800+105+105	1010	18	14.36
271	B11Bx	2	负筋	φ8	105 1300 105	1300+105+105	1510	8	9.54
272			负筋分布筋	φ6	1600	1400+2×100	1600	3	2.13
273			负筋分布筋	φ6	3000	3000	3000	2	2.66
274	B11B12	2	负筋	φ8	105 1300 65	1300+105+65	1470	18	20.9
275			负筋分布筋	φ6	2300	2100+2×100	2300	5	5.11
276			负筋分布筋	φ6	2350	2250+100	2350	3	3.13
277	B11B6～B8	2	纵向底筋	φ8	10867	10867+12.5d	10967	22	190.61
278	B12	2	横向底筋	φ8	4580	4580+12.5d	4680	9	33.27
279	B12Bx	2	负筋分布筋	φ6	1800	1800	1800	3	2.4
280	B12B9	2	负筋	φ10	65 1300 105	1300+65+105	1470	26	47.16
281			负筋分布筋	φ6	2480	2280+2×100	2480	3	3.3
282			负筋分布筋	φ6	3530	3430+100	3530	5	7.84
283	B12Bx	2	负筋	φ8	65 2300 105	2300+65+105	2470	5	9.76
284			负筋分布筋	φ6	1000	800+2×100	1000	3	1.33
285	B2左	2	负筋	φ10	105 800 105	800+105+105	1010	24	29.91
286	B2上	2	负筋	φ8	105 2300 105	2300+105+105	2510	8	15.86
287	B2右	2	负筋	φ10	105 800 105	800+105+105	1010	9	11.22
288	B2下	2	负筋	φ8	105 2200 65	2200+105+65	2370	8	14.98
289	B8上	2	负筋	φ10	105 1950 105	1950+105+105	2160	6	15.99
290	B8右	2	负筋	φ10	105 800 105	800+105+105	1010	24	29.91

续表

序号	构件名称	数量	筋　号	规格	图　形	计算式	长度	根数	重量
291	B8 下	2	负筋	φ 8	105 2200 65	2200＋105＋65	2370	8	14.98
292	B5 左	2	负筋	φ 8	105 800 105	800＋105＋105	1010	8	6.38
293	B5 上	2	负筋	φ 8	105 800 105	800＋105＋105	1010	8	6.38
294	B11 上	2	负筋	φ 8	105 800 105	800＋105＋105	1010	6	4.79
295	B11 右	1	负筋	φ 8	105 1000 105	1000＋105＋105	1210	8	3.82
296	B11 下	2	负筋	φ 8	105 800 65	800＋105＋65	970	6	4.6
297	B10	2	负筋	φ 10	105 1300 65	1300＋105＋65	1470	6	10.88
298	B1	4	负筋	φ 8	65 800 65	800＋65＋65	930	6	8.82
299			负筋分布筋	φ 6	200	100＋100	200	5	0.89
300			纵向底筋	φ 8	1200	1200＋12.5d	1300	16	32.86
301	B1B5	4	负筋分布筋	φ 6	200	100＋100	200	10	1.78
302			负筋	φ 8	65 1600 65	1600＋65＋65	1730	6	16.4
303	B2	4	负筋分布筋	φ 6	2300	2100＋2×100	2300	5	10.21
304			负筋	φ 10	105 800 105	800＋105＋105	1010	21	52.35
305	B2B6	4	负筋	φ 10	105 1600 105	1600＋105＋105	1810	25	111.68
306			负筋分布筋	φ 6	2300	2100＋2×100	2300	10	20.42
307			横向底筋	φ 8	6560	6560＋12.5d	6660	21	220.98
308	B2B1	4	负筋	φ 8	105 2200 65	2200＋105＋65	2370	16	59.91
309			负筋分布筋	φ 6	1900	1700＋2×100	1900	12	20.25
310	B3	4	负筋	φ 8	105 2000 105	2000＋105＋105	2210	8	27.93
311			负筋	φ 8	105 800 105	800＋105＋105	1010	19	30.32
312			负筋分布筋	φ 6	1540	1340＋2×100	1540	5	6.84
313	B3B7	4	负筋	φ 10	105 1950 105	1950＋105＋105	2160	17	90.62
314			负筋分布筋	φ 6	1540	1340＋2×100	1540	11	15.04
315			横向底筋	φ 8	7880	7880＋12.5d	7980	14	176.52
316	B3B2	4	负筋	φ 8	105 1900 105	1900＋105＋105	2110	16	53.34

续表

序号	构件名称	数量	筋　号	规格	图　形	计算式	长度	根数	重量
317			负筋分布筋	φ6	1900	1700+2×100	1900	11	18.56
318	B4	4	负筋	φ8	105 ⌈800⌉ 105	800+105+105	1010	31	49.47
319			负筋分布筋	φ6	2600	2400+2×100	2600	5	11.54
320			负筋	φ8	105 ⌈1200⌉ 105	1200+105+105	1410	16	35.64
321			负筋分布筋	φ6	1900	1700+2×100	1900	7	11.81
322	B4B8	4	负筋分布筋	φ6	700	600+100	700	5	3.11
323			负筋分布筋	φ6	1000	800+2×100	1000	6	5.33
324	B4B9	4	负筋	φ8	105 ⌈1600⌉ 105	1600+105+105	1810	19	54.34
325			负筋分布筋	φ6	1900	1800+100	1900	5	8.44
326			负筋分布筋	φ6	1600	1400+2×100	1600	5	7.1
327	B4B3	4	负筋	φ8	105 ⌈2000⌉ 105	2000+105+105	2210	16	55.87
328			负筋分布筋	φ6	1900	1700+2×100	1900	12	20.25
329	B4B8	4	负筋	φ8	105 ⌈1950⌉ 65	1950+105+65	2120	11	36.85
330	B4B3～B2	4	纵向底筋	φ8	12040	12040+12.5d	12140	16	306.9
331	B5	4	负筋	φ8	65 ⌈800⌉ 65	800+65+65	930	6	8.82
332			负筋分布筋	φ6	200	100+100	200	5	0.89
333			纵向底筋	φ8	1200	1200+12.5d	1300	16	32.86
334	B6	4	负筋	φ10	105 ⌈800⌉ 105	800+105+105	1010	28	69.8
335			负筋分布筋	φ6	2300	2100+2×100	2300	5	10.21
336	B6B5	4	负筋	φ8	105 ⌈2200⌉ 65	2200+105+65	2370	16	59.91
337			负筋分布筋	φ6	1860	1660+2×100	1860	12	19.82
338			小马凳	φ6	150; 90; 90; 100	150+90×2+100×2	530	60	28.24
339	B7	4	负筋	φ10	105 ⌈500⌉ 105	500+105+105	710	10	17.52
340			负筋	φ10	105 ⌈800⌉ 105	800+105+105	1010	7	17.45
341			负筋分布筋	φ6	270	170+100	270	5	1.2
342	B7Bx	4	负筋分布筋	φ6	2940	2940	2940	3	7.83

续表

序号	构件名称	数量	筋　号	规格	图　形	计算式	长度	根数	重量
343	B7B6	4	负筋	φ10	105 ⌐1900¬ 105	1900+105+105	2110	19	98.94
344			负筋分布筋	φ6	2210	2110+100	2210	5	9.81
345			负筋分布筋	φ6	1860	1660+2×100	1860	6	9.91
346	B7Bx	4	负筋	φ10	105 ⌐2300¬ 105	2300+105+105	2510	9	55.75
347			负筋分布筋	φ6	1540	1340+2×100	1540	3	4.1
348	B8	4	横向底筋	φ8	4580	4580+12.5*d*	4680	9	66.55
349			负筋	φ10	105 ⌐1300¬ 65	1300+105+65	1470	6	21.77
350	B8Bx	4	负筋分布筋	φ6	1000	800+2×100	1000	3	2.66
351			负筋分布筋	φ6	1800	1800	1800	3	4.8
352	B8B7	4	负筋	φ10	65 ⌐1300¬ 105	1300+65+105	1470	26	94.33
353			负筋分布筋	φ6	2480	2280+2×100	2480	8	17.62
354	B8Bx	4	负筋	φ8	65 ⌐2300¬ 105	2300+65+105	2470	5	19.51
355	B8B7～B6	4	纵向底筋	φ8	7867	7867+12.5*d*	7967	22	276.93
356	B9	4	负筋分布筋	φ6	3480	3280+2×100	3480	5	15.45
357			纵向底筋	φ8	3000	3000+12.5*d*	3100	22	107.76
358			负筋	φ8	105 ⌐800¬ 105	800+105+105	1010	25	39.9
359	B9B8	4	负筋分布筋	φ6	2480	2280+2×100	2480	3	6.61
360	B9Bx	4	负筋	φ8	105 ⌐1000¬ 105	1000+105+105	1210	8	15.29
361			负筋分布筋	φ6	1600	1400+2×100	1600	2	2.84
362			负筋分布筋	φ6	3000	3000	3000	2	5.33
363	B9B4	4	横向底筋	φ8	6162	6162+12.5*d*	6262	24	237.46
364	B9B8	4	负筋	φ8	105 ⌐1300¬ 65	1300+105+65	1470	25	58.07
365			负筋分布筋	φ6	3480	3280+2×100	3480	5	15.45
366	B2 左	4	负筋	φ10	105 ⌐800¬ 105	800+105+105	1010	24	59.82
367	B2 上	4	负筋	φ8	105 ⌐2300¬ 105	2300+105+105	2510	8	31.73
368	B2 右	4	负筋	φ10	105 ⌐800¬ 105	800+105+105	1010	9	22.43

续表

序号	构件名称	数量	筋号	规格	图形	计算式	长度	根数	重量
369	B2 下	4	负筋	φ8	105 2200 65	2200+105+65	2370	8	29.96
370	B6 上	4	负筋	φ10	105 1950 105	1950+105+105	2160	6	31.99
371	B6 右	4	负筋	φ10	105 800 105	800+105+105	1010	7	17.45
372	B6 下	4	负筋	φ8	105 2200 65	2200+105+65	2370	8	29.96
373	B4 左	4	负筋	φ8	105 800 105	800+105+105	1010	8	12.77
374	B4 上	4	负筋	φ8	105 800 105	800+105+105	1010	8	12.77
375	B4 右	4	负筋	φ8	105 1600 105	1600+105+105	1810	6	17.16
376	B9 上	4	负筋	φ8	105 800 105	800+105+105	1010	6	9.57
377	B9 右	2	负筋	φ8	105 1000 105	1000+105+105	1210	8	7.65
378	B9 下	4	负筋	φ8	105 800 65	800+105+65	970	6	9.2
5	平板								
1	楼梯平板	6	双层双向	φ6	2640	2640+12.5d	2715	7	25.31
2			双层双向	φ6	1420	1420+12.5d	1495	13	25.89
3			双层双向	φ6	65 2584 65	2584+65+65	2714	7	25.31
4			双层双向	φ6	65 1364 65	1364+65+65	1494	13	25.87
5			小马凳	φ6	150 50 50 100	150+50×2+100×2	450	1	0.6
6	楼梯顶板	1	纵向底筋	φ8	5500	5500+12.5d	5600	13	28.76
7			负筋	φ8	85 1500 85	1500+85+85	1670	13	8.58
8			负筋分布筋	φ6	1240	1040+2×100	1240	8	2.2
9			负筋	φ8	85 800 85	800+85+85	970	27	10.35
10			负筋分布筋	φ6	2700	2500+2×100	2700	5	3
11			负筋	φ8	85 1500 85	1500+85+85	1670	13	8.58
12			负筋分布筋	φ6	1240	1040+2×100	1240	8	2.2
13			负筋	φ8	85 800 85	800+85+85	970	27	10.35
14			负筋分布筋	φ6	2700	2500+2×100	2700	5	3
15			横向底筋	φ8	2640	2640+12.5d	2740	54	58.44

续表

序号	构件名称	数量	筋　号	规格	图　形	计算式	长度	根数	重量
16			小马凳	φ 6	150 70 70 100	150+70×2+100×2	490	11	1.2
6	过梁压顶								
1	GL1	3	主筋	Φ 14	2860	2860	2860	3	31.15
2			架立筋	φ 10	2860	2860+12.5d	2985	2	11.05
3			箍筋	φ 6	180 180	2(180+180)+7.8d+150	917	12	7.33
4	GL2	38	主筋	φ 8	1380	1380+12.5d	1480	3	66.64
5			分布筋	φ 6	220	220	220	6	11.14
6	GL3	8	主筋	Φ 14	1680	1680	1680	2	32.52
7			架立筋	φ 10	1680	1680+12.5d	1805	2	17.82
8			箍筋	φ 6	120 180	2(180+120)+7.8d+150	797	7	9.91
9	GL4	10	主筋	φ 8	1180	1180+12.5d	1280	3	15.17
10			分布筋	φ 6	100	100	100	5	1.11
11	GL5	4	主筋	φ 8	1250	1250+12.5d	1350	3	6.4
12			分布筋	φ 6	220	220	220	6	1.17
13	GL6	4	主筋	φ 8	1360	1360+12.5d	1460	3	6.92
14			分布筋	φ 6	220	220	220	6	1.17
15	GL8	1	主筋	Φ 14	2400	2400	2400	2	5.81
16			架立筋	φ 10	2400	2400+12.5d	2525	2	3.12
17			箍筋	φ 6	120 180	2(180+120)+7.8d+150	797	10	1.77
18	GL9	50	主筋	Φ 14	1980	1980	1980	2	239.58
19			架立筋	φ 10	1980	1980+12.5d	2105	2	129.88
20			箍筋	φ 6	120 180	2(180+120)+7.8d+150	797	9	79.62
21	NYD	2	受力筋	φ 12	13450	13450+12.5d+37.8d	14054	3	74.88
22			分布筋	φ 6	270	270	270	69	8.27
23		1	受力筋	φ 12	15970	15970+12.5d+37.8d	16574	3	44.15

续表

序号	构件名称	数量	筋 号	规格	图 形	计算式	长度	根数	重量
24			分布筋	φ6	270	270	270	81	4.86
25		2	受力筋	φ12	6530	6530+12.5d	6680	3	35.59
26			分布筋	φ6	270	270	270	34	4.08
27	CYD	50	受力筋	φ6	1590	1590+12.5d	1665	3	55.44
28			分布筋	φ6	210	210	210	7	16.32
29	YP1209-50	1	梁上部筋	Φ6	1620	1620	1620	3	1.27
30			梁下部筋	Φ10	1620	1620	1620	3	3
31			梁腰筋	Φ5	1620	1620	1620	2	0.5
32			梁箍筋	Φ6	190 190	(190+190)×2+100+3.8d	913	14	3.34
33			受力筋	Φ6	45 1105 25	1105+45+25	1175	12	3.68
34			底板分布筋	Φ5	35 1620 35	1620+35+35	1690	5	1.3
7	楼梯								
1	PTB1	1	双层双向	φ8	2640	2640+12.5d	2740	6	6.49
2			双层双向	φ8	1380	1380+12.5d	1480	13	7.6
3			双层双向	φ8	65 2644 65	2644+65+65	2774	6	6.57
4			双层双向	φ8	65 1384 65	1384+65+65	1514	13	7.77
5			小马凳	Φ12	150 50 50 100	150+50×2+100×2	450	4	1.6
6		5	双层双向	φ8	2640	2640+12.5d	2740	7	37.88
7			双层双向	φ8	1450	1450+12.5d	1550	13	39.8
8			双层双向	φ8	65 2702 65	2702+65+65	2832	7	39.15
9			双层双向	φ8	65 1512 65	1512+65+65	1642	13	42.16
10			小马凳	φ6	150 50 50 100	150+50×2+100×2	450	1	0.5
11	TB1	2	底筋	φ10	3168	3168+12.5d	3293	13	52.83
12			下负筋	φ10	1000 70 150 32	70 + 1000 + 150 + 6.25d	1283	13	20.58
13			上负筋	φ10	1000 150 70 32	70 + 1000 + 150 + 6.25d	1283	13	20.57

续表

序号	构件名称	数量	筋　号	规格	图　形	计算式	长度	根数	重量
14			分布筋	φ6	1120	1120	1120	18	8.95
15	TB2	10	底筋	φ10	2979	2979+12.5d	3104	13	248.97
16			下负筋	φ10	950, 70, 150, 29	70+950+150+6.25d	1233	13	98.9
17			上负筋	φ10	950, 150, 70, 29	70+950+150+6.25d	1233	13	98.9
18			分布筋	φ6	1120	1120	1120	18	44.76
19	TL1	12	上部钢筋	Φ16	250, 2830, 250	2830+250+250	3330	2	126.27
20			下部钢筋	Φ16	250, 2830, 250	2830+250+250	3330	3	189.41
21			箍筋	φ6	150, 250	2(150+250)+7.8d+150	997	13	34.53
22	TL2	6	上部钢筋	Φ16	200, 2830, 200	2830+200+200	3230	2	61.24
23			下部钢筋	Φ16	200, 2830, 200	2830+200+200	3230	2	61.24
24			箍筋	φ6	190, 200	2(190+200)+7.8d+150	977	13	16.92

4.8　钢筋汇总表

4.8.1　构件钢筋汇总表（表 4-4）

构件钢筋汇总表　　**表 4-4**

规格＼构件	满堂基础	柱	圈　梁	有梁板	平　板	过　梁	雨　棚	压　顶	楼　梯	合　计
Φ5							1.8			1.8
Φ6							8.29			8.29
φ6		793.92	764.75	1358.2	114.58	113.22		88.97	105.66	3339.3
φ8		170.42		6886.67	125.06	95.13			187.42	7464.7
φ10				2374.34		161.87			540.75	3076.96
Φ10							3			3
φ12				91.38				154.6	1.6	247.58
Φ12										0
Φ14			125.83			309.06				434.89
Φ16	362.25	4252.49	5401.89	1740.66					438.16	12195.45
Φ18	9669.16			271.28						9940.44
Φ20	2816.29	940.01								3756.3
合计	12847.7	6156.84	6292.47	12722.53	239.64	679.28	13.09	243.57	1273.59	40468.71

4.8.2 钢筋分类汇总表（表 4-5）

本表是依据山东消耗量定额号来进行分类的，以便于同算量软件或套价软件无缝连接。

钢筋分类汇总表 **表 4-5**

序号	类型	规格	理论重量（kg）	重量（t）	定额号	名称
1	现浇Ⅰ级钢	φ6	1253.69	1.254	4-1-2	现浇构件圆钢筋φ6.5
2	现浇Ⅰ级钢	φ8	7294.28	7.294	4-1-3	现浇构件圆钢筋φ8
3	现浇Ⅰ级钢	φ10	3076.96	3.077	4-1-4	现浇构件圆钢筋φ10
4	现浇Ⅰ级钢	φ12	154.62	0.155	4-1-5	现浇构件圆钢筋φ12
5	现浇Ⅱ级钢	Φ12	92.98	0.093	4-1-13	现浇构件螺纹钢筋φ12
6	现浇Ⅱ级钢	Φ14	434.89	0.435	4-1-14	现浇构件螺纹钢筋φ14
7	现浇Ⅱ级钢	Φ16	12195.455	12.195	4-1-15	现浇构件螺纹钢筋φ16
8	现浇Ⅱ级钢	Φ18	9940.44	9.94	4-1-16	现浇构件螺纹钢筋φ18
9	现浇Ⅱ级钢	Φ20	3756.3	3.756	4-1-17	现浇构件螺纹钢筋φ20
10	现浇箍筋	φ6	2085.611	2.086	4-1-52	现浇构件箍筋φ6.5
11	现浇箍筋	φ8	170.42	0.17	4-1-53	现浇构件箍筋φ8
12	现浇箍筋	Φ6	3.34	0.003	4-1-52	现浇构件箍筋φ6.5
13	冷轧带肋钢筋	Φ5	1.8	0.002	4-1-101	冷轧带肋钢筋φ6
14	冷轧带肋钢筋	Φ6	4.95	0.005	4-1-101	冷轧带肋钢筋φ6
15	冷轧带肋钢筋	Φ10	3	0.003	4-1-103	冷轧带肋钢筋φ10
16	合计			40.468		

点击工具栏生成汇总文件后，本表便保存在英特钢筋\用户文件子目录内，文件名是：商务楼.YTHZ。在统筹 e 算和英特套价软件中均可导入。

复习思考题

（1）简述钢筋软件算量流程。

（2）钢筋软件中工程参数、搭接设置、锚固设置位于________菜单下。

（3）简述项目管理区的作用。

（4）数据输入可以使用________、________、________、________、________、________六种方法。梁的计算适用________法，当桩、雨篷、过梁套用标准图集时适用________法，板适用________法。

（5）画图说明 135°弯钩和箍筋的长度计算公式，分抗震和不抗震两种情况说明。

（6）马凳筋的规格如何设定？数量如何计取？

（7）在统筹 e 算和英特套价中导入的钢筋汇总文件的扩展名为________，保存位置________。

5　商务楼工程表格算量

5.1　做法清单/定额表

编制做法清单/定额表是根据多年来的经验而提出的方法，无论图算或是表算都具有十分现实的意义，深受广大造价人员的欢迎。

5.1.1　施工技术措施及编制方案

我们讲述的是招标控制价的编制方法。在施工技术措施项目方面要选择先进合理的施工方案，同时要结合教学的要求，尽量多选择一些方案来讲解清单和定额的应用。

(1) 现浇混凝土均采用泵送商品混凝土。在消耗量定额中，凡涉及混凝土的子目，都要考虑混凝土的搅拌、运输问题，要考虑是现场搅拌还是加工厂搅拌，这样在清单中至少要3个定额子目来组价。在招标控制价的编制中，若采用商品混凝土，只需调整一个混凝土价，即可解决问题，投标方仍可采用其他方式。另外一个目的是为了讲解材料暂估价的应用，由甲方来供应商品混凝土。根据08规范要求，属于甲方提供的材料，在其他项目中由甲方列出暂估的材料单价及使用范围，乙方按照此价格来进行组价，并计入到相应清单的综合单价中，其他项目合计中不包含，只是列项。

(2) 本工程的塑钢门窗和卷帘门属于甲方另行发包的专业工程，按专业工程暂估价处理，价格中包含所有费用，此费用仅供计算3%的总承包服务费用。

(3) 本工程设钢管依附斜道一座、采用密目网垂直封闭和立挂式安全网均依据有关文件包括在安全施工费中，按山东省2009年定额解释应另套定额项目。

(4) 08规范中将大型机械设备进出场及安拆列入按项计算的通用措施项目（CS5），由于该项目需要套用多项定额计算，故本案例将其列入建筑工程措施项目内，编码为CS1.4。

5.1.2　有关清单和定额的套用问题

(1) 按第2章所介绍的简化模式来进行项目特征的描述。08规范对项目特征的定义是：构成分部分项工程量清单项目、措施项目自身价值的本质特性。项目特征是为了准确组建综合单价。为了达到这一目的，应采取简化模式，甚至可以用标准图号来代替。本教程遵循的原则是：

1) 将清单名称和特征描述合为一体，可节省1列表格，有利于算量和综合单价分析表一致。

2) 清单名称中含多项选择时，选取1项，如010103001的原名称为土（石）方回填，改为土方回填；单位中是多项时，只选取1项，如胶合板门的单位是樘/m^2，选取m^2。

3) 标准做法可直接采用图号来描述，如：020202001柱面一般抹灰；混合砂浆7+7+7，内墙4。

(2) 严格按定额规定来套用。例如：按无梁板（柱支撑）、有梁板（梁支撑）和平板（墙支撑）的定义来区分梁构件。凡房间内有梁者均按有梁板，否则按平板计算，均不再计算脚手架。

(3) 对定额换算问题，采用2.2.1所讲的五种方法，例如：

1）换算定额：1-4-4-1 基底钎探（灌砂），对定额说明、解释和标准做法均应采取一劳永逸的办法，预先做成换算定额调用；

2）标号（强度等级）换算：4-2-42.2′C252 商品混凝土直形楼梯无斜梁 100；

3）倍数换算：4-2-46.2×－2′表示 C252 商品混凝土梯板-10×2；

4）常用换算：本实例用到了商品混凝土换算和竹胶板制作扣除定额中胶合板的换算。

（4）尽量减少临时换算，对临时换算内容则只能到套价中去解决。

（5）塔吊的安装包括基础、螺栓、模板、基础拆除、爆破坚石、石渣外运、塔吊安拆和运输共 8 个子项均放在措施项目清单大型机械设备进出场及安拆费中。

（6）关于台阶的处理方法是：

混凝土台阶、垫层及模板列入建筑部分，台阶抹面及台阶平台地面（包括灰土垫层、混凝土垫层、抹面）列入装饰部分。

5.1.3 做法清单/定额表（表 5-1）

做法清单/定额表 **表 5-1**

序号	部位及做法名称	做法说明	编号	清单/定额名称
		基础		
1	平整场地	平整场地	010101001	平整场地
			1-4-2	机械场地平整
2	满堂基础	1. 挖地坑（坚土）土方外运 10km	010101003	挖基础土方；坚土，2m 内
		2. 钎探	1-3-15	挖掘机挖坚土自卸汽车运 1km 内
		3. C15 混凝土垫层，木模板支模	1-2-3-2	人工挖机械剩余 5%坚土深 2m 内
		4. C20 满堂基础	1-3-47	挖掘机装土方
			1-3-57	自卸汽车运土方 1km 内
			1-3-58×9	自卸汽车运土方增运 1km×9
			1-4-4-1	基底钎探（灌砂）
			10-5-6	$1m^3$ 内履带液压单斗挖掘机运输费
			010401006	垫层；C15
			2-1-13′	C154 商品混凝土无筋混凝土垫层
			10-4-49	混凝土基础垫层木模板
			010401003	满堂基础；C20
			4-2-11′	C204 商品混凝土无梁式满堂基础
			10-4-42′	无梁满堂基础胶合板模木支撑［扣胶合板］
			10-4-310	基础竹胶板模板制作
3	基础砌体	1. M10 砂浆砌砖基础	010301001	砖基础；M10 砂浆
			3-1-1.09	M10 砂浆砖基础
4	回填	1. 回填	010103001	土方回填
		2. 回运土方	1-4-13	槽、坑机械夯填土
			1-3-45	装载机装土方
			1-3-57	自卸汽车运土方 1km 内
			1-3-58×9	自卸汽车运土方增运 1km×9

续表

序　号	部位及做法名称	做法说明	编　号	清单/定额名称
5	施工技术措施	1. 现浇混凝土均采用泵送商品混凝土	CS5	大型机械设备进出场及按拆
		2. 设6t塔吊一座，塔吊基础按2.5m×4m×1m计	10-5-1-1′	C204商品混凝土塔吊基础
		3. 石渣运费35元/m^3	4-1-131	现浇混凝土埋设螺栓
		4. 5m内木依附斜道	10-4-63	20m^3内设备基础组合钢模钢支撑
		5. 采用密目网垂直封闭	10-5-3	塔式起重机混凝土基础拆除
		6. 立挂式安全网	1-1-17	机械打孔爆破坚石
		7. 采用钢管脚手架	补-1	石渣外运（35元/m^3）
		8. 塔吊垂直运输	10-5-20	6t塔式起重机安．拆
			10-5-20-1	6t塔式起重机场外运输
			CS1.2	脚手架
			10-1-40	钢管依附斜道24m内
			10-1-46	立挂式安全网
			10-1-51-1	密目网垂直封闭（交替倒用）
			CS1.3	垂直运输机械
			10-2-5-1	20m内建筑混合结构泵送垂直运输
		主体		
6	柱	1. C25矩形柱	010402001	矩形柱；C25
		2. C25构造柱	4-2-17′	C254商品混凝土矩形柱
			10-4-88′	矩形柱胶合板模板钢支撑［扣胶合板］
			10-4-311	柱竹胶板模板制作
			10-4-102	柱钢支撑高超过3.6m每增3m
			10-1-102	单排外钢管脚手架6m内
			010402001	矩形柱；构造柱，C25
			4-2-20′	C253商品混凝土构造柱
			10-4-100	构造柱复合木模板钢支撑
7	过梁	1. C25现浇过梁	010403005	过梁；C25
			4-2-27′	C253商品混凝土过梁
			10-4-118′	过梁胶合板模板木支撑［扣胶合板］
			10-4-313	梁竹胶板模板制作
8	圈梁	1. C25现浇圈梁	010403004	圈梁；C25
			4-2-26′	C253商品混凝土圈梁
			10-4-127′	圈梁胶合板模板木支撑［扣胶合板］
			10-4-313	梁竹胶板模板制作
9	挑梁	1. C25现浇挑梁	010403002	矩形梁；挑梁，C25
			4-2-24′	C253商品混凝土单梁．连续梁
			10-4-114′	单梁连续梁胶合板模板钢支撑［扣胶合板］
			10-4-313	梁竹胶板模板制作
10	楼面平板	1. C25平板	010405003	平板；C25
			4-2-38′	C252商品混凝土平板
			10-4-172′	平板胶合板模板钢支撑［扣胶合板］
			10-4-315	板竹胶板模板制作

续表

序号	部位及做法名称	做法说明	编号	清单/定额名称
11	有梁板	1. C25 有梁板	010405001	有梁板；C25
			4-2-36′	C252 商品混凝土有梁板
			10-4-160′	有梁板胶合板模板钢支撑［扣胶合板］
			10-4-315	板竹胶板模板制作
			10-4-176	板钢支撑高>3.6m 每增 3m
12	楼梯	1. C25 楼梯	010406001	直形楼梯；C25
			4-2-42.2′	C252 商品混凝土直形楼梯无斜梁 100
			10-4-201	直形楼梯木模板木支撑
			4-2-46.2×−2′	C252 商品混凝土楼梯板厚-10×2
13	雨篷	1. C25 雨篷	010405008	雨篷；C25
			4-2-49.2′	C252 商品混凝土雨篷
			4-2-65×−1	C202 现浇混凝土阳台．雨篷每-10
			10-4-203	直形悬挑板阳台雨篷木模板木支撑
14	压顶	1. C25 压顶	010407001	其他构件；压顶，C25
			4-2-58.2′	C252 商品混凝土压顶
			10-4-213	扶手、压顶木模板木支撑
15	铁件	1. 楼梯栏杆预埋铁件	010417002	预埋铁件
			4-1-96	铁件
16	砌体	1. M7.5 混浆砖墙 240	010302001	实心砖墙；粉煤灰砖墙 240，M7.5 混浆
		2. M7.5 混浆砖墙 120	3-3-3.04	M7.5 混浆烧结粉煤灰轻质砖墙 240
			10-1-6	双排外钢管脚手架 24m 内
			10-1-102	单排外钢管脚手架 6m 内
			10-1-21	单排里钢管脚手架 3.6m 内
			10-1-23	单排里钢管脚手架 6m 内
			010302001	实心砖墙；粉煤灰砖墙 120，M7.5 混浆
			3-3-1.04	M7.5 混浆烧结粉煤灰轻质砖墙 115
			10-1-21	单排里钢管脚手架 3.6m 内
17	地砖上人平屋面屋 22	1. 8～10 厚防滑地砖	010702001	屋面卷材防水；防滑地砖，改性沥青卷材，LM 高分子涂料防水，1∶3 砂浆找平 20
		2. 25 厚 1∶3 干硬性水泥砂浆结合层	9-1-80-2	1∶3 砂浆 25 彩釉砖楼地面 800 内
		3. 隔离层（干铺玻纤布或低强度等级砂浆）一道	6-2-24	平面沥青玻璃纤维布±一布一油
		4. 防水层：a. 1.2 厚合成高分子防水卷材，b. 3 厚高聚物改性沥青防水卷材	6-2-34	平面一层高强 APP 改性沥青卷材
		5. 刷基层处理剂一道	9-1-1	1∶3 砂浆硬基层上找平层 20
		6. 20 厚 1∶3 水泥砂浆找平	6-2-93	1.5 厚 LM 高分子涂料防水层
		7. 保温层：a. 硬质聚氨酯泡沫板，b. 挤塑聚苯板	010803001	保温隔热屋面；现浇水泥珍珠岩 1∶8，聚氨酯发泡保温层 40
		8. 防水层：a. 1.5 厚合成高分子防水涂料，b. 3 厚高聚物改性沥青防水涂料	6-3-13	混凝土板上聚氨酯发泡保温层 40
		9. 刷基层处理剂一道	9-1-2	1∶3 砂浆填充料上找平层 20
		10. 20 厚 1∶3 水泥砂浆找平	6-3-15-1	混凝土板上现浇水泥珍珠岩 1∶8
		11. 40 厚（最薄处）1∶8（重量比）水泥珍珠岩找坡层 2%		
		12. 钢筋混凝土屋面板		

续表

序号	部位及做法名称	做法说明	编号	清单/定额名称
18	楼梯顶防水	1. 1∶3水泥砂浆找平层	010702003	屋面刚性防水；1∶3水泥砂浆找坡，改性沥青卷材，防水砂浆
		2. 改性沥青卷材	9-1-1	1∶3砂浆硬基层上找平层20
		3. 防水砂浆	9-1-3×7	1∶3砂浆找平层+5×7
			6-2-34	平面一层高强APP改性沥青卷材
			6-2-10	平面防水砂浆防水层
19	屋面排水	1. 塑料落水管	010702004	屋面排水管；塑料水落管 ϕ100
		2. 塑料水斗	6-4-9	塑料水落管 ϕ100
		3. 铸铁弯头落水口	6-4-10	塑料水斗
			6-4-22	铸铁弯头落水口（含箅子板）
20	细石混凝土散水L06J002散1	1. 60厚C20混凝土随打随抹，上撒1∶1水泥细砂压实抹光	010407002	散水；混凝土散水（L03J004-5/3）
		2. 150厚3∶7灰土夯实	8-7-49′	C154商品混凝土散水3∶7灰土垫层
		3. 素土夯实	10-4-49	混凝土基础垫层木模板
		4. 防水油膏嵌缝		
21	水泥砂浆（带礓礤）坡道L03J004-1/27坡4	1. 25厚1∶2水泥砂浆面层，抹60宽6深锯齿形礓礤	010407002	坡道；混凝土坡道L03J004-1/27
		2. 素水泥浆一道	8-7-53-1′	混凝土坡道100灰土垫层3∶7就地取土［商品混凝土］
		3. 100厚C20混凝土		
		4. 300厚3∶7灰土夯实		
		5. 素土夯实，压实系数大于0.90		
22	室外水泥砂浆台阶L03J004-4/8室内防滑地砖台阶L03J004-4/9	1. 素土夯实	010407001	其他构件；混凝土台阶，C20
		2. 150厚3∶7灰土夯实	4-2-57′	C202商品混凝土台阶
		3. C20混凝土台阶	10-4-205	台阶木模板木支撑
		4. 面层［装饰］	2-1-1	3∶7灰土垫层
23	砌体加固筋	1. 砌体加固筋	010416001	现浇混凝土钢筋；砌体加固筋
			4-1-98	砌体加固筋 ϕ6.5内
24	现浇钢筋	1. 现浇钢筋Ⅰ级钢	010416001	现浇混凝土钢筋；Ⅰ级钢
		2. 现浇钢筋Ⅱ级钢	4-1-2	现浇构件圆钢筋 ϕ6.5
		3. 冷轧带肋钢筋	4-1-3	现浇构件圆钢筋 ϕ8
			4-1-4	现浇构件圆钢筋 ϕ10
			4-1-52	现浇构件箍筋 ϕ6.5
			4-1-53	现浇构件箍筋 ϕ8
			010416001	现浇混凝土钢筋；Ⅱ级钢
			4-1-13	现浇构件螺纹钢筋 ϕ12
			4-1-14	现浇构件螺纹钢筋 ϕ14
			4-1-15	现浇构件螺纹钢筋 ϕ16
			4-1-16	现浇构件螺纹钢筋 ϕ18
			4-1-17	现浇构件螺纹钢筋 ϕ20
			010416001	现浇混凝土钢筋；冷轧带肋钢筋
			4-1-101	冷轧带肋钢筋 ϕ6
			4-1-103	冷轧带肋钢筋 ϕ10

续表

序　号	部位及做法名称	做法说明	编　号	清单/定额名称
25	竣工清理	竣工清理	AB001	竣工清理
			1-4-3	竣工清理
		装饰		
26	防火卷帘门	1. 防火卷帘门	020403003	防火卷帘门
			5-4-12	钢质防火门安装（扇面积）
27	木门	1. 单扇夹板门	020401005	夹板装饰门；单扇夹板门，安执手锁，底油一遍调合漆二遍
		2. 厕所门	5-1-13	单扇木门框制作
		3. 双扇夹板门	5-1-14	单扇木门框安装
		4. 刷底油一遍、调和漆二遍	5-1-37	单扇木门扇制作
			5-1-38	单扇木门扇安装
			9-4-1	底油一遍调合漆二遍单层木门
			5-9-3-1	单扇木门配件（安执手锁）
			020401005	夹板装饰门；双扇夹板门，安执手锁，底油一遍调合漆二遍
			5-1-15	双扇木门框制作
			5-1-16	双扇木门框安装
			5-1-39	双扇木门扇制作
			5-1-40	双扇木门扇安装
			9-4-1	底油一遍调合漆二遍单层木门
			5-9-3-1	单扇木门配件（安执手锁）
28	塑钢门	塑钢门	020402005	塑钢门
			5-6-1	塑料平开门安装
29	塑钢窗	塑钢窗	020406007	塑钢窗
			5-6-2	单层塑料窗安装
30	室外水泥砂浆台阶 L03J004-4/8 室内防滑地砖台阶 L03J004-4/9	20 厚 1：2.5 水泥砂浆抹面压光或彩釉砖台阶	020108003	水泥砂浆台阶面
			9-1-11	1：2.5 砂浆台阶 20
			020108002	块料台阶面；防滑地砖台阶
			9-1-85	彩釉砖台阶
31	库房水泥砂浆地面地 1	1. 20 厚 1：2 水泥砂浆抹面压实赶光	020101001	水泥砂浆楼地面；地 1
		2. 素水泥浆一道	9-1-9-1	1：2 砂浆楼地面 20
		3. 60 厚 C15 混凝土垫层	2-1-13′	C154 商品混凝土无筋混凝土垫层
		4. 素土夯实，压实系数大于等于 0.9		
32	大厅地面砖地面地 14	1. 8～10 厚地面砖，砖背面刮水泥浆粘贴，稀水泥浆擦缝	020102002	块料楼地面；地 14，地面砖 400×400
		2. 30 厚 1：3 干硬性水泥砂浆结合层	9-1-112	全瓷地板砖楼地面 1600 内
		3. 素水泥浆一道	9-1-1	1：3 砂浆硬基层上找平层 20
		4. 60 厚 C15 混凝土垫层	2-1-13′	C154 商品混凝土无筋混凝土垫层
		5. 素土夯实		
33	办公室大理石楼面楼 19	1. 20 厚磨光花岗石（大理石）板，板背面刮水泥浆粘贴，稀水泥浆（或彩色水泥浆）擦缝	020102001	石材楼地面；楼 19，大理石 800×800
		2. 30 厚 1：3 干硬性水泥砂浆结合层	9-1-36	水泥砂浆大理石楼地面
		3. 素水泥浆一道	9-1-3×2	1：3 砂浆找平层＋5×2
		4. 现浇钢筋混凝土楼板		

续表

序　号	部位及做法名称	做法说明	编　号	清单/定额名称
34	大厅 400×400 地面砖防水楼面楼 18	1. 8～10 厚地面砖，砖背面刮水泥浆粘贴，稀水泥浆（或彩色水泥浆）擦缝	020102002	块料楼地面；楼 18，地面砖 400×400
		2. 30 厚 1∶3 干硬性水泥砂浆结合层	9-1-112	全瓷地板砖楼地面 1600 内
		3. 1.5 厚合成高分子防水涂料	9-1-1	1∶3 砂浆硬基层上找平层 20
		4. 刷基层处理剂一道	6-2-93	1.5 厚 LM 高分子涂料防水层
		5. 20 厚 1∶3 水泥砂浆抹平	9-1-1	1∶3 砂浆硬基层上找平层 20
		6. 现浇钢筋混凝土楼板		
35	卫生间 300×300 地面砖防水楼面楼 18	1. 8～10 厚地面砖，砖背面刮水泥浆粘贴，稀水泥浆（或彩色水泥浆）擦缝	020102002	块料楼地面；楼 18，地面砖 300×300
		2. 30 厚 1∶3 干硬性水泥砂浆结合层	9-1-82	1∶2.5 砂浆 10 彩釉砖楼地面 1200 内
		3. 1.5 厚合成高分子防水涂料	9-1-1	1∶3 砂浆硬基层上找平层 20
		4. 刷基层处理剂一道	6-2-93	1.5 厚 LM 高分子涂料防水层
		5. 20 厚 1∶3 水泥砂浆抹平	9-1-1	1∶3 砂浆硬基层上找平层 20
		6. 现浇钢筋混凝土楼板		
36	地面砖楼梯面楼 15	1. 8～10 厚地面砖，砖背面刮水泥浆粘贴，稀水泥浆（或彩色水泥浆）擦缝	020106002	块料楼梯面层；楼 15，楼梯面砖 300×300
		2. 30 厚 1∶3 干硬性水泥砂浆结合层	9-1-84	彩釉砖楼梯
		3. 素水泥浆一道	9-1-1	1∶3 砂浆硬基层上找平层 20
		4. 现浇钢筋混凝土楼板		
37	水泥砂浆踢脚（砖墙）踢 1	1. 7 厚 1∶2.5 水泥砂浆压实抹光	020105001	水泥砂浆踢脚线；踢 1
		2. 7 厚 1∶3 水泥砂浆找平扫毛	9-1-13	水泥砂浆踢脚线 20
		3. 7 厚 1∶3 水泥砂浆打底扫毛或划出纹道		
		4. 砖墙		
38	面砖踢脚踢 5	1. 5～10 厚面砖，白水泥浆（或彩色水泥浆）擦缝	020105003	块料踢脚线；踢 5
		2. 3～5 厚 1∶1 水泥砂浆或建筑胶粘剂粘贴	9-1-86	水泥砂浆彩釉砖踢脚板
		3. 6 厚 1∶2 水泥砂浆压实抹光		
		4. 9 厚 1∶2.5 水泥砂浆打底扫毛		
		5. 素水泥浆一道		
39	卫生间 PVC 板吊顶棚 15	1. 现浇钢筋混凝土楼板	020302001	顶棚吊顶；轻钢龙骨，PVC 扣板
		2. ϕ8 钢筋吊杆，中距横向 500，纵向小于等于 900	9-3-33	装配式 U 形龙骨 600×600 一级
		3. 轻钢主龙骨 CB50×20 中距 500，用吊件直接吊挂在预留钢筋吊杆下	9-3-127	顶棚 PVC 扣板
		4. U 形轻钢次龙骨 CB50×20		
		5. PVC 板面层，用自攻螺钉固定		
		6. 钉（粘）塑料线条		

续表

序号	部位及做法名称	做法说明	编号	清单/定额名称
40	水泥砂浆涂料顶棚棚3	1. 现浇钢筋混凝土楼板	020301001	顶棚抹灰；棚3
		2. 素水泥浆一道	9-3-3	现浇混凝土顶棚水泥砂浆抹灰
		3. 7厚1：2.5水泥砂浆打底扫毛或划出纹道	10-1-27	满堂钢管脚手架
		4. 7厚1：2水泥砂浆找平	020507001	刷喷涂料；顶棚刮腻子，刷乳胶漆二遍
		5. 内墙涂料	9-4-151	室内顶棚刷乳胶漆二遍
			9-4-209	顶棚．内墙抹灰面满刮腻子二遍
41	卫生间瓷砖墙面内墙31	1. 6厚1：3水泥砂浆打底扫毛	020204003	块料墙面；贴瓷砖
		2. 6厚1：2.5水泥砂浆找平扫毛	9-2-184	墙面砂浆粘贴瓷砖200×300
		3. 6厚1：0.1：2.5水泥石灰膏砂浆结合层	10-1-22-1	装饰钢管脚手架3.6m内
		4. 3厚陶瓷墙地砖胶粘剂粘贴内墙釉面瓷砖，稀白水泥浆擦缝		
42	混合砂浆内墙面内墙4	1. 内墙涂料	020201001	墙面一般抹灰；混合砂浆7+7+7，内墙4
		2. 7厚1：0.3：2.5水泥石灰膏砂浆打底扫毛压实抹光	9-2-31	砖墙面墙裙混合砂浆14+6
		3. 7厚1：0.3：3水泥石灰膏砂浆找平扫毛	9-2-106×1	1：0.5：2混合砂浆装饰抹灰+1
		4. 7厚1：1：6水泥石灰膏砂浆打底扫毛	10-1-22-1	装饰钢管脚手架3.6m内
			020202001	柱面一般抹灰；混合砂浆7+7+7，内墙4
			9-2-38	矩形砖柱混合砂浆14+6
			9-2-106×1	1：0.5：2混合砂浆装饰抹灰+1
			020507001	刷喷涂料；墙面刮腻子，乳胶漆二遍
			9-4-152	室内墙柱光面刷乳胶漆二遍
			9-4-209	顶棚．内墙抹灰面满刮腻子二遍
43	涂料外墙（砖墙）外墙9	1. 外墙涂料	020201001	墙面一般抹灰；外墙9
		2. 8厚1：2.5水泥砂浆找平	9-2-20	砖墙面墙裙水泥砂浆14+6
		3. 10厚1：3水泥砂浆打底扫毛或划出纹道	9-2-54×−4	1：3水泥砂浆抹灰层-1×4
		4. 砖墙	9-2-55×2	1：2.5水泥砂浆抹灰层+1×2
			020203001	零星项目一般抹灰；外墙9
			9-2-25	零星项目水泥砂浆14+6
			9-2-54×−4	1：3水泥砂浆抹灰层-1×4
			9-2-55×2	1：2.5水泥砂浆抹灰层+1×2
			020507001	刷喷涂料；外墙面丙烯酸涂料（一底二涂）
			9-4-184	抹灰外墙面丙烯酸涂料（一底二涂）
44	不锈钢管扶手栏杆L96J401-T28	1. 不锈钢管扶手栏杆	020107001	金属扶手带栏杆．栏板；不锈钢管栏杆
			9-5-203	不锈钢管扶手不锈钢栏杆
			9-5-204	不锈钢管扶手弯头另加工料

5.2 建筑工程通用表格

5.2.1 基数表（表 5-2）

基数表 **表 5-2**

序号	编号/部位	项目名称/计算式		工程量
		基数计算式		基数名
1	外围面积	16×12.28	196.48	S1
2	外墙长	2(16+12.28)	56.56	W1
3	外墙中	W1−4×0.24	55.6	L1
4	24 内墙长	5.5×3+4.3×2+1.76+15.52+2.4	44.78	N1
5	库房	3.06×5.5+4.34×5.5=40.7		
6	大厅	7.64×6.06−1.32×4.3=40.622		
7	楼梯间	2.4×4.06=9.744		
8	室内面积	$\sum \times 2-H7$	172.388	R1
9	墙体面积	(L1+N1)×0.24	24.091	Q1
10	校核	S1−Q1−R1	0.001	
11	2/4 层			
12	外围面积	16×13.48	215.68	S
13	外墙长	2(16+13.48)	58.96	W
14	外墙中	W−4×0.24	58	L
15	24 内墙长	(13+5.26)×2+7.74+(3.06×2+4.34+1.94)×2	69.06	N
16	12 内墙长	(1.74+2.21)×2	7.9	N12
17	2/4 层办公	3.06×5.26+3.06×4.5+4.24×2.76+3.16×2.76=50.29		
18	2/4 层大厅	3.02×5.5−0.62×0.24+4.34×4.5−2.33×1.74=31.937		
19	卫生间	2.21×1.62=3.58		
20	楼梯间	2.4×5.26=12.624		
21	室内面积	$\sum \times 2-H20$	184.238	R
22	墙体面积	L×0.24+N×0.24+N12×0.12	31.442	Q
23	校核	S−Q−R	0	
24	3/5/6 层			
25	24 内墙长	N−0.62×2	67.82	N3
26	12 内墙长	(1.74+1.7)×2	6.88	N13
27	3/5/6 层办公	3.06×5.26+3.06×2.7+3.06×4.56+4.34×2.76=50.29		
28	3/5/6 层大厅	4.34×10−1.82×1.74−1.32×5.5=32.973		
29	卫生间	1.7×1.62=2.754		
30	室内面积	$\sum \times 2+H20$	184.658	R3
31	墙体面积	L×0.24+N3×0.24+N13×0.12	31.022	Q3
32	校核	S−Q3−R3	0	
33	楼梯顶			
34	外围面积	2.88×5.74	16.531	SW
35	外墙长	2(2.88+5.74)	17.24	WW
36	外墙中	WW−4×0.24	16.28	LW

续表

序号	编号/部位	项目名称/计算式		工程量
37	墙体面积	LW×0.24	3.907	QW
38	校核	SW−QW−Z20	0	
39	外围面积	S1+S×5+SW	1291.411	SS
40	净面积（地面）	R1+2R+3R3+Z20	1107.462	RJ
41	内面积（楼板）	SS−(L1+5×L+LW)×0.24	1204.56	RN
42	建筑面积	SS	1291.411	JM
43	建筑体积	S1×4+S×15+SW×2.7	4065.754	JT
44	屋面找坡厚度	0.04+(7.76×0.01+7.5×0.02)/2	0.154	TH
45		0.04+7.5×0.02+(6.32×0.01+5.5×0.02)/2	0.277	TH1
46	楼梯顶找坡	(2.4×0.01+5.26×0.01)/2=0.038		

5.2.2 门窗过梁表（表 5-3）

门窗过梁表　　表 5-3

门窗号	图纸编号	宽×高	面积	24W 墙	24N 墙	12N 墙	数量	洞口过梁号
M1	M-1	2.38×2.4	5.71	2			2	GL1
一层				2			2	
M2	M-2	0.9×2.1	1.89		38		38	GL2
2/4 层					4×2		8	
3/5/6 层					10×3		30	
M3	M-3	1.2×2.1	2.52		8		8	GL3
一层					4		4	
2/4 层					2×2		4	
M4	M-4	0.7×2.1	1.47			10	10	GL4
2/4 层						2×2	4	
3/5/6 层						2×3	6	
M5	M-5	0.77×2.1	1.62		4		4	GL5
2/4 层					2×2		4	
M6	M-6	0.88×2.1	1.85		4		4	GL6
2/4 层					2×2		4	
M7	M-7	0.9×2.1	1.89	1			1	GL7
顶层				1			1	
MD1	建施 02	1.92×1.94	3.72	1			1	GL8
一层				1			1	
C1	C-1	1.5×1.5	2.25	46	4		50	GL9
一层				6			6	
2/4 层				8×2	2×2		20	
3/5/6 层				8×3			24	
C2	C-2	3.02×2.7	8.15	10			10	QL
2-6 层				2×5			10	
C3	C-3	2.4×2.7	6.48	6			6	TL2；GL1
2-6 层				1×5			5	
顶层				1			1	
			小计	66	58	10	134	

续表

门窗号	图纸编号	宽×高	面　积	24W 墙	24N 墙	12N 墙	数　量	洞口过梁号
			面积	240.91	114.86	14.7	370.47	
GL1		2.88×0.24×0.24	0.166	3			3	M1；C3
GL2		1.4×0.24×0.12	0.04		38		38	M2
GL3		1.7×0.24×0.18	0.073		8		8	M3
GL4		1.2×0.12×0.12	0.017			10	10	M4
GL5		1.27×0.24×0.12	0.037		4		4	M5
GL6		1.38×0.24×0.12	0.04		4		4	M6
GL7	YP1	1.64×0.24×0.24	0.094	1			1	M7
GL8		2.42×0.24×0.18	0.105	1			1	MD1
GL9		2×0.24×0.18	0.086	46	4		50	C1
			小计	51	58	10	119	
			体积	4.653	2.756	0.17	7.579	

说明：C2 对应的过梁为 QL 代过梁（另计），C3 对应的过梁为 TL2（5 个），算入楼梯中。

5.2.3 构件清单表（表 5-4）

构件清单表　　**表 5-4**

序号	构件类别/名称	定额号/构件尺寸	基础	首层	2/4 层	3 层	5 层	顶层	数量
1	满堂基础	4-2-11′							
		16.76×13.54×0.4	1						1
	Z 加深	2.6×2.6×0.3	5						5
		2.6×2.3×0.3	2						2
2	柱	4-2-17′							
	Z(−1.0 至 4.0)	0.4×0.4×5		2					2
3	构造柱	4-2-20′							
	一层 GZ	0.24×0.4×5		5					5
		0.24×0.24×5		19					19
	2-6 层 GZ	0.24×0.24×3			28×2	28	26	26+4	140
	女儿墙 GZ	0.24×0.24×1.2						13	13
4	圈梁	4-2-26′							
	外墙 QL	(*L*-2.4)×0.24×0.25		1	1×2	1	1	1	6
	楼梯拉梁	1.5×0.24×0.25		2					2
	1 层内 QL	*N*1×0.24×0.13		1					1
	2/4 层内 QL	*N*×0.24×0.13			1×2				2
	3/5/6 层内 QL	*N*3×0.24×0.13				1	1	1	3
	楼梯 QL	*LW*×0.24×0.25						1	1
5	挑梁	4-2-24′							
	挑梁	1.2×0.24×0.25		4					4
6	平板	4-2-38′							
	楼梯平台	2.4×1.2×0.08		1	1×2	1	1	1	6
	楼梯顶板	2.4×5.26×0.1						1	1
	1/2-4(E-F)	3.28×3×0.12			2×2				4
	1-2(C-D)	3.3×2.94×0.12				2	2	2	6
	1-2(D-F)	3.3×4.8×0.12					2	2	4
	2-4(E-F)	4.46×3×0.12					2	2	4

续表

序号	构件类别/名称	定额号/构件尺寸	基础	首层	2/4层	3层	5层	顶层	数量
7	有梁板	4-2-36′							
	L1(2)	(3.06+3.02)×0.24×0.25		2					2
	L1(2)	(3.06+3.02)×0.24×0.13			2×2	2	2	2	10
	L2(2)	(2.98+2.94)×0.24×0.18		2					2
	L3(4)	2(2.98+4.18)×0.24×0.18		1					1
	L4(2)	4.34×0.15×0.22		2	2×2	2	2	2	12
	L5(2A)	1.2×0.24×0.22		2					2
	L5(2A)	(3.82+1.92)×0.24×0.18		2					2
	L6	2.76×0.24×0.18		2	2×2	2			8
	L7	1.605×0.15×0.12		2	2×2	2	2	2	12
	L8	3.06×0.24×0.18			2×2	2			6
	L9	3.02×0.24×0.18			2×2	2	2	2	10
	板 1-3(A-B)	6.32×0.96×0.08		2	2×2	2	2	2	12
	1-4(B-1/C)	(7.76×6.3−1.2×4.06)×0.12		2					2
	1-4(1/C-F)	(7.76×5.5−4.34×2.5)×0.12		2					2
	2-4(1/C-E)	4.34×2.5×0.08		2					2
	板 1-3(A-C)	(6.56×5.26−6.32×0.96)×0.12			2×2	2	2	2	10
	1-2(C-E)	3.3×4.74×0.12			2×2				4
	1-2(D-F)	3.3×4.8×0.12				2			2
	2-4(C-E)	(4.46×4.74−4.34×1.605)×0.12			2×2	2	2	2	10
	1-1/2/(E-F)	4.48×3×0.12			2×2				4
	2-4(D-E)	4.34×1.605×0.08			2×2	2	2	2	10
	2-4(E-F)	4.46×3×0.12				2			2
8	楼梯	4-2-42.2′							
	楼梯	2.4×4.3		1	1×2	1	1	1	6
9	雨篷	4-2-49.2′							
	YP1	1.64×0.9						1	1
10	压顶	4-2-58.2′							
	C1 窗台	1.62×0.24×0.06		6	10×2	8	8	8	50
	C2 窗台	3.02×0.24×0.05			2×2	2	2	2	10
	C3 窗台	2.4×0.24×0.05		1	1×2	1	1	1	6
	+20.2 女儿墙	(L−2.88)×0.3×0.09						1	1

本表可按定额号分类、分层统计构件数量，可起到提纲作用，以便有序计算构件体积和模板，并提供给钢筋计算软件，以便统一按构件提取钢筋数据。

在构件清单表索引中双击名称，可将其所含构件的计算式和数量调入计算书中，若只双击某一构件则只调入该构件的计算式和数量。

以上两点充分说明了构件清单表的重要性。故在填表时，应明确圈梁、板、梁、柱相交时的混凝土量的归属。根据山东消耗量定额计算规则，应注意以下几点：

（1）根据外墙高算至板上平、内墙高算至板下平的原则，外墙圈梁算全高 250mm，内墙圈梁扣除 120mm 板厚按 130mm 计算。例如：外墙 QL 的算式为 $(L-2.4)\times0.24\times0.25$（−2.4 是由于 QL 被 C3 窗断开）；首层内 QL 的算式为 $N1\times0.24\times0.13$。

（2）依据梁长算至柱侧、梁高算至板底的原则，梁长要扣构造柱，梁高要扣板厚。例如：一层 L1(2) 的算式为 (3.06+3.02)×0.24×0.25，是由于此梁属外墙梁，按全高计算；其他层的算式为（3.06+3.02）×0.24×0.13，是由于此梁属内墙梁，要扣板厚；它们均按净长，扣除了构造柱。

（3）房间内无梁者，按板计算，否则按有梁板计算。

（4）板的宽度，按外墙间净宽度计算，不扣除柱、垛所占板的面积。即板算至外墙内侧，不扣内墙中的柱头。

（5）为简化计算，内墙 QL 上的板统一按 120mm 计算，故 80mm 厚的板只算至墙内侧。例如：板 1-3(A-B) 的算式为 6.32×0.96×0.08，是算至墙内侧；板 1-3(A-C) 的算式为（6.56×5.5−6.32×0.96）×0.12，是将内墙算入板内，再将 80mm 厚板扣除。

（6）挑出外墙的混凝土梁，以外墙外边线为界限，挑出部分按图示尺寸以立方米计算，套用单梁、连续梁项目。例如：一层的 4 个挑梁要另外计算。

（7）伸入墙体内的梁头、梁垫体积并入梁体积内计算。本书案例中只有首层和 3 层的 L6 在内外墙处没有与构造柱相连，属有梁垫的情况，故在计算书中解决。

（8）整体楼梯包括休息平台、平台梁、楼梯底板、斜梁及楼梯的连接梁、楼梯段，按水平投影面积计算，不扣除宽度小于 500mm 的楼梯井，伸入墙内部分不另增加。休息平台的投影面积包括底板和连接梁。根据此条说明，TL2 包括在楼梯中，应计算投影面积。但楼梯顶层窗的过梁用 TL2 代替，应按过梁计算。

5.3 辅助计算表

在第 1 章介绍了 13 种辅助计算表，本案例中用到了 4 种，下面分别进行详解。

5.3.1 截头方锥体（E 表）（表 5-5）

截头方锥体 **表 5-5**

E1：

说明	底长	底宽	底高	顶长	顶宽	顶高	数量	混凝土	模板
柱基加深	2.6	2.6	0	2	2	0.3	5	7.98	
	4.6	2.6	0	4	2	0.3	1	2.98	
								10.96	

本表说明详见第 2.5.3 节。

5.3.2 构造柱表（H 表）（表 5-6）

构造柱表 **表 5-6**

H1：马牙长：0.06

说明	型号	长（a）	宽（b）	高	数量	筋①	筋②	筋③	筋④	柱体积	模板
基础 Z1	一型	0.24	0.4	1	5				10	0.55	5.20
基础 GZ	└型	0.24	0.24	1	6	12				0.43	4.32
	一型	0.24	0.24	1	7			14		0.50	5.04
	┴型	0.24	0.24	1	6	6		12		0.48	3.60
						18		26	10	1.96	18.16
主体											

续表

H1：马牙长：0.06											
说　明	型号	长（a）	宽（b）	高	数量	筋①	筋②	筋③	筋④	柱体积	模板
一层 Z	一型	0.24	0.4	5	5				90	2.76	26.00
一层 GZ	└型	0.24	0.24	5	6	108				2.16	21.60
	一型	0.24	0.24	5	7			126		2.52	25.20
	⊥型	0.24	0.24	5	6	54		108		2.38	18.00
2/4 层 GZ	└型	0.24	0.24	3	2×2	40				0.86	8.64
	一型	0.24	0.24	3	12×2			240		5.18	51.84
	⊥型	0.24	0.24	3	12×2	120		240		5.70	43.20
3/5/6 层 GZ	└型	0.24	0.24	3	4×3	120				2.59	25.92
	一型	0.24	0.24	3	6×3			180		3.89	38.88
	⊥型	0.24	0.24	3	14×3	210		420		9.98	75.60
3 层 GZ	一型	0.24	0.24	3	2			20		0.43	4.32
2－6 层 GZ	十型	0.24	0.12	3	1×5			100		0.76	7.20
	十型	0.24	0.24	3	1×5			100		1.30	7.20
楼梯顶层 GZ	└型	0.24	0.24	2.7	4	40				0.78	7.78
女儿墙 GZ	└型	0.24	0.24	1.1	4	16				0.32	3.17
	一型	0.24	0.24	1.1	9			36		0.71	7.13
						708		1570	90	42.32	371.68

注：基层构造柱是为计算砖基础扣除柱体积用，其工程量已包含在一层柱内。

构造柱的计算规则是：构造柱与墙嵌接部分（马牙槎）的体积，按构造柱出槎长度的一半（有槎与无槎的平均值）乘以出槎宽度，再乘以构造柱柱高，并入构造柱体积内计算。

本表用于计算构造柱的混凝土和模板的工程量，分 6 种构造柱类型，如图 5-1 所示。用于计算构造柱与墙体拉结筋的工程量，分 4 种拉结筋，如图 5-2 所示。

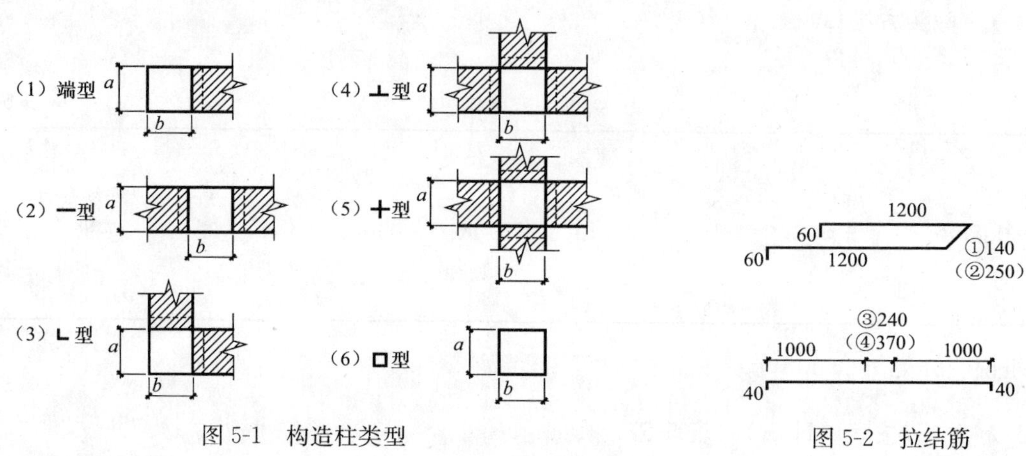

图 5-1　构造柱类型

图 5-2　拉结筋

5.3.3　屋面表（L 表）（表 5-7）

屋面表　　**表 5-7**

L1：										
说明	a 边（周长）	b 边	$b1$ 边	泛水	找坡厚	保温厚	屋面	泛水	找坡	保温
上人屋面	15.52	7.5		0.25	TH	1	116.40	11.51	17.93	116.40
	6.32×2	5.5		0.25	TH1	1	69.52	9.07	14.53	69.52
	－6.32×4			0.25				－6.32		
	5.5×2			0.25				2.75		
							185.92	17.01	32.46	185.92

续表

L2：

说明	a边（周长）	b边	b1边	泛水	找坡厚	保温厚	屋面	泛水	找坡	保温
楼梯顶	2.4	5.26		0.3			12.62	4.6		
							12.62	4.6		

屋面表可计算矩形和直角梯形的屋面面积、泛水面积、找坡体积和保温层体积或面积。本工程屋面有上人屋面和楼梯顶不上人屋面两种做法，分别在L1和L2表中输入，见表5-7，说明如下：

（1）为了调用方便，在基数表中计算出了3个找坡厚度，其原理是找出最低点，按两个方向的坡度分别求出最高点，被2除，即得出找坡的平均厚度；

（2）第1、2行：15.52、7.5和6.32×2、5.5是将屋面按找坡厚度分成两部分计算，泛水一般按250mm高输入，保温层处输1表示按面积计算；

（3）第3、4行：增减上面两行多算或少算的泛水面积；

（4）接下来在L2中，因无保温层，故找坡和保温两列均不必输入。

5.3.4 室内装修表（J表）（表5-8）

室内装修表 **表5-8**

J1

说明	a边	b边	高	增垛扣墙	立面洞口	间数	踢脚线	墙面	平面	脚手架
库房	3.06	5.5	3.88	0.08×2	C1+M3	2	32.16	124.55	33.66	
	4.34	5.5	3.88	0.08×4	C1+M3	2	37.6	145.66	47.74	
大厅	7.64	6.06	3.88	0.16×2	C1+M1+2M3	2	45.88	189.11	92.6	
	1.32	−4.3				2			−11.35	
楼梯间	2.4	4.06	3.88		MD1	1	11	46.41	9.74	
							126.64	505.73	172.39	

J2

说明	a边	b边	高	增垛扣墙	立面洞口	间数	踢脚线	墙面	平面	脚手架
2/4办公	3.06	5.26	2.88		C1+M2	4	62.96	175.13	64.38	191.69
	3.06	4.5	2.88		2C1+M2	4	56.88	148.62	55.08	174.18
	4.24	2.76	2.88		C1+M6	4	52.48	144.88	46.81	161.28
	3.16	2.76	2.88		C1+M5	4	44.28	120.92	34.89	136.4
3/5/6办公	3.06	5.26	2.88		C1+M2	6	94.44	262.7	96.57	287.54
	3.06	2.7	2.88		C1+M2	6	63.72	174.23	49.57	199.07
	3.06	4.56	2.88		C1+M2	6	86.04	238.51	83.72	263.35
	4.34	2.76	2.88		C1+M2	6	79.8	220.54	71.87	245.38
							540.6	1485.53	502.89	1658.89

J3

说明	a边	b边	高	增垛扣墙	立面洞口	间数	踢脚线	墙面	平面	脚手架
2/4大厅	3.02	5.5	2.88	−2.4	C2+M2+M3	4	50.16	118.41	66.44	168.65
	0.62	−0.24				4			−0.6	
	4.34	4.5	2.88	−2.4	C1+M2+M4+M5+M6	4	48.12	139.71	78.12	176.03
	2.33	−1.74				4			−16.22	
3/5/6大厅	4.34	10	2.88		C2+5M2+M4	6	140.88	381.17	260.4	495.59

续表

	说明	a边	b边	高	增垛扣墙	立面洞口	间数	踢脚线	墙面	平面	脚手架
J3											
	说明	a边	b边	高	增垛扣墙	立面洞口	间数	踢脚线	墙面	平面	脚手架
		1.82	−1.74				6			−19	
		1.32	−5.5				6			−43.56	
								239.16	639.29	325.58	840.27
J4											
	说明	a边	b边	高	增垛扣墙	立面洞口	间数	踢脚线	墙面	平面	脚手架
	2/4梯间	2.4	5.26	2.92		C3+2M3	2	25.84	66.43	25.25	89.47
	3/5/6梯间	2.4	5.26	2.92		C3+2M2	3	40.56	103.42	37.87	134.20
								66.4	169.85	63.12	223.67
J5											
	说明	a边	b边	高	增垛扣墙	立面洞口	间数	踢脚线	墙面	平面	脚手架
	顶层楼梯间	2.4	5.26	2.6		C3+M7	1	14.42	31.46	12.62	39.83
								14.42	31.46	12.62	39.83
J6											
	说明	a边	b边	高	增垛扣墙	立面洞口	间数	踢脚线	墙面	平面	脚手架
	2/4卫生间	2.21	1.62	−2.6		M4	4		73.78	14.32	79.66
	3/5/6卫生间	1.7	1.62	−2.6		M4	6		94.76	16.52	103.58
									168.54	30.84	183.24

本表应用方法见第3.7.2节。通过表5-8可加强对该表的应用理解：

(1) 对附墙垛的处理，在表5-8中用正数表示增垛长度，用于计算增加的踢脚线长和墙面面积，不增加脚手架面积，也不扣平面面积；

(2) 在b边栏填负数，表示只计算平面面积；

(3) 在高度栏填负数，表示不计算踢脚线；

(4) 当高度超过3.6m时，按满堂脚手架计算（同平面面积），故不计算脚手架面积。

5.4 实物工程量计算书

实物工程量计算书（表5-9）由辅助计算表通过全取按钮生成。基础分部的构造柱仅用于扣除砖基础的构造柱体积用，故不调用基础构造柱模板和拉结筋。

实物工程量计算书 **表5-9**

序号		编号/部位	项目名称/计算式		工程量
			基础		
1	E		截头方锥体	m^3	10.96
	1	柱基加深	0.3/3×(2.6^2+2^2+2.6×2)×5	7.98	
	2		0.3/6×(2×4.6+4)×2.6+(2×4+4.6)×2)	2.976	
2	H		构造柱柱体积	m^3	1.96
	1	基础Z1	[—](0.24×0.4+0.24×0.06)×1×5	0.552	
	2	基础GZ	[└](0.24×0.24+(0.24+0.24)×0.03)×1×6	0.432	
	3		[—](0.24×0.24+0.24×0.06)×1×7	0.504	
	4		[┴](0.24×0.24+0.24×0.06+0.24×0.03)×1×6	0.475	

续表

序号		编号/部位	项目名称/计算式		工程量
			主体		
1	H		构造柱柱体积	m^3	42.32
	1	一层 Z	[—](0.24×0.4+0.24×0.06)×5×5	2.76	
	2	一层 GZ	[└](0.24×0.24+(0.24+0.24)×0.03)×5×6	2.16	
	3		[—](0.24×0.24+0.24×0.06)×5×7	2.52	
	4		[┴](0.24×0.24+0.24×0.06+0.24×0.03)×5×6	2.376	
	5	2/4 层 GZ	[└](0.24×0.24+(0.24+0.24)×0.03)×3×2×2	0.864	
	6		[—](0.24×0.24+0.24×0.06)×3×12×2	5.184	
	7		[┴](0.24×0.24+0.24×0.06+0.24×0.03)×3×12×2	5.702	
	8	3/5/6 层 GZ	[└](0.24×0.24+(0.24+0.24)×0.03)×3×4×3	2.592	
	9		[—](0.24×0.24+0.24×0.06)×3×6×3	3.888	
	10		[┴](0.24×0.24+0.24×0.06+0.24×0.03)×3×14×3	9.979	
	11	3 层 GZ	[—](0.24×0.24+0.24×0.06)×3×2	0.432	
	12	2-6 层 GZ	[┼](0.24×0.12+(0.24+0.12)×0.06)×3×1×5	0.756	
	13		[┼](0.24×0.24+(0.24+0.24)×0.06)×3×1×5	1.296	
	14	楼梯顶层 GZ	[└](0.24×0.24+(0.24+0.24)×0.03)×2.7×4	0.778	
	15	女儿墙 GZ	[└](0.24×0.24+(0.24+0.24)×0.03)×1.1×4	0.317	
	16		[—](0.24×0.24+0.24×0.06)×1.1×9	0.713	
2	H		构造柱模板	m^2	371.67
	1	一层 Z	[—]2×(0.4+2×0.06)×5×5	26	
	2	一层 GZ	[└](0.24+0.24+4×0.06)×5×6	21.6	
	3		[—]2×(0.24+2×0.06)×5×7	25.2	
	4		[┴](0.24+6×0.06)×5×6	18	
	5	2/4 层 GZ	[└](0.24+0.24+4×0.06)×3×2×2	8.64	
	6		[—]2×(0.24+2×0.06)×3×12×2	51.84	
	7		[┴](0.24+6×0.06)×3×12×2	43.2	
	8	3/5/6 层 GZ	[└](0.24+0.24+4×0.06)×3×4×3	25.92	
	9		[—]2×(0.24+2×0.06)×3×6×3	38.88	
	10		[┴](0.24+6×0.06)×3×14×3	75.6	
	11	3 层 GZ	[—]2×(0.24+2×0.06)×3×2	4.32	
	12	2－6 层 GZ	[┼]8×0.06×3×1×5	7.2	
	13		[┼]8×0.06×3×1×5	7.2	
	14	楼梯顶层 GZ	[└](0.24+0.24+4×0.06)×2.7×4	7.776	
	15	女儿墙 GZ	[└](0.24+0.24+4×0.06)×1.1×4	3.168	
	16		[—]2×(0.24+2×0.06)×1.1×9	7.128	
3	H		拉结筋	t	1.276
		拉结筋	(708×2.66+1570×2.32+90×2.45)×0.222/1000		
4	L1		屋面	m^2	185.92
	1	上人屋面	15.52×7.5	116.4	
	2		(6.32×2)×5.5	69.52	
5	L1		泛水	m^2	17.01
	1	上人屋面	(15.52+7.5)×2×0.25	11.51	
			((6.32×2)+5.5)×2×0.25	9.07	
			(−6.32×4)×0.25	−6.32	
	2		(5.5×2)×0.25	2.75	

续表

序号		编号/部位	项目名称/计算式		工程量
6	L1		找坡	m^3	37.18
	1	上人屋面	15.52×7.5×*TH*	17.926	
	2		(6.32×2)×5.5×*TH*1	19.257	
7	L1		保温	m^3	185.92
	1	上人屋面	15.52×7.5	116.4	
	2		(6.32×2)×5.5	69.52	
8	L2		屋面	m^2	12.62
		楼梯顶	2.4×5.26		
9	L2		泛水	m^2	4.6
		楼梯顶	(2.4+5.26)×2×0.3		
			装饰		
1	J		踢脚线	m	987.22
	1	库房	(2×(3.06+5.5)+0.08×2−1.2)×2	32.16	
	2		(2×(4.34+5.5)+0.08×4−1.2)×2	37.6	
	3	大厅	(2×(7.64+6.06)+0.16×2−2.38−2×1.2)×2	45.88	
	4	楼梯间	2×(2.4+4.06)−1.92	11	
	5	2/4 层办公	(2×(3.06+5.26)−0.9)×4	62.96	
	6		(2×(3.06+4.5)−0.9)×4	56.88	
	7		(2×(4.24+2.76)−0.88)×4	52.48	
	8		(2×(3.16+2.76)−0.77)×4	44.28	
	9	3/5/6 层办公	(2×(3.06+5.26)−0.9)×6	94.44	
	10		(2×(3.06+2.7)−0.9)×6	63.72	
	11		(2×(3.06+4.56)−0.9)×6	86.04	
	12		(2×(4.34+2.76)−0.9)×6	79.8	
	13	2/4 层大厅	(2×(3.02+5.5)−2.4−0.9−1.2)×4	50.16	
	14		(2×(4.34+4.5)−2.4−0.9−0.7−0.77−0.88)×4	48.12	
	15	3/5/6 层大厅	(2×(4.34+10)−5×0.9−0.7)×6	140.88	
	16	2/4 楼梯间	(2×(2.4+5.26)−2×1.2)×2	25.84	
	17	3/5/6 楼梯间	(2×(2.4+5.26)−2×0.9)×3	40.56	
	18	顶层楼梯间	2×(2.4+5.26)−0.9	14.42	
2	J		墙面	m^2	3000.40
	1	库房	((2×(3.06+5.5)+0.16)×3.88−*C*1−*M*3)×2	124.553	
	2		((2×(4.34+5.5)+0.32)×3.88−*C*1−*M*3)×2	145.66	
	3	大厅	((2×(7.64+6.06)+0.32)×3.88−*C*1−*M*1−2*M*3)×2	189.107	
	4	楼梯间	2×(2.4+4.06)×3.88−*MD*1	46.41	
	5	2/4 层办公	(2×(3.06+5.26)×2.88−*C*1−*M*2)×4	175.133	
	6		(2×(3.06+4.5)×2.88−2*C*1−*M*2)×4	148.622	
	7		(2×(4.24+2.76)×2.88−*C*1−*M*6)×4	144.88	
	8		(2×(3.16+2.76)×2.88−*C*1−*M*5)×4	120.917	
	9	3/5/6 层办公	(2×(3.06+5.26)×2.88−*C*1−*M*2)×6	262.699	
	10		(2×(3.06+2.7)×2.88−*C*1−*M*2)×6	174.226	
	11		(2×(3.06+4.56)×2.88−*C*1−*M*2)×6	238.507	
	12		(2×(4.34+2.76)×2.88−*C*1−*M*2)×6	220.536	
	13	2/4 层大厅	((2×(3.02+5.5)−2.4)×2.88−*C*2−*M*2−*M*3)×4	118.413	
	14		((2×(4.34+4.5)−2.4)×2.88−*C*1−*M*2−*M*4−*M*5−*M*6)×4	139.706	
	15	3/5/6 层大厅	(2×(4.34+10)×2.88−*C*2−5*M*2−*M*4)×6	381.17	
	16	2/4 楼梯间	(2×(2.4+5.26)×2.92−*C*3−2*M*3)×2	66.429	
	17	3/5/6 楼梯间	(2×(2.4+5.26)×2.92−*C*3−2*M*2)×3	103.423	
	18	顶层楼梯间	2×(2.4+5.26)×2.6−*C*3−*M*7	31.462	
	19	2/4 卫生间	(2×(2.21+1.62)×2.6−*M*4)×4	73.784	
	20	3/5/6 卫生间	(2×(1.7+1.62)×2.6−*M*4)×6	94.764	

续表

序号		编号/部位	项目名称/计算式		工程量
3	J		平面	m^2	1107.46
	1	库房	3.06×5.5×2	33.66	
	2		4.34×5.5×2	47.74	
	3	大厅	7.64×6.06×2	92.597	
	4		1.32×(−4.3)×2	−11.352	
	5	楼梯间	2.4×4.06	9.744	
	6	2/4 层办公	3.06×5.26×4	64.382	
	7		3.06×4.5×4	55.08	
	8		4.24×2.76×4	46.81	
	9		3.16×2.76×4	34.886	
	10	3/5/6 层办公	3.06×5.26×6	96.574	
	11		3.06×2.7×6	49.572	
	12		3.06×4.56×6	83.722	
	13		4.34×2.76×6	71.87	
	14	2/4 层大厅	3.02×5.5×4	66.44	
	15		0.62×(−0.24)×4	−0.595	
	16		4.34×4.5×4	78.12	
	17		2.33×(−1.74)×4	−16.217	
	18	3/5/6 层大厅	4.34×10×6	260.4	
	19		1.82×(−1.74)×6	−19.001	
	20		1.32×(−5.5)×6	−43.56	
	21	2/4 楼梯间	2.4×5.26×2	25.248	
	22	3/5/6 楼梯间	2.4×5.26×3	37.872	
	23	顶层楼梯间	2.4×5.26	12.624	
	24	2/4 卫生间	2.21×1.62×4	14.321	
	25	3/5/6 卫生间	1.7×1.62×6	16.524	
4	J		墙脚手架	m^2	2945.90
	1	2/4 层办公	2×(3.06+5.26)×2.88×4=191.693		
	2		2×(3.06+4.5)×2.88×4=174.182		
	3		2×(4.24+2.76)×2.88×4=161.28		
	4		2×(3.16+2.76)×2.88×4=136.397		
	5	3/5/6 层办公	2×(3.06+5.26)×2.88×6=287.539		
	6		2×(3.06+2.7)×2.88×6=199.066		
	7		2×(3.06+4.56)×2.88×6=263.347		
	8		2×(4.34+2.76)×2.88×6=245.376		
	9	2/4 层大厅	(2×(3.02+5.5)−2.4)×2.88×4=168.653		
	10		(2×(4.34+4.5)−2.4)×2.88×4=176.026		
	11	3/5/6 层大厅	2×(4.34+10)×2.88×6=495.59		
	12	2/4 楼梯间	2×(2.4+5.26)×2.92×2=89.469		
	13	3/5/6 楼梯间	2×(2.4+5.26)×2.92×3=134.203		
	14	顶层楼梯间	2×(2.4+5.26)×2.6=39.832		
	15+		$\sum$	2762.653	
	16	2/4 卫生间	2×(2.21+1.62)×2.6×4	79.664	
	17	3/5/6 卫生间	2×(1.7+1.62)×2.6×6	103.584	

5.5 清单/定额工程量计算书

5.5.1 基础分部（表 5-10）

基础工程量计算书　　表 5-10

序	号	编号/部位	项目名称/计算式		工程量	
			基础			
1	1	010101001001	平整场地	m^2		196.48
			S1			
2		1-4-2	机械场地平整	m^2	325.60	
			S1+2W1+16			
3	2	010101003001	挖基础土方;坚土,2m 内	m^3		290.59
	1		16.96×13.74×1.2	279.636		
	2	柱基加深	0.3/3×(2.6^2+2^2+2.6×2)×5	7.98		
	3		0.3/6×((2×4.6+4)×2.6+(2×4+4.6)×2)	2.976		
4		1-3-15	挖掘机挖坚土自卸汽车运 1km 内	m^3	290.24	
	1		2(16.96+13.74+0.2×2)×0.2×1.2[工作面]+D3	305.518		
	2	人工挖土	−H1×5%	−15.276		
5		1-2-3-2	人工挖机械剩余 5%坚土深 2m 内	m^3	15.28	
			−D4.2			
6		1-3-47	挖掘机装土方	m^3	15.28	
7		1-3-57	自卸汽车运土方 1km 内	m^3	15.28	
8		1-3-58×9	自卸汽车运土方增运 1km×9	m^3	305.52	
			D4.1			
9		1-4-4-1	基底钎探(灌砂)	眼	233	
			16.96×13.74			
10		10-5-6	$1m^3$ 内履带液压单斗挖掘机运输费	台次	1	
11	3	010401006001	垫层;C15	m^3		23.30
			16.96×13.74×0.1			
12		2-1-13′	C154 商品混凝土无筋混凝土垫层	m^3	23.30	
13		10-4-49	混凝土基础垫层木模板	m^3	6.14	
		垫层	2(16.96+13.74)×0.1			
14	4	010401003001	满堂基础;C20	m^3		101.73
	1		16.76×13.54×0.4	90.772		
	2	柱基混凝土	0.3/3×(2.6^2+2^2+2.6×2)×5	7.98		
	3		0.3/6×((2×4.6+4)×2.6+(2×4+4.6)×2)	2.976		
15		4-2-11′	C204 商品混凝土混凝土无梁式满堂基础	m^3	101.73	
16		10-4-42′	无梁满堂基础胶合板模木支撑[扣胶合板]	m^2	25.62	
	1		2(16.76+13.54)×0.4	24.24		
	2		2.3×0.3×2	1.38		
17		10-4-310	基础竹胶板模板制作	m^3	6.25	
			D16×0.244			
18	5	010301001001	砖基础;M10 砂浆	m^3		22.81
	1		(L1+N1)×1×0.24	24.091		
	2	楼梯墙	2.4×1.18×0.24	0.68		
	3	基础 GZ	[└](0.24×0.24+(0.24+0.24)×0.03)×1×6=0.432			
	4		[─](0.24×0.24+0.24×0.06)×1×7=0.504			
	5		[┴](0.24×0.24+0.24×0.06+0.24×0.03)×1×6=0.475			
	6		[─](0.24×0.4+0.24×0.06)×1×5=0.552			
	7	扣 GZ	−∑	−1.963		

续表

序号		编号/部位	项目名称/计算式		工程量	
19		3-1-1.09	M10 砂浆砖基础	m^3	22.81	
20	6	010103001001	土方回填	m^3		187.43
	1	室外回填	$D3-D11-D14-S1\times0.7$	28.024		
	2	室内回填	$(R1-2.4\times0.24)\times0.92$	158.067		
	3	楼梯间	$2.4\times1.16\times0.48$	1.336		
21		1-4-13	槽、坑机械夯填土	m^3	202.36	
	1	室外回填	$D4.1-D11-D14-S1\times0.7$	42.952		
	2	室内回填	$D20.2+D20.3$	159.403		
22		1-3-45	装载机装土方 $D21/0.87$	m^3	232.60	
23		1-3-57	自卸汽车运土方 1km 内	m^3	232.60	
24		1-3-58×9	自卸汽车运土方增运 1km×9	m^3	232.60	
25	7	CS5	大型机械设备进出场及安拆	项		1
26		10-5-1-1′	C204 商品混凝土塔吊基础 $4\times2.5\times1$	m^3	10.00	
27		4-1-131	现浇混凝土埋设螺栓	个	16	
28		10-4-63	$20m^3$ 内设备基础组合钢模钢支撑 $2(4+2.5)\times1$	m^3	13.00	
29		10-5-3	塔式起重机混凝土基础拆除	m^3	10.00	
30		1-1-17	机械打孔爆破坚石	m^3	10.00	
31		补-1	石渣外运(35 元/m^3)	m^3	10.00	
32		10-5-20	6t 塔式起重机安拆	台次	1	
33		10-5-20-1	6t 塔式起重机场外运输	台次	1	
34	8	CS1.2	脚手架	项		1
35		10-1-40	钢管依附斜道 24m 内	座	1	
36		10-1-46	立挂式安全网 $(W+12)\times1.2\times8$	m^3	681.22	
37		10-1-51-1	密目网垂直封闭(交替倒用) $(W+12)\times20.2$	m^3	1433.39	
38	9	CS1.3	垂直运输机械	项		1
39		10-2-5-1	20m 内建筑混合结构泵送垂直运输 JM	m^3	1291.41	

第 1、2 号清单（1～10 项）在第 2.5.3 节中已作出解释，接下来继续详解：

（1）第 3 号清单（11～13 项）——垫层：垫层采用商品混凝土浇筑，用定额号加“′”表示；模板属于措施费，紧随构件后计算，便于对照，在调入套价软件计价时，自动划入措施费项目（下同）。

（2）第 4 号项清单（14～17 项）——满堂混凝土基础：按目前施工现状模板大都采用胶合板模板。由于山东原消耗量定额中模板用量（一般考虑周转 9 次）不足，且无制作费用，故在综合解释上要求：“执行定额相应构件的胶合板模板子目，扣除其中的胶合板定额消耗量，并计算竹胶板模板的安装、拆除费用”，并“执行定额 10-4-310-315 竹胶板模板制作子目，计算竹胶板模板的制作费用”。其模板量的计算在各地不同，本实例按济南市规定统一按模板量乘以 0.244 系数。

（3）第 5 号清单（18、19 项）——砖基础：$L1$ 和 $N1$ 为首层外墙中和内墙净长（取自基数)，高度算至室内地坪为 1m，柱和构造柱均生根于基础内，在此处扣除，在主体分部浇筑。

(4) 第 6 号清单（20～24 项）——回填土：

1) 室外回填＝挖土量－垫层量－满堂基础量－首层室外平以下部分（*D*3－*D*11－*D*14－*S*1×0.7)。其中 *D*3、*D*11、*D*14 是序号变量，*S*1 是首层外围面积。

2) 由于清单和定额的计算规则不同，定额挖土量要多计算放坡和工作面，故定额的室外回填土量为：*D*4.1－*D*11－*D*14－*S*1×0.7。其中 *D*4.1 即第 4 项第 1 行的值 305.518，即定额挖土量。

3) 室内回填＝室内净面积×填土高度 0.92m（室内地坪至基础底版高 1m，减去地面厚度 0.08m)，算式为（*R*1－2.4×0.24)×0.92，其中扣楼梯墙 2.4m，增加平台高 0.48m 部分为 2.4×1.16×0.48。

4) 回填用土需要从 10km 外运回，并将天然土折算为夯实土用量，其计算式为 *D*21/0.87。其中 0.87 为折算系数，参见表 2-13。

(5) 第 7 号清单（25～33 项）——大型机械设备进出场及安拆：

1) 按山东省定额综合解释：塔式起重机混凝土基础，建筑物首层（不含地下室）建筑面积 600m^2 以内，计 1 座；超过 600m^2，每增加 400m^2 以内，增加 1 座；每座基础，按 10m^3 混凝土计算。

2) 第 26 项的计算式 4×2.5×1 是依据定额规定的 10m^3 混凝土来折合的，第 28 项模板亦按此尺寸折算。

3) 按山东省定额综合解释：10-5-1，塔式起重机混凝土基础子目中，不含钢筋、地脚螺栓和模板。其工程量按经过批准的施工组织设计计算。钢筋执行现浇构件钢筋子目；模板执行设备基础模板子目；地脚螺栓执行补充子目 4-1-131，并一并列入施工技术措施项目。

4) 本例还考虑了混凝土基础的拆除和石渣外运的工程量。

(6) 第 8 号清单（34～37 项）——安全措施费：按山东省定额解释，安全施工费措施项目清单附表中，列出了接料平台、上下脚手架人行通道（斜道)、一般防护用的安全网（水平网、密目式立网）三项内容，该三项内容已在消耗量定额第十章第一节列有相应的定额子目或包括在相应的费用项目中。如：外脚手架子目综合了上料平台，单独编列了依附斜道子目，水平安全网（执行立挂式安全网子目）和密目式安全立网子目。这三项内容，都是按定额规定计取的措施费。

(7) 第 9 号清单（38、39 项）——垂直运输机械：按建筑面积（*JM* 取自基数）计算。

5.5.2 主体分部（表 5-11）

主体工程量计算书 **表 5-11**

序号		编号/部位	项目名称/计算式		工程量	
			主体			
1	10	010402001001	矩形柱：C25 0.4×0.4×5×2	m^3		1.60
2		4-2-17′	C254 商品混凝土矩形柱	m^3	1.60	
3		10-4-88′	矩形柱胶合板模板钢支撑［扣胶合板］ 0.4×4×5×2	m^2	16.00	
4		10-4-311	柱竹胶板模板制作 *D*3×0.244	m^2	3.90	
5		10-4-102	柱钢支撑高超过 3.6m 每增 3m 0.4×4×(5－3.6)×2	m^2	4.48	

续表

序号		编号/部位	项目名称/计算式		工程量	
6		10-1-102	单排外钢管脚手架 6m 内	m^2	52.00	
			(0.4×4+3.6)×5×2			
7	11	010402001002	矩形柱；构造柱，C25	m^3		44.35
	1	一层 Z	[—](0.24×0.4+0.24×0.06)×5×5=2.76			
	2	一层 GZ	[└](0.24×0.24+(0.24+0.24)×0.03)×5×6=2.16			
	3		[—](0.24×0.24+0.24×0.06)×5×7=2.52			
	4		[┴](0.24×0.24+0.24×0.06+0.24×0.03)×5×6=2.376			
	5	2/4 层 GZ	[└](0.24×0.24+(0.24+0.24)×0.03)×3×2×2=0.864			
	6		[—](0.24×0.24+0.24×0.06)×3×12×2=5.184			
	7		[┴](0.24×0.24+0.24×0.06+0.24×0.03)×3×12×2=5.702			
	8	3/5/6 层 GZ	[└](0.24×0.24+(0.24+0.24)×0.03)×3×4×3=2.592			
	9		[—](0.24×0.24+0.24×0.06)×3×6×3=3.888			
	10		[┴](0.24×0.24+0.24×0.06+0.24×0.03)×3×14×3=9.979			
	11	3 层	[—](0.24×0.24+0.24×0.06)×3×2=0.432			
	12	2-6 层	[┼](0.24×0.12+(0.24+0.12)×0.06)×3×1×5=0.756			
	13		[┼](0.24×0.24+(0.24+0.24)×0.06)×3×1×5=1.296			
	14	楼梯顶层	[└](0.24×0.24+(0.24+0.24)×0.03)×2.7×4=0.778			
	15	女儿墙	[└](0.24×0.24+(0.24+0.24)×0.03)×1.1×4=0.317			
	16		[—](0.24×0.24+0.24×0.06)×1.1×9=0.713			
	17		$\sum$	42.317		
	18	增 1 层 Z	0.4×0.16×5×5	1.6		
	19	增 2-6 层 GZ	0.24×0.12×3×1×5	0.432		
8		4-2-20′	C253 商品混凝土构造柱	m^3	44.35	
9		10-4-100	构造柱复合木模板钢支撑	m^2	383.27	
	1	一层 Z	[—]2×(0.4+2×0.06)×5×5=26			
	2	一层 GZ	[└](0.24+0.24+4×0.06)×5×6=21.6			
	3		[—]2×(0.24+2×0.06)×5×7=25.2			
	4		[┴](0.24+6×0.06)×5×6=18			
	5	2/4 层 GZ	[└](0.24+0.24+4×0.06)×3×2×2=8.64			
	6		[—]2×(0.24+2×0.06)×3×12×2=51.84			
	7		[┴](0.24+6×0.06)×3×12×2=43.2			
	8	3/5/6 层 GZ	[└](0.24+0.24+4×0.06)×3×4×3=25.92			
	9		[—]2×(0.24+2×0.06)×3×6×3=38.88			
	10		[┴](0.24+6×0.06)×3×14×3=75.6			
	11	3 层	[—]2×(0.24+2×0.06)×3×2=4.32			
	12	2-6 层	[┼]8×0.06×3×1×5=7.2			
	13		[┼]8×0.06×3×1×5=7.2			
	14	楼梯顶层	[└](0.24+0.24+4×0.06)×2.7×4=7.776			
	15	女儿墙	[└](0.24+0.24+4×0.06)×1.1×4=3.168			
	16		[—]2×(0.24+2×0.06)×1.1×9=7.128			
	17		$\sum$	371.672		
	18	增 1 层 Z	0.08×4×5×5	8		
	19	增 2-6 层 GZ	4×0.06×3×1×5	3.6		

续表

序号		编号/部位	项目名称/计算式		工程量	
10	12	010403005001	过梁；C25	m^3		9.23
	1		GL	7.579		
	2	QL代GL	3.52×0.24×0.25×10[C2]	2.112		
	3	一层扣重叠	−0.03×0.24×0.24×2[M1]	−0.003		
	4	2/4层	−0.19×0.24×0.12×4[M2]×2=−0.044			
	5		−0.19×0.24×0.18×2[M3]×2=−0.033			
	6		−0.19×0.12×0.12×2[M4]×2=−0.011			
	7		−0.39×0.24×0.12×2[M6]×2=−0.045			
	8		−(0.24×4+0.06×2)×0.24×0.18×2[C1]=−0.093			
	9		∑	−0.226		
	10	3/5/6层	−(0.19×8+0.32×2)×0.24×0.12[M2]×3	−0.187		
	11	顶层	−0.48×0.24×0.3[C3]−0.12×0.24×0.3[M7]	−0.043		
11		4-2-27′	C253商品混凝土过梁	m^3	9.23	
12		10-4-118′	过梁胶合板模板木支撑［扣胶合板］	m^2	99.42	
	1	YP	0.9[M7]×(0.24+0.16+0.24)	0.576		
	2	240高	(2.38×2[M1]+3.02×10[C2])×(0.24×2+0.24)	25.171		
	3	180高	(1.2×8[M3]+1.5×50[C1])×(0.18×2+0.24)	50.76		
	4		1.92[MD1]×(0.18+0.24)	0.806		
	5	120高	(0.9×38[M2]+0.77×4[M5]+0.88×4[M6])×(0.12×2+0.24)	19.584		
	6		0.7×10[M4]×(0.12×2+0.12)	2.52		
13		10-4-313	梁竹胶板模板制作	m^2	24.26	
			D12×0.244			
14	13	010403004001	圈梁；C25	m^3		29.38
	1	一层外QL	L−2.4[LT]−0.24×13[GZ]−0.4×2[Z]=51.68			
	2	2/3/4层外QL	(L−2.4−3.52×2[代GL]−0.24×13[GZ])×3=136.32			
	3	5/6层外QL	(L−2.4−3.52×2[代GL]−0.24×11[GZ])×2=91.84			
	4	楼梯间外QL	LW−0.24×4[GZ]=15.32			
	5	外QL长	∑−0.24×4[L6头]=294.2			
	6		H5×0.24×0.25	17.652		
	7	一层内QL	N1−0.24×6[GZ]−0.4×3[Z]=42.14			
	8	2-6层内QL	(N3−0.24×15[GZ])×5=321.1			
	9	内QL长	∑−0.24×4[L5,L6头]=362.28			
	10		H9×0.24×0.13+1.26×0.24×0.25×2[拉梁]	11.454		
	11	3/5（A-B）	0.96×0.24×0.12×10	0.276		
15		4-2-26′	C253商品混凝土圈梁	m^3	29.38	
16		10-4-127′	圈梁胶合板模板木支撑［扣胶合板］	m^2	214.71	
	1	外墙QL	D14.5×(0.25+0.13)	111.796		
	2	内墙QL	D14.9×0.13×2	94.193		
	3		1.26×0.25×2×2[拉梁]+0.96×0.04×12	1.721		
	4		((2.4+1.2×2)×0.04+4.06×0.12×2)×6	6.998		
17		10-4-313	梁竹胶板模板制作	m^2	52.39	
			D16×0.244			
18	14	010403002001	矩形梁；挑梁，C25	m^3		0.29
		挑梁	1.2×0.24×0.25×4			

续表

序号		编号/部位	项目名称/计算式		工程量	
19		4-2-24′	C253 商品混凝土单梁．连续梁	m³	0.29	
20		10-4-114′	单梁连续梁胶合板模板钢支撑［扣胶合板］	m²	3.17	
		挑梁	1.2×(0.24+0.25+0.17)×4			
21		10-4-313	梁竹胶板模板制作	m²	0.77	
			D20×0.244			
22	15	010405003001	平板；C25	m³		28.38
	1	楼梯平台	2.4×1.2×0.08×6	1.382		
	2	楼梯顶板	2.4×5.26×0.1	1.262		
	3	1/2-4(E-F)	3.28×3×0.12×4[2/4 层]=4.723			
	4	1-2(C-D)	3.3×2.94×0.12×6[3/5/6 层]=6.985			
	5	1-2(D-F)	3.3×4.8×0.12×4[5/6 层]=7.603			
	6	2-4(E-F)	4.46×3×0.12×4[5/6 层]=6.422			
	7		∑	25.733		
23		4-2-38′	C252 商品混凝土平板	m³	28.38	
24		10-4-172′	平板胶合板模板钢支撑［扣胶合板］	m²	218.09	
	1	楼梯平台	2.4×1.2×6	17.28		
	2	楼梯顶板	2.4×5.26	12.624		
	3	1/2-4(E-F)	3.16×2.76×4[2/4 层]	34.886		
	4	1-2(C-D)	3.06×2.7×6[3/5/6 层]	49.572		
	5	1-2(D-F)	3.06×4.56×4[5/6 层]	55.814		
	6	2-4(E-F)	4.34×2.76×4[5/6 层]	47.914		
25		10-4-315	板竹胶板模板制作	m²	53.21	
			D24×0.244			
26	16	010405001001	有梁板；C25	m³		113.05
	1	L1(2)	(3.06+3.02)×0.24×0.25×2	0.73		
	2	L1(2)	(3.06+3.02)×0.24×0.13×10	1.897		
	3	L2(2)	(2.98+2.94)×0.24×0.18×2	0.511		
	4	L3(4)	2(2.98+4.18)×0.24×0.18	0.619		
	5	L4(2)	4.34×0.15×0.22×12	1.719		
	6	L5(2A)	1.2×0.24×0.22×2	0.127		
	7	L5(2A)	(3.82+1.92)×0.24×0.18×2	0.496		
	8	L6	2.76×0.24×0.18×8	0.954		
	9	L6 头	0.24×0.24×0.3×(4+2)	0.104		
	10	L7	1.605×0.15×0.12×12	0.347		
	11	L8	3.06×0.24×0.18×6	0.793		
	12	L9	3.02×0.24×0.18×10	1.305		
	13	板 1-3(A-B)	6.32×0.96×0.08×2[一层]	0.971		
	14	板 1-3(A-B)	6.32×0.96×0.08×10=4.854			
	15	1-4(B-1/C)	(7.76×6.3−1.2×4.06)×0.12×2=10.564			
	16	1-4(1/C-F)	(7.76×5.5−4.34×2.5)×0.12×2=7.639			
	17	2-4(1/C-E)	4.34×2.5×0.08×2=1.736			
	18	板 1-3(A-C)	(6.56×5.26−6.32×0.96)×0.12×10=34.126			
	19	1-2(C-E)	3.3×4.74×0.12×4=7.508			
	20	1-2(D-F)	3.3×4.8×0.12×2=3.802			
	21	2-4(C-E)	(4.46×4.74−4.34×1.605)×0.12×10=17.01			

续表

序号		编号/部位	项目名称/计算式		工程量	
	22	1-1/2/(E-F)	4.48×3×0.12×4=6.451			
	23	2-4(D-E)	4.34×1.605×0.08×10=5.573			
	24	2-4(E-F)	4.46×3×0.12×2=3.211			
	25		∑	102.474		
	26	楼板	*D*22.7[平板]+*H*25[有梁板]=128.207			
	27	80板	*H*14+*H*17+*H*23=12.163			
	28	校核	(*RN*−*Z*7−*Z*20×6)×0.12−*H*26−*H*27/0.08×0.04=0[正确]			
27		4-2-36′	C252商品混凝土有梁板	m^3	113.05	
28		10-4-160′	有梁板胶合板模板钢支撑［扣胶合板］	m^2	1032.93	
	1	板面积	*RN*−*D*24−2.4×4.06×6[LT]	928.006		
	2	梁侧 L1(2)	(3.06+3.02)×(0.17+0.13)×10=18.24			
	3	L2(2)	(2.98+2.94)×0.18×2×2=4.262			
	4	L3(4)	2(2.98×0.36+4.18×0.4)=5.49			
	5	L4(2)	4.34×0.22×2×2[一层]=3.819			
	6	L4(2)	4.34×(0.22+0.18)×10=17.36			
	7	L5(2A)	(3.82+1.68)×0.18×2×2=3.96			
	8	L6	2.76×0.18×2×8=7.949			
	9	L7	1.605×0.12×2×12=4.622			
	10	L8	3.06×0.18×2×6=6.61			
	11	L9	3.02×0.18×2×10=10.872			
	12		∑	83.184		
	13	一层外挑板面	6.56×1.2×2=15.744			
	14	梁内侧	(3.06+3.02+0.96×2)×0.17×2=2.72			
	15	梁外侧	6.56×0.25×2=3.28			
	16		∑	21.744		
29		10-4-315	板竹胶板模板制作 *D*28×0.244	m^2	252.04	
30		10-4-176	板钢支撑高>3.6m每增3m	m^2	204.68	
	1	一层板顶	*R*1−*Z*7	162.644		
	2	梁侧 L2-L5	*D*28.3+*D*28.4+*D*28.5+*D*28.7=17.531			
	3	L6	2.76×0.18×2×2=1.987			
	4	L7	1.605×0.12×2×2=0.77			
	5		∑	20.288		
	6	一层外挑	*D*28.16	21.744		
31	17	010406001001 楼梯	直形楼梯；C25 2.4×4.3×6+1.2×0.24[一层]	m^2		62.21
32		4-2-42.2′	C252商品混凝土直形楼梯无斜梁100	m^2	62.21	
33		10-4-201	直形楼梯木模板木支撑	m^2	62.21	
34		4-2-46.2×−2′ 息板	C252商品混凝土楼梯板厚−10×2 2.4×(1.4+1.47×5)	m^2	21.00	
35	18	010405008001 YP1	雨篷；C25 1.64×0.9×0.07	m^3		0.10
36		4-2-49.2′ YP1	C252商品混凝土雨篷 1.64×0.9	m^2	1.48	

续表

序号		编号/部位	项目名称/计算式		工程量	
37		4-2-65×－1	C202 现浇混凝土阳台、雨篷厚－10	m^2	1.48	
38		10-4-203	直形悬挑板阳台雨篷木模板木支撑	m^2	1.48	
39	19	010407001001	其他构件；压顶，C25	m^3		3.11
	1	C1 窗台	1.62×0.24×0.06×50	1.166		
	2	C2，C3 窗台	(3.02×10＋2.4×6)×0.24×0.05	0.535		
	3	＋20.2 女儿墙	(*L*－2.88)×0.3×0.09－0.24×0.24×0.1×13[GZ]	1.413		
40		4-2-58.2′	C252 商品混凝土压顶	m^3	3.11	
41		10-4-213	扶手、压顶木模板木支撑	m^3	3.11	
42	20	010417002001	预埋铁件	t		0.115
	1	M-1［件］	12×2＋11×5×2＋4＋9×6＝192			
	2		[100×100×6 铁板]*H*1×0.1×0.1×0.047	0.09		
	3		[ϕ8]*H*1×0.33×0.395/1000	0.025		
43		4-1-96	铁件	t	0.115	
44	21	010302001001	实心砖墙；粉煤灰轻质砖墙 240，M7.5 混浆	m^3		400.53
	1	外墙	*L*1×4＋*L*×3×5＋*LW*×3＝1141.24			
	2	一层楼梯间	2×1.2×1.76＝4.224			
	3	内墙	*N*1×3.88＋(*N*×2＋*N*3×3)×2.88＝1157.497			
	4	＋20.2 女儿墙	(*L*－2.88)×1.1＝60.632			
	5	墙面	$\sum$ ＝ 2363.593			
	6	洞口	*M*〈24〉＋*C*＝355.77			
	7	墙体	(*H*5－*H*6)×0.24	481.878		
	8	扣 GL	－(*D*10－10*GL*4)	－9.06		
	9	扣 QL	－(*D*14－*D*14.11)	－29.104		
	10	扣 GZ	－(*D*7.17－1.96[基础])	－40.357		
	11	扣窗台	－*D*39.1－*D*39.2	－1.701		
	12	扣 TL2，L9	－2.64×0.24×0.25×6[TL2]－0.62×0.24×0.3×4[L9]	－1.129		
45		3-3-3.04	M7.5 混浆烧结粉煤灰轻质砖墙 240	m^3	400.53	
46		10-1-6	双排外钢管脚手架 24m 内	m^2	1213.86	
		外墙	*W*×20.5＋2.88×1.8			
47		10-1-102	单排外钢管脚手架 6m 内	m^2	108.57	
	1	楼梯顶外墙	(*WW*－2.88)×3	43.08		
	2	一层 B 轴墙	2(6.56＋1.2)×4.22	65.494		
48		10-1-21	单排里钢管脚手架 3.6m 内	m^2	983.75	
	1	2/4 层	*N*×2.88×2	397.786		
	2	3/5/6 层	*N*3×2.88×3	585.965		
49		10-1-23	单排里钢管脚手架 6m 内	m^2	173.75	
		一层	*N*1×3.88			
50	22	010302001002	实心砖墙；粉煤灰轻质砖墙 120，M7.5 混浆	m^3		9.81
	1		(*N*12×2＋*N*13×3)×2.92＝106.405			
	2	扣 GL4 面积	－1.01×0.12×10＝－1.212			
	3	扣 L4 面积	－(2.33×4＋1.82×6)×0.22＝－4.453			
	4	扣 L7 面积	－1.605×0.12×4＝－0.77			
	5		$\sum$ ＝ 99.97			
	6		(*H*5－*M*〈12〉)×0.115	9.806		

续表

序号		编号/部位	项目名称/计算式		工程量	
51		3-3-1.04	M7.5 混浆烧结粉煤灰轻质砖墙 115	m^3	9.81	
52		10-1-21	单排里钢管脚手架 3.6m 内	m^2	106.41	
			D50.1			
53	23	010702001001	屋面卷材防水；防滑地砖，改性沥青卷材，LM 高分子涂料防水，1∶3 砂浆找平 20	m^2		202.93
	1	上人屋面	15.52×13	201.76		
	2	扣楼梯间	(−2.88)×5.5	−15.84		
	3	泛水	(15.52+13)×2×0.25	14.26		
	4		11×0.25	2.75		
54		9-1-80-2	1∶3 砂浆 10 彩釉砖楼地面 800 内	m^2	185.92	
			D53.1+D53.2			
55		6-2-24	平面沥青玻璃纤维布±一布一油	m^2	185.92	
56		6-2-34	平面一层高强 APP 改性沥青卷材	m^2	202.93	
			D53			
57		9-1-1	1∶3 砂浆硬基层上找平层 20	m^2	202.93	
58		6-2-93	1.5 厚 LM 高分子涂料防水层	m^2	202.93	
59	24	010803001001	保温隔热屋面；现浇水泥珍珠岩 1∶8，聚氨酯发泡保温层 40	m^2		185.92
			D54			
60		6-3-13	混凝土板上聚氨酯发泡保温层 40	m^2	185.92	
61		9-1-2	1∶3 砂浆填充料上找平层 20	m^2	185.92	
62		6-3-15-1	混凝土板上现浇水泥珍珠岩 1∶8	m^3	37.18	
	1	上人屋面	15.52×7.5×TH	17.926		
	2		(6.32×2)×5.5×TH1	19.257		
63	25	010702003001	屋面刚性防水；1∶3 水泥砂浆找坡，改性沥青卷材，防水砂浆	m^2		17.22
	1	楼梯顶	2.4×5.26	12.624		
	2	泛水	(2.4+5.26)×2×0.3	4.596		
64		9-1-1	1∶3 砂浆硬基层上找平层 20	m^2	17.22	
65		9-1-3×7	1∶3 砂浆找平层+5×7	m^2	12.62	
			D63.1			
66		6-2-34	平面一层高强 APP 改性沥青卷材	m^2	17.22	
			D63			
67		6-2-10	平面防水砂浆防水层	m^2	17.22	
68	26	010702004001	屋面排水管；塑料水落管 ϕ100	m		39.80
			(19.3−0.5)×2+2.2			
69		6-4-9	塑料水落管 ϕ100	m	39.80	
70		6-4-10	塑料水斗	个	3	
71		6-4-22	铸铁弯头落水口（含箅子板）	个	3	
72	27	010407002001	散水；混凝土散水（L03J004-5/3）	m^2		40.93
	1		W1+4×0.8−2.98×2−2.64=51.16			
	2		H1×0.8	40.928		
73		8-7-49′	C154 商品混凝土散水 3∶7 灰土垫层	m^2	40.93	
74		10-4-49	混凝土基础垫层木模板	m^2	3.07	
			D72.1×0.06			
75	28	010407002002	坡道；混凝土坡道 L03J004-1/27	m^2		11.92
		室外	2.98×2×2			

续表

序号		编号/部位	项目名称/计算式		工程量	
76		8-7-53-1′	混凝土坡道 100 灰土垫层 3∶7 就地取土［商品混凝土］	m^2	11.92	
77	29	010407001002	其他构件；混凝土台阶，C20	m^3		0.54
	1	室外	2.64×0.9×0.15	0.356		
	2	室内	1.2×0.3×(0.16/2+0.08×1.12)×3	0.183		
78		4-2-57′	C202 商品混凝土台阶	m^2	0.54	
79		10-4-205	台阶木模板木支撑	m^2	1.90	
	1	室外	(2.64+0.9×2)×0.15	0.666		
	2	室内	(1.2×0.3+0.3×(0.16/2+0.08×1.12))×3	1.233		
80		2-1-1	3∶7 灰土垫层	m^3	0.46	
	1	室外	2.64×0.9×0.15	0.356		
	2	室内	1.2×0.3×0.15×2	0.108		
81	30	010416001001	现浇混凝土钢筋；砌体加固筋	t		1.276
		拉结筋	(708×2.66+1570×2.32+90×2.45)×0.222/1000			
82		4-1-98	砌体加固筋 ϕ6.5 内	t	1.276	
83	31	010416001002	现浇混凝土钢筋；Ⅰ级钢 *D*84+…+*D*89	t		14.036
84		4-1-2	现浇构件圆钢筋 ϕ6.5	t	1.254	
85		4-1-3	现浇构件圆钢筋 ϕ8	t	7.294	
86		4-1-4	现浇构件圆钢筋 ϕ10	t	3.077	
87		4-1-5	现浇构件圆钢筋 ϕ12	t	0.155	
88		4-1-52	现浇构件箍筋 ϕ6.5	t	2.086	
89		4-1-53	现浇构件箍筋 ϕ8	t	0.17	
90	32	010416001003	现浇混凝土钢筋；Ⅱ级钢 *D*91+…+*D*95	t		26.419
91		4-1-13	现浇构件螺纹钢筋 ϕ12	t	0.093	
92		4-1-14	现浇构件螺纹钢筋 ϕ14	t	0.435	
93		4-1-15	现浇构件螺纹钢筋 ϕ16	t	12.195	
94		4-1-16	现浇构件螺纹钢筋 ϕ18	t	9.94	
95		4-1-17	现浇构件螺纹钢筋 ϕ20	t	3.756	
96	33	010416001004	现浇混凝土钢筋；冷轧带肋钢筋 *D*97+*D*98	t		0.013
97		4-1-101	冷轧带肋钢筋 ϕ6 0.002［ϕ5］+0.005［ϕ6］+0.003［ϕ6 箍筋］	t	0.01	
98		4-1-103	冷轧带肋钢筋 ϕ10	t	0.003	
99	34	AB001	竣工清理 *JT*	m^3		4065.75
100		1-4-3	竣工清理	m^3	4065.75	

计算式详解：

(1) 第 10 号清单（1～6 项）——矩形柱：此处仅将其中 2 个独立柱列入，其他 5 个与墙体相连并要求先砌墙，故列入构造柱计算；因首层高度大于 3.6m，应按扣除 3.6m 的超高部分计算模板超高工程量；独立柱应计算单排脚手架，按柱周长加 3.6m 乘柱高计算。

(2) 第 11 号清单（7～9 项）——构造柱：构造柱的清单量是由实物工程量转来，其中 5 个柱断面为 400mm×400mm，比 240 墙体多 160mm，故在后面增加了 0.4×0.16×5×5 混凝土量和模板量 0.08×4×5×5。*D*/4 轴处 2～6 层的构造柱，因与 120 墙相连，计算时按 240×120，需要再补 240×120，故相应增加混凝土量 0.432 和模版量 3.6（均为第 19 行计算式）。此处的首层构造柱是按 5m 高计算，包括了基础部分。原基础部分计算的数据仅供扣除基础砌体用。

(3) 第 12 号清单（10～13 项）——过梁：工程量为 *GL*（由过梁表得出），加 *QL* 代 *GL* 部分，再扣除与构造柱重叠部分；过梁的模板按过梁净跨计算，压墙部分不计。按计算规则："伸入墙内的梁头、板头部分，均不计算模板面积"，故过梁模板只计算洞口的三面，支座部分按梁头考虑不计算模板。

(4) 第 13 号清单（14～17 项）——圈梁：外墙圈梁按全高 250mm，内墙按扣除板厚 120mm 的高度 130m 计算；圈梁要扣构造柱、圈梁代过梁、楼梯梁；圈梁模板按圈梁长度乘高度计算。

(5) 第 14 号清单（18～21 项）——挑梁：是指首层 1、2、6、7 轴上外挑的 4 个梁。

(6) 第 15 号清单（22～25 项）——平板：取自构件清单表，将 3～6 项汇总是为了在后面校核用；模板的计算要按房间净尺寸列式。

(7) 第 16 号清单（26～30 项）——有梁板：

1) 有梁板混凝土量计算式，取自构件清单表。其中第 9 行增加了 L6 梁垫（未在构件清单表中列出）；第 13 行将首层 1-3（A-B）板分列是因为它不属于室内部分；第 14～24 行为室内板，将其汇总是为了在后面校核。

2) 有梁板模板量计算式中：第 1 行计算板底面积＝总楼板面积－平板面积－楼梯面积＝*RN*－D24－2.4×4.06×6[LT]；第 2～11 行计算梁侧面积；第 13～15 行计算了室外部分板底和梁侧面积。

3) 模板超高部分（第 30 项）：计算了一层室内外板和梁侧的模板量。

4) 有梁板混凝土量校核的方法如下：

第 1 步：调出平板和有梁板中板的量＝*D*22.7[平板]＋*H*25[有梁板]＝128.207

第 2 步：调出 80 厚板的量＝*H*14＋*H*17＋*H*23＝12.163

第 3 步：(*RN*－*Z*7－*Z*20×6)×0.12－*H*26－*H*27/0.08×0.04＝0[正确]

式中：*RN*——总楼板面积（取自基数），*Z*7、*Z*20——楼梯间面积（取自基数），*H*26——120 厚板量，*H*27/0.08×0.04——将 80 板厚折成 120 板厚增加的量。

校核是项很重要的工作，是统筹 e 算的核心内容，校核是确保工程量计算正确的必要条件。

(8) 第 17 号清单（31～34 项）——楼梯：取自构件清单表。由于楼梯息板的厚度为 80mm，楼梯的定额量是按 100mm 考虑，故此部分（包括 TL2）应减少 20mm 厚，其量为：2.4×(1.4＋1.47×5)，其中 1.4 为首层宽度，1.47 为 2～6 层宽度。

(9) 第 18 号清单（35～38 项）——雨篷：取自构件清单表。

(10) 第 19 号清单（39～41 项）——压顶：取自构件清单表，并扣除女儿墙的构造柱。

(11) 第 20 号清单（42、43 项）——预埋铁件：计算出数量，乘单位重量，折合成吨。

(12) 第 21 号清单（44～49 项）——240 砖墙：

1) 砖墙工程量计算（44、45 项）

08 规范中砖墙的清单工程量计算规则是：外墙高度平屋面算至钢筋混凝土板底，内墙高度有钢筋混凝土楼板隔层者算至楼板顶。定额的计算规则是外墙算至板顶，内墙算至板底。山东省定额站在 2008 年 10 月在山东省建筑工程量清单计价办法中进行了勘误，将清单计算规则改为同定额一致。本书按此规定进行计算。

第 44 项砖墙清单工程量的计算按以下 4 个步骤进行：

第 1 步：1～4 行分别计算各层墙体的面积，第 5 行汇总；

第 2 步：第 6 行扣除门窗洞口；

第 3 步：第 7 行用扣除门窗洞口的墙面积乘其厚度得出应扣墙体工程量；

第 4 步：第 8～12 行分别扣除 GL、QL、GZ、窗台和其他工程量。

第 45 项砖墙定额的工程量同清单。

2）第 46～49 项为脚手架计算，其中第 46 项计算 24m 内外脚手，由室外平至女儿墙顶高 20.5m，2.88×1.8 为楼梯墙高出部分；第 47 项计算 6m 内外脚手，指屋面以上楼梯墙部分和一层凹进部分 B 轴外墙；第 48 项计算 2～6 层内墙高 2.88m 脚手架；第 49 项计算首层内墙高 3.88m 脚手架。

（13）第 22 号清单（50～52 项）——120 砖墙：

依据计算规则，半砖墙（一砖半墙）的厚度按 115(365)mm 计算，但图纸一般均按 120(370)mm 绘制，故不能完全按一砖厚墙工程量计算的 4 个步骤进行，分以下 4 步进行：

第 1 步：第 1 行计算各层墙体的面积；

第 2 步：第 2～4 行扣除墙中的过梁和梁面积；

第 3 步：第 5 行汇总扣除混凝土构件的墙面积；

第 4 步：第 6 行将墙面积扣除门窗洞口后乘其厚度得出墙体工程量。

（14）第 23 号清单（53～58 项）——屋面卷材防水：该量取自实物量计算书的屋面和泛水，分别将屋面和屋面＋泛水量分配到相应定额项内。

（15）第 24 号清单（59～62 项）——屋面保温：该量取自实物量计算书的屋面保温。保温层按面积计算，调用屋面量；找坡部分按体积计算，根据基数中计算的平均厚度 *TH* 和 *TH*1 求出。

（16）第 25 号清单（63～67 项）——屋面刚性防水：包括楼梯顶面和泛水面积，用 1∶3 水泥砂浆找坡，平均找坡厚度为 37mm（见基数计算），此处按找平层＋5×7 的增加厚度调整。

（17）第 26 号清单（68～71 项）——屋面落水管：长度按屋面至室外地坪的高度减 0.5m（上部落水口 0.3m，下部距地 0.2m）计算。

（18）第 27 号清单（72～74 项）——散水：按外围长度扣台阶、坡道计算，注意定额中已包括建筑油膏灌缝，不包括混凝土垫层的模板。

（19）第 28 号清单（75～76 项）——坡道：按水平投影面积计算。

（20）第 29 号清单（77～80 项）——台阶：按水平投影面积计算。本清单不含面层，水泥砂浆台阶面在装饰部分中列项。

（21）第 30 号清单（81、82 项）——砌体加固筋：数据计算式来自构造柱表中的拉结筋长度，由实物工程量调入。

（22）第 31-33 号清单（83～98 项）——现浇钢筋：工程量由钢筋算量软件导入。

（23）第 34 号清单（99、100 项）——竣工清理：按建筑体积 *JT*（取自基数）计算。

5.5.3 装饰分部（表 5-12）

装饰工程量计算书 **表 5-12**

序号		编号/部位	项目名称/计算式		工程量	
			装饰			
1	35	020403003001	防火卷帘门	樘		2.00
2		5-4-12	钢质防火门安装（扇面积） 2*M*1	m^2	11.42	
3	36	020401005001	夹板装饰门；单扇夹板门，安执手锁，底油 1 遍调合漆 2 遍 38*M*2＋10*M*4＋4*M*5＋4*M*6	m^2		100.40
4		5-1-13	单扇木门框制作	m^2	100.40	

续表

序号		编号/部位	项目名称/计算式		工程量	
5		5-1-14	单扇木门框安装	m²	100.40	
6		5-1-37	单扇木门扇制作	m²	100.40	
7		5-1-38	单扇木门扇安装	m²	100.40	
8		9-4-1	底油一遍调合漆二遍单层木门	m²	100.40	
9		5-9-3-1	单扇木门配件（安执手锁）	樘	56	
			32+16+4+4	56		
10	37	020401005002	夹板装饰门；双扇夹板门，安执手锁，底油1遍调合漆2遍	m²		20.16
			8*M*3			
11		5-1-15	双扇木门框制作	m²	20.16	
12		5-1-16	双扇木门框安装	m²	20.16	
13		5-1-39	双扇木门扇制作	m²	20.16	
14		5-1-40	双扇木门扇安装	m²	20.16	
15		9-4-1	底油一遍调合漆二遍单层木门	m²	20.16	
16		5-9-3-1	单扇木门配件（安执手锁）	樘	8	
17	38	020402005002	塑钢门			1.89
			*M*7			
18		5-6-1	塑料平开门安装	m²	1.89	
19	39	020406007002	塑钢窗	m²		232.88
			C			
20		5-6-2	单层塑料窗安装	m²	232.88	
21	40	020108003001	水泥砂浆台阶面	m²		2.38
		室外	2.64×0.9			
22		9-1-11	1∶2.5砂浆台阶20	m²	2.38	
23	41	020108002001	块料台阶面；防滑地砖台阶	m²		1.08
		室内	1.2×0.9			
24		9-1-85	彩釉砖台阶	m²	1.08	
25	42	020101001002	水泥砂浆楼地面；地1	m²		81.40
		库房	*Z*5×2			
26		9-1-9-1	1∶2砂浆楼地面20	m²	81.40	
27		2-1-13′	C154商品混凝土无筋混凝土垫层	m³	4.88	
			*D*26×0.06			
28	43	020102002001	块料楼地面；地14，地面砖400×400	m²		89.91
		大厅、楼梯间	*Z*6×2+*Z*7−*D*23			
29		9-1-112	全瓷地板砖楼地面1600内	m²	92.67	
	1		*D*28	89.91		
	2	增门口	(2.38×2[M1]+1.2×4[M3]+1.92[MD])×0.24	2.755		
30		9-1-1	1∶3砂浆硬基层上找平层20	m²	89.91	
			*D*28			
31		2-1-13′	C154商品混凝土无筋混凝土垫层	m³	5.40	
			*D*28×0.06			
32	44	020102001002	石材楼地面；楼19，大理石800×800	m²		502.90
		2-6层办公	*Z*17×4+*Z*27×6			
33		9-1-36	水泥砂浆大理石楼地面	m²	502.90	

续表

序号		编号/部位	项目名称/计算式		工程量	
34		9-1-3×2	1∶3 砂浆找平层+5×2	m²	502.90	
35	45	020102002002	块料楼地面；楼 18，地面砖 400×400	m²		342.18
	1	2-6 层大厅	Z18×4+Z28×6	325.586		
	2	楼梯平台	2.4×1.13×6+1.2×0.27	16.596		
36		9-1-112	全瓷地板砖楼地面 1600 内	m²	355.33	
	1		D35	342.18		
	2	增门口	(0.9×38[M2]+1.2×8[M3]+0.77×4[M5]+0.88×4[M6] +0.9[M7])×0.24	12.312		
	3		0.7×10[M4]×0.12	0.84		
37		9-1-1	1∶3 砂浆硬基层上找平层 20	m²	355.33	
38		6-2-93	1.5 厚 LM 高分子涂料防水层	m²	355.33	
39		9-1-1	1∶3 砂浆硬基层上找平层 20	m²	355.33	
40	46	020102002003	块料楼地面；楼 18，地面砖 300×300	m²		30.85
	1	2/4 卫生间	2.21×1.62×4	14.321		
	2	3/5/6 卫生间	1.7×1.62×6	16.524		
41		9-1-82	1∶2.5 砂浆 10 彩釉砖楼地面 1200 内	m²	30.85	
42		9-1-1	1∶3 砂浆硬基层上找平层 20	m²	30.85	
43		6-2-93	1.5 厚 LM 高分子涂料防水层	m²	30.85	
44		9-1-1	1∶3 砂浆硬基层上找平层 20	m²	30.85	
45	47	020106002002	块料楼梯面层；楼 15，楼梯面砖 300×300	m²		59.15
	1	楼梯间	2.4×5.26×6	75.744		
	2	扣楼梯平台	−D35.2	−16.596		
	3	校核	D23+D25+D28+D32+D35+D40+D45−RJ=0.008[正确]			
46		9-1-84	彩釉砖楼梯	m²	59.15	
47		9-1-1	1∶3 砂浆硬基层上找平层 20	m²	59.15	
48	48	020105001002	水泥砂浆踢脚线；踢 1	m		69.76
	1	库房	(2×(3.06+5.5)+0.08×2−1.2)×2	32.16		
	2		(2×(4.34+5.5)+0.08×4−1.2)×2	37.6		
49		9-1-13	水泥砂浆踢脚线 20	m	69.76	
50	49	020105003001	块料踢脚线；踢 5 D51×0.15	m²		138.10
51		9-1-86	水泥砂浆彩釉砖踢脚板	m	920.66	
	1	大厅	(2×(7.64+6.06)+0.16×2−(2.38+2×1.2))×2	45.88		
	2	楼梯间	2×(2.4+4.06)−1.92	11		
	3	2/4 办公	(2×(3.06+5.26)−0.9)×4	62.96		
	4		(2×(3.06+4.5)−0.9)×4	56.88		
	5		(2×(4.24+2.76)−0.88)×4	52.48		
	6		(2×(3.16+2.76)−0.77)×4	44.28		
	7	3/5/6 办公	(2×(3.06+5.26)−0.9)×6	94.44		
	8		(2×(3.06+2.7)−0.9)×6	63.72		
	9		(2×(3.06+4.56)−0.9)×6	86.04		
	10		(2×(4.34+2.76)−0.9)×6	79.8		
	11	2/4 大厅	(2×(3.02+5.5)−2.4−(0.9+1.2))×4	50.16		
	12		(2×(4.34+4.5)−2.4−(0.9+0.7+0.77+0.88))×4	48.12		
	13	3/5/6 大厅	(2×(4.34+10)−(5×0.9+0.7))×6	140.88		

续表

序号		编号/部位	项目名称/计算式		工程量	
	14	2/4 梯间	(2×(2.4+5.26)−2×1.2)×2	25.84		
	15	3/5/6 梯间	(2×(2.4+5.26)−2×0.9)×3	40.56		
	16	顶层梯间	2×(2.4+5.26)−0.9	14.42		
	17	增一层柱	4×0.4×2	3.2		
52	50	020302001001	顶棚吊顶；轻钢龙骨，PVC 扣板	m^2		30.85
			*D*40			
53		9-3-33	装配式 U 形龙骨 600×600 一级	m^2	30.85	
54		9-3-127	顶棚 PVC 扣板	m^2	30.85	
55	51	020301001001	顶棚抹灰；棚 3	m^2		1160.86
	1		*RJ*−*D*52	1076.612		
	2	楼梯底面系数	(2.4×2.9+2.4×2.83×5)×0.31=12.685			
	3	梁侧 L1(2)	(3.06+3.02)×(0.17+0.13)×10=18.24			
	4	L2(2)	(2.98+2.94)×0.18×2×2=4.262			
	5	L3(4)	2(2.98×0.36+4.18×0.4)=5.49			
	6	L4(2)首层	4.34×0.22×2×2=3.819			
	7	L4(2)2/4 层	2.01×(0.22+0.18)×4=3.216			
	8	L4(2)3/5/6 层	2.52×(0.22+0.18)×6=6.048			
	9	L5(2A)	(3.82+1.68)×0.18×2×2=3.96			
	10	L6	2.76×0.18×2×8=7.949			
	11	L7	1.605×0.12×2×4[1/3 层]=1.541			
	12	L8	3.06×0.18×2×6=6.61			
	13	L9	3.02×0.18×2×10−0.62×0.18×2×2[2/4 层]=10.426			
	14		$\sum$	84.246		
56		9-3-3	现浇混凝土顶棚水泥砂浆抹灰	m^2	1160.86	
57		10-1-27	满堂钢管脚手架	m^2	181.65	
	1	一层	*R*1	172.388		
	2	顶层楼梯	2.4×(5.26−1.4)	9.264		
58	52	020507001001	刷喷涂料；顶棚刮腻子，乳胶漆二遍	m^2		1160.86
			*D*55			
59		9-4-151	室内顶棚刷乳胶漆二遍	m^2	1160.86	
60		9-4-209	顶棚、内墙抹灰面满刮腻子二遍	m^2	1160.86	
61	53	020204003001	块料墙面；贴瓷砖	m^2		168.55
	1	2/4 卫生间	(2×(2.21+1.62)×2.6−*M*4)×4	73.784		
	2	3/5/6 卫生间	(2×(1.7+1.62)×2.6−*M*4)×6	94.764		
62		9-2-184	墙面砂浆粘贴瓷砖 200×300		168.55	
63		10-1-22-1	装饰钢管脚手架 3.6m 内	m^2	183.25	
	1	2/4 卫生间	2×(2.21+1.62)×2.6×4	79.664		
	2	3/5/6 卫生间	2×(1.7+1.62)×2.6×6	103.584		
64	54	020201001001	墙面一般抹灰；混合砂浆 7+7+7，内墙 4	m^2		2835.63
	1	库房	((2×(3.06+5.5)+0.16)×3.88−*C*1−*M*3)×2=124.553			
	2		((2×(4.34+5.5)+0.32)×3.88−*C*1−*M*3)×2=145.66			
	3	大厅	((2×(7.64+6.06)+0.32)×3.88−*C*1−*M*1−2*M*3)×2=189.107			
	4	楼梯间	2×(2.4+4.06)×3.88−*MD*=46.41			
	5	2/4 层办公	(2×(3.06+5.26)×2.88−*C*1−*M*2)×4=175.133			
	6		(2×(3.06+4.5)×2.88−2*C*1−*M*2)×4=148.622			

续表

序号		编号/部位	项目名称/计算式		工程量	
	7		(2×(4.24+2.76)×2.88−C1−M6)×4=144.88			
	8		(2×(3.16+2.76)×2.88−C1−M5)×4=120.917			
	9	3/5/6层办公	(2×(3.06+5.26)×2.88−C1−M2)×6=262.699			
	10		(2×(3.06+2.7)×2.88−C1−M2)×6=174.226			
	11		(2×(3.06+4.56)×2.88−C1−M2)×6=238.507			
	12		(2×(4.34+2.76)×2.88−C1−M2)×6=220.536			
	13	2/4层大厅	((2×(3.02+5.5)−2.4)×2.88−C2−M2−M3)×4=118.413			
	14		((2×(4.34+4.5)−2.4)×2.88−C1−M2−M4−M5−M6)×4 =139.706			
	15	3/5/6层大厅	(2×(4.34+10)×2.88−C2−5M2−M4)×6=381.17			
	16	2/4楼梯间	(2×(2.4+5.26)×2.92−C3−2M3)×2=66.429			
	17	3/5/6楼梯间	(2×(2.4+5.26)×2.92−C3−2M2)×3=103.423			
	18	顶层楼梯间	2×(2.4+5.26)×2.6−C3−M7=31.462			
	19		$\sum$	2831.853		
	20	校核	H19+D61−Y2=0.003[合格]			
	21	扣楼梯台	−(1.4×2+1.2)×0.48	−1.92		
	22	增底层楼梯墙	1.2×1.76×2	4.224		
	23	一层梯板高	(0.25^2+0.16^2)^0.5×0.1/0.25+0.16/2=0.199			
	24	2-6层梯板高	(0.27^2+0.15^2)^0.5×0.1/0.27+0.15/2=0.189			
	25	扣楼梯板	−2.5×(H23−0.08)−2.43×(H24−0.08)×5	−1.622		
	26	一层80板下	(4.34+2×2.5)×0.04×2	0.747		
	27	2/4层80板下	(2.01+1.74×2)×0.04×2×2	0.878		
	28	3/5/6层80板下	(2.64+1.74×2)×0.04×2×3	1.469		
65		9-2-31	砖墙面墙裙混合砂浆14+6	m²	2835.63	
66		9-2-106×1	1∶0.5∶2混合砂浆装饰抹灰+1	m²	2835.63	
67		10-1-22-1	装饰钢管脚手架3.6m内	m²	2721.36	
	1	2/4层办公	2×(3.06+5.26)×2.88×4=191.693			
	2		2×(3.06+4.5)×2.88×4=174.182			
	3		2×(4.24+2.76)×2.88×4=161.28			
	4		2×(3.16+2.76)×2.88×4=136.397			
	5	3/5/6层办公	2×(3.06+5.26)×2.88×6=287.539			
	6		2×(3.06+2.7)×2.88×6=199.066			
	7		2×(3.06+4.56)×2.88×6=263.347			
	8		2×(4.34+2.76)×2.88×6=245.376			
	9	2/4层大厅	(2×(3.02+5.5)−2.4)×2.88×4=168.653			
	10		(2×(4.34+4.5)−2.4)×2.88×4=176.026			
	11	3/5/6层大厅	2×(4.34+10)×2.88×6=495.59			
	12	2/4楼梯间	2×(2.4+5.26)×2.92×2=89.469			
	13	3/5/6楼梯间	2×(2.4+5.26)×2.92×3=134.203			
	14	顶层楼梯间	2×(2.4+5.26)×2.6=39.832			
	15		$\sum$	2762.653		
	16	扣顶层满堂	−(2.4+3.86×2)×4.08	−41.29		
68	55	020202001001	柱面一般抹灰：混合砂浆7+7+7，内墙4 0.4×4×3.88×2	m²		12.42
69		9-2-38	矩形砖柱混合砂浆14+6	m²	12.42	

续表

序号		编号/部位	项目名称/计算式		工程量	
70		9-2-106×1	1∶0.5∶2 混合砂浆装饰抹灰+1	m²	12.42	
71	56	020507001002	刷喷涂料；墙面刮腻子，乳胶漆二遍 D64+D68	m²		2848.05
72		9-4-152	室内墙柱光面刷乳胶漆二遍	m²	2848.05	
73		9-4-209	顶棚、内墙抹灰面满刮腻子二遍	m²	2848.05	
74	57	020201001002	墙面一般抹灰；外墙 9	m²		1050.32
	1	一层外墙	W1×4.05−2M1−6C1−MD1+(1.2×2+2.88)×1.59	208.823		
	2	外廊板下墙	(3.06+3.02+0.96)×0.17×2	2.394		
	3	2-6 层外墙	W×16.35−(C−10C1)	753.616		
	4	顶层楼梯外墙	WW×2.65−(2.88+0.48)×(1.1−0.35)−M7	41.276		
	5	女儿墙内侧	(L−0.96-2.88)×0.85	46.036		
	6	扣坡道台阶	−2.38×0.3×2−2.64×0.15	−1.824		
75		9-2-20	砖墙面墙裙水泥砂浆 14+6	m²	1050.32	
76		9-2-54×−4	1∶3 水泥砂浆抹灰层−1×4	m²	1050.32	
77		9-2-55×2	1∶2.5 水泥砂浆抹灰层+1×2	m²	1050.32	
78	58	020203001001	零星项目一般抹灰；外墙 9	m²		54.69
	1	女儿墙压顶	(L−2.88)×0.5	27.56		
	2	一层外挑梁板	6.56×1.2×2+2.88×1.2	19.2		
	3	内侧	(3.06+3.02+0.96×3)×0.17×2	3.046		
	4	楼梯墙压顶	LW×0.3	4.884		
79		9-2-25	零星项目水泥砂浆 14+6	m²	54.69	
80		9-2-54×−4	1∶3 水泥砂浆抹灰层−1×4	m²	54.69	
81		9-2-55×2	1∶2.5 水泥砂浆抹灰层+1×2	m²	54.69	
82	59	020507001003	刷喷涂料；外墙面丙烯酸涂料（一底二涂） D74+D78	m²		1105.01
83		9-4-184	抹灰外墙面丙烯酸涂料（一底二涂）	m²	1105.01	
84	60	020107001002	金属扶手带栏杆、栏板；不锈钢管栏杆	m		56.43
	1	楼梯栏杆	(2.75×2+2.7×2×5)×1.15+0.3×11+1.35	42.025		
	2	息板栏杆	2.4×6	14.4		
85		9-5-203	不锈钢管扶手不锈钢栏杆	m	56.43	
86		9-5-204	不锈钢管扶手弯头另加工料	个	24	

计算式详解：

（1）第 35～39 号清单（1～20 项）——门窗：由门窗表分项调入。

（2）第 40 号清单（21～22 项）——地砖台阶面：按实铺水平投影面积计算。

（3）第 41 号清单（23～24 项）——水泥砂浆台阶面：按实铺水平投影面积计算。

（4）第 42～47 号清单（25～47 项）——楼地面：清单量由基数得出。第 47 项是由于彩釉砖楼梯的定额消耗量中只考虑了 10 厚的水泥砂浆座浆，按做法要求是 30 厚 1∶3 干硬性水泥砂浆结合层，故增加了 20 厚 1∶3 水泥砂浆找平层（不考虑踏步立面的厚度增加）。最后由基数中的总地面面积 RJ 进行校核，见第 45.3 计算式 $=D23+D25+D28+D32+D35+D40+D45-RJ=0.008$［正确］。其中 $D23$、$D25$、$D28$ 为三种地面工程量，$D32$、$D35$、$D40$、$D45$ 为 4 种楼面工程量，它们之和应等于 6 个辅助计算表得出的总量 $Y3$。通过 $Y3=RJ$，也同时验证了基数与辅助计算表结果的一致性。

（5）第 48、49 号清单（48～51 项）——踢脚线：分水泥砂浆和彩釉砖踢脚板两种，一次由实物量计算索引调入，再通过剪切，分配到不同清单中。彩釉砖踢脚板的清单计量单位为 m^2，实物量按 m 计算，要进行折算。

(6) 第 50 号清单（52～54 项）——顶棚吊顶：同第 40 项卫生间地面量。

(7) 第 51-52 号清单（55、60 项）——顶棚抹灰、喷浆，分 5 步计算：

第 1 步：用 $RJ-D52$（总地面面积－吊顶顶棚）得出顶棚抹灰总量；

第 2 步：用楼梯的水平投影量乘 0.31 系数（定额规定）得出楼梯斜底及梯梁侧面抹灰增加量；

第 3 步：第 3～13 行计算各房间梁的侧面抹灰量；

第 4 步：计算满堂脚手。一层和顶层楼梯间的地面至顶棚的高度均超过 3.6m，应计算满堂脚手架，同时在墙面抹灰中应扣除此段楼梯间的墙面抹灰脚手；

第 5 步：58～60 项计算刷喷涂料面积，同抹灰面。

(8) 第 53～56 号清单（61～73 项）——内墙粉饰：08 规范中工程量清单的墙面抹灰计算规则是高度算至顶棚底面；而定额的计算规则是有顶棚的，其高度至顶棚底面另加 100mm 计算。山东省定额站于 2008 年 10 月在山东省建筑工程量清单计价办法中进行了勘误，将清单计算规则改为同定额一致。本书按此规定进行计算。

1) 内墙装饰分贴瓷砖、墙面抹灰和柱面抹灰，一次由实物量计算索引调入，再通过剪切，分配到贴瓷砖和墙面抹灰清单中。对内墙装饰进行校核，结果为 $H19+D60-Y2=0.003$（见 64 项第 20 行）。

2) 第 63、67 项分别计算贴瓷砖、墙面抹灰的装饰脚手架，一次由实物量计算索引调入。注意此处要扣楼梯间的墙面抹灰脚手，即由息板开始到最上一步踏步。

(9) 第 57～59 号清单（74～83 项）——外粉饰：分别按 $W1$、W、WW 三个基数乘高度，扣除外墙门窗洞口得出。女儿墙压顶和一层外挑梁板抹灰按零星项目一般抹灰计算。

(10) 第 60 号清单（84～86 项）——不锈钢管栏杆：按延长米计算。式中 1.15 为楼梯斜长系数，0.3 为楼梯拐角长度。每层按 4 个拐角计算，6 层共 24 个弯头。

复习思考题

(1) 简述工程中采用现浇混凝土和商品混凝土组价不同的处理方法。

(2) 掌握关于项目特征描述的原则。

(3) 掌握换算定额、标号换算、倍数换算、商品混凝土及扣胶合板设定的调用方法。

(4) 了解本教程对台阶的处理方法。

(5) 掌握构件清单表作用和应用方法，了解圈梁、板、梁、柱相交时混凝土归属情况的计算规则。

(6) 掌握构造柱的计算规则。

(7) 熟练掌握构造柱表（H 表）的使用方法。

(8) 熟练掌握屋面表（L 表）的使用方法。

(9) 熟练掌握室内装修表（J 表）的使用方法。

(10) 参考本章中各分部工程量的计算详解，掌握有关工程量的计算方法和步骤。

(11) 上机实习：参照本章中的编制说明，计算本书附录中商务楼的工程量。

6　商务楼工程量清单招标控制价的编制

6.1　招标控制价简述

08规范提出了招标控制价的概念，它具有两个特点：一是投标的最高限价（包括总价和分项的综合单价），尤其是对综合单价的限价，可有效防止属于恶意竞争的不平衡报价；二是统一的编制依据是定额和主管部门公布的计价依据和计价规定（定额）以及工程造价信息，从而确定了它的唯一性。

招标控制价疑似标的，但与标的不同。按招投标法规定，标的是不公开的，但招标控制价必须公开，而且不能只公布总价，还要公布招标控制价各组成部分的详细内容，以便投标人对不符合规定的部分进行投诉。

03规范提出的工程量清单避免了所有投标人按同一图纸计算工程量的重复劳动，节省了大量的社会财富和时间，这是计价改革的第一步，但需要投标人回答清单项目要报多少钱。08规范推出了让招标人编制招标控制价，并将其组成部分的详细内容予以公布。这样一来，投标人心里有了底，只是依据招标控制价来确定能降多少钱，又可以节省大量社会财富和时间，这无疑又是计价改革前进的一大步。

总的来说，计价改革的目的应当是简化招投标报价的程序，让大多数人不再做重复劳动。但事实上并非如此，招标人总想自己省事，总想让所有投标者做一些重复工作，历年来，把风险推给投标者的习惯做法不易改变。因此，加大清单计价的宣传力度，认真全面执行招标控制价的有关规定十分重要。

6.1.1　计算综合单价的方法

在03规范宣贯辅导教材中采用了这两种综合单价的计算方法：在建筑案例中主要采用的是正算法，在安装案例中主要采用的是反算法。

"正算"是指表中的数量是一个清单计量单位的工程量，是定额工程量被清单工程量相除得出的。该工程量乘以消耗量定额的人工、材料和机械单价得出组成综合单价的分项单价，当有多项定额组成时，其和即为综合单价中人工、材料、机械的单价，然后统一计算出管理费和利润，则得出的合计值即为综合单价。

"反算"是指表中的数量是清单总量所包含的定额工程量。该工程量乘以定额的人工、材料、机械单价得出人材机费，再据此计算其管理费和利润，故表中的合计值为总价，再被清单工程量相除，得出综合单价。

那么，正算、反算两种计算方法分别适应于什么情况下呢？因为计算综合单价是利用定额价求出清单价，所以根据组成清单的定额可分三种情况：

（1）清单与定额量计算规则和计量单位均相同，工程量一致，不需换算；

（2）清单与定额量计算规则相同，计量单位不同，工程量按倍数换算，影响精度；

（3）清单与定额量计算规则和计量单位均不相同，如灌注桩，清单工程量按m计算，定额工程量分桩身和桩头按$10m^3$计算。

在第一种情况下，工程量均按单位量计算，适用于正算法，即直接按定额单价求出清单的综合单价。在第二、三种情况下，一个单位清单的工程量与定额单位工程量不同，要把定额量折成单位清单量，则产生小数位取定问题，影响精度，故适用于反算法，即采取定额总量计算得出总价，再被清单量除，得出综合单价。

08 规范宣贯辅导教材第 135 页表 09 的灌注桩例题，清单的单位是 m，而桩芯和护壁混凝土定额的单位是 $10m^3$，符合第三种情况，但教材中采用了正算法，参见表 6-1。

正算法工程量清单综合单价分析表 **表 6-1**

项目编码	010201003001		项目名称		混凝土灌注桩				计量单位		m
清单综合单价组成明细											
定额编号	定额名称	定额单位	数量	单价				合价			
				人工费	材料费	机械费	管理费和利润	人工费	材料费	机械费	管理费和利润
AB0291	挖孔桩芯混凝土 C25	$10m^3$	0.0571	946.89	2893.72	83.50	292.73	54.07	165.24	4.77	16.72
AB0284	挖孔桩护壁混凝土 C20	$10m^3$	0.02295	963.17	2812.73	86.32	298.38	22.10	64.55	1.98	6.85
人工单价		小计						76.17	229.79	6.75	23.57
元/工日		未计价材料费									
清单项目综合单价								336.27			
材料费明细	主要材料名称、规格、型号			单位		数量		单价（元）	合价（元）	暂估单价（元）	暂估合价（元）
	C25 混凝土			m^3		0.58		275.97	160.06		
	C20 混凝土			m^3		0.252		250.74	63.19		
	水泥 42.5			kg		(276.09)		0.571	(157.65)		
	中砂			m^3		(0.385)		83	(31.96)		
	砾石 5～40mm			m^3		(0.732)		46	(33.67)		
	其他材料费							—	6.54	—	
	材料费小计							—	229.79	—	

该表的数量是一个单位清单的量，从教材第 120 页表-08 工程量清单表中得知该项清单的工程量为 420m，但定额行中的数量 0.571 和 0.02295 如何得出，却没有交代。没有清单总量和定额总量是该表的两大缺陷。所以有的专家在讲解 08 清单时，给出了“反算法”的格式。反算实例取自 08 规范宣贯会议资料（参见表 6-2）。

反算法工程量清单综合单价分析表 **表 6-2**

项目编码	010201003001		项目名称		混凝土灌注桩				计量单位		m
清单综合单价组成明细											
定额编号	定额名称	定额单位	数量	单价				合价			
				人工费	材料费	机械费	管理费和利润	人工费	材料费	机械费	管理费和利润
AB0291	挖孔桩芯混凝土 C25	$10m^3$	23.98	946.89	2893.72	83.50	292.73	22706.42	69391.41	2002.33	7019.67

续表

<table>
<tr><td colspan="2">项目编码</td><td colspan="2">010201003001</td><td colspan="2">项目名称</td><td colspan="4">混凝土灌注桩</td><td>计量单位</td><td>m</td></tr>
<tr><td colspan="12">清单综合单价组成明细</td></tr>
<tr><td rowspan="2">定额编号</td><td rowspan="2">定额名称</td><td rowspan="2">定额单位</td><td rowspan="2">数量</td><td colspan="4">单价</td><td colspan="4">合价</td></tr>
<tr><td>人工费</td><td>材料费</td><td>机械费</td><td>管理费和利润</td><td>人工费</td><td>材料费</td><td>机械费</td><td>管理费和利润</td></tr>
<tr><td>AB0284</td><td>挖孔桩护壁混凝土 C20</td><td>10m³</td><td>9.635</td><td>963.17</td><td>2812.73</td><td>86.32</td><td>298.38</td><td>9280.14</td><td>27100.65</td><td>831.69</td><td>2874.89</td></tr>
<tr><td colspan="2">人工单价</td><td colspan="6">小计</td><td colspan="4">141207.20</td></tr>
<tr><td colspan="2">元/工日</td><td colspan="6">未计价材料费</td><td colspan="4"></td></tr>
<tr><td colspan="8">清单项目综合单价</td><td colspan="4">336.27</td></tr>
<tr><td rowspan="8">材料费明细</td><td colspan="4">主要材料名称、规格、型号</td><td>单位</td><td colspan="2">数量</td><td>单价(元)</td><td>合价(元)</td><td>暂估单价(元)</td><td>暂估合价(元)</td></tr>
<tr><td colspan="4">C25 混凝土</td><td>m³</td><td colspan="2">0.58</td><td>275.97</td><td>160.06</td><td></td><td></td></tr>
<tr><td colspan="4">C20 混凝土</td><td>m³</td><td colspan="2">0.252</td><td>250.74</td><td>63.19</td><td></td><td></td></tr>
<tr><td colspan="4">水泥 42.5</td><td>kg</td><td colspan="2">(276.09)</td><td>0.571</td><td>(157.65)</td><td></td><td></td></tr>
<tr><td colspan="4">中砂</td><td>m³</td><td colspan="2">(0.385)</td><td>83</td><td>(31.96)</td><td></td><td></td></tr>
<tr><td colspan="4">砾石 5～40mm</td><td>m³</td><td colspan="2">(0.732)</td><td>46</td><td>(33.67)</td><td></td><td></td></tr>
<tr><td colspan="7">其他材料费</td><td>—</td><td>6.54</td><td>—</td><td></td></tr>
<tr><td colspan="7">材料费小计</td><td>—</td><td>229.79</td><td>—</td><td></td></tr>
</table>

两者的区别是数量不同和计算方法不同。正算的数量是单位清单量（23.98/420＝0.0571）乘单价得出综合单价。为了计算准确和折合成定额单位，竟保留了四五位小数（如 0.02295）。

反算的数量是原计算数量，既保留了原始数据，又省去换算为清单单位数量的计算，但得出的是合价（141207.20）而不是单价，最后再被清单量（420）除，得出综合单价。

以上两种算法的共同缺陷是均未表示工程量清单的项目特征、数量，未说明管理费和利润率（经反求得出其管理费和利润率为 28.42%，计费基础是人工费＋机械费）。

正算的缺点是：当定额和清单单位不同时，求出的单位清单量不精确，造成综合单价不准确。

正算的优点是：直接得出综合单价的分析量。

反算的缺点是：在表中不显示综合单价的分析量，需要反求得出。

反算的优点是：不必求单位清单量，直接用定额的实际用量，这样反求的清单单价准确。

6.1.2 采用统一法计算综合单价

统一法选取了正算、反算两种方法的优点：工程量同反算，分析量同正算，采用的是按定额量算出的人工、材料和机械价被清单量除得出的清单单价组成。如果手工计算，则计算过程较多，由计算 1 项工程量改为计算 3 项人、材、机单价，但使用计算机计算则无所谓。

统一法对表 6-1 的数据进行了如下改动，参见表 6-3（格式与《山东省建设工程工程量清单计价规则》完全一致）：

（1）数量栏填写的是原计算数量（定额），既保留了原始数据，又省去换算为清单单位数量的计算，因为这种计算会由于小数位的取舍而影响结果。例如第 2 行的数量是反求得出：23.98＝0.0571×420。

（2）减去了单价列，因为此列可反求得出。例如人工费 54.07 的原单价按原表反求得：

54.07/0.0571＝946.94，与本表反求得 54.07×420/23.98＝947.01 和人工费单价 946.89 近似。

（3）增加了计费基础列，从本表可看出计费基础是人工加机械。如缺少此列，则不易看出是直接费还是人工费还是人工加机械。尤其是山东规定要统一以省定额价作为计费基础，添加此列更有必要。

（4）人工、材料和机械费的计算方法是数量乘单价再被清单量除，因为它表示的是单价组成。例如第 2 行的人工费是 23.98×946.89（单价）/420（清单量）＝54.07。

（5）取消了材料费明细，而恢复了 03 规范的主要材料价格表。原表 09 的格式仅适用于清单项目少的专业工程（如水利、公路工程），一般建筑工程的清单达上百项，而且类似项目很多，每个清单均做雷同的材料明细表，确实没有必要，不应如此浪费大量纸张和无端耗费人的精力。

统一法工程量清单综合单价分析表 **表 6-3**

项目编码（定额编号）	项目名称及特征	单位	数量	综合单价组成					综合单价
				人工费	材料费	机械费	计费基础	管理费和利润	
010201003001	混凝土灌注桩；42 根，9m × 1m，C20 护壁，1m×1.1m，桩头 C25	m	420.00	76.17	229.79	6.75	82.92	23.57	336.27
AB0291	挖孔桩芯混凝土 C25	$10m^3$	23.98	54.07	165.24	4.77	58.84	16.72	
AB0284	挖孔桩护壁混凝土 C20	$10m^3$	9.639	22.10	64.55	1.98	24.08	6.85	

6.1.3 山东工程量清单计价规则与 08 规范的区别

08 规范发布以来各省陆续出台了相应的计价规则，由于本教材依据山东省计价规则来编写，现将它们在编制招标控制价的区别列举如下：

（1）将 08 规范的“宜采用单价合同”改为“应采用单价合同”，其意义在于强调综合单价在招标控制价中的重要性。总价合同与整个 08 规范是格格不入的，它否定了清单工程量的准确性和完整性由招标方负责的强制性基本原则，否定了整个建设过程中关于调整、索赔以及按实际完成量结算的一切规定，只是为了图招标方省事而把一切风险推给投标人。山东省计价规则强调应执行单价合同可以改变现行招投标过程中只评总价而不重视单价的现象。

（2）将安全文明施工从措施项目调到规费中去。

（3）08 规范的专业工程暂估价，在条文解释中是包括除规费和税金以外的综合费用，并列入其他项目中，而山东省计价规则将包含规费和税金的全费价仅用来作为计取总承包服务费的基础，而不列入本工程总价中。

（4）08 规范在条文中解释专业工程暂估价总承包服务费的计算标准是 1.5%～5%，山东省计价规则为 3%；对招标人自行供应材料的总承包服务费的计算标准是 1%，而山东省计价规则没有明确规定，暂不列出。

（5）山东省计价规则将工程量清单与计价表（表 6-8、表 6-9）中的项目名称和项目特征描述两列合并为一列。

（6）综合单价分析表（表 6-10、表 6-11）改动较大，山东省计价规则将 08 规范的一个清单项一张表改为一张表可列多项清单，同时取消单价列部分和材料费明细等，另外增加了主要工料机汇总表。

6.2 招标控制价编制总说明

表 6-4 为招标控制价编制总说明。

招标控制价编制总说明 **表 6-4**

1. 工程概况：本工程建设地点位于济南市某路 20 号。工程为 6 层。建筑面积：1291.41m²，建筑檐高：19m。结构类型：砖混结构，基础为钢筋混凝土满堂基础。

2. 招标控制价包括范围：施工图范围内的建筑、装饰工程。

3. 招标控制价编制依据

（1）招标文件提供的工程量清单及有关计价要求。

（2）工程施工设计图纸及相关资料。

（3）《山东省建筑工程消耗量定额》（2011 价目表）及相应计算规则、费用定额。

（4）建设项目相关的标准、规范、技术资料。

（5）工程类别判断依据及工程类别：依据建筑项目施工图建筑面积审核表、《山东省建筑安装工程费用项目组成及计算规则》，确定本工程类别为Ⅲ类，建筑部分管理费率 5%，利润率 3.1%，以 2011 年省价直接费为计费基础；装饰部分管理费率 49%，利润率 16%，以 2011 年省价人工费为计费基础。

（6）人工工日单价、施工机械台班单价按工程造价管理机构现行规定计算。本例中人工工日单价按 53 元/工日计算。材料价格采用省 2011 年价目表价格，对于没有发布信息价格的材料，其价格参照市场价确定。

（7）费用计算中各项费率按工程造价管理机构现行规定计算。省费用计算规则中注明“按工程所在地设区市相关规定”的采用济南市规定，即：工程排污费 0.26，住房公积金 0.2，危险作业意外伤害保险 0.15。

（8）材料暂估价——本工程按甲方供料的泵送商品混凝土计价。按信息价计算，结算时按实际价格调整并按招标人供应材料价值的 1%另加收材料现场保管费。

（9）专业工程暂估价——本工程的塑钢门窗和金属卷帘门列为专业工程暂估价，不列入工程总价内，仅按分包的专业工程结算造价的 3%加收总承包服务费列入总价。

（10）暂列金额——按分部分项工程量清单费的 10%计取。

（11）工料机汇总表按合计值大于 100 元列出主要部分。

（12）凡合价一律按元取整。

（13）因目前尚未发布脚手架和模板的清单编码和列项，故本工程按定额号作为项目编码计算其综合单价。

6.3 工程项目招标控制价汇总表

表 6-5 为工程项目招标控制价汇总表。

工程项目招标控制价汇总表 **表 6-5**

序号	单项工程名称	金额（元）	其中（元）		
			暂列金额及特殊项目暂估价	材料暂估价	规费
1	建筑	940444	57592	95481	54103
2	装饰	588954	46069	2440	37482
合计		1529398	103661	97921	91585

6.4 单位工程招标控制价汇总表

单位工程招标控制价汇总表见表 6-6、表 6-7。

建筑单位工程招标控制价汇总表 **表 6-6**

工程名称：商务楼工程建筑

序号	项目名称	金额（元）	其中：暂估价（元）
1	分部分项工程费	575921	93096
2	措施项目费	219483	2385
2.1	措施项目费（一）	12671	
2.2	措施项目费（二）	206812	
3	其他项目费	59310	

续表

序号	项目名称	金额（元）	其中：暂估价（元）
3.1	暂列金额	57592	
3.2	特殊项目费		
3.3	计日工	1718	
3.4	总承包服务费		
4	规费	54103	
5	税金	31627	
合计		940444	

装饰单位工程招标控制价汇总表 **表 6-7**

工程名称：商务楼工程装饰

序号	项目名称	金额（元）	其中：暂估价（元）
1	分部分项工程费	460694	2440
2	措施项目费	22861	
2.1	措施项目费（一）	14408	
2.2	措施项目费（二）	8453	
3	其他项目费	48110	
3.1	暂列金额	46069	
3.2	特殊项目费		
3.3	计日工		
3.4	总承包服务费	2041	
4	规费	37482	
5	税金	19806	
合计		588954	

6.5 分部分项工程量清单与计价表

分部分项工程量清单与计价表见表 6-8、表 6-9。

建筑分部分项工程量清单与计价表 **表 6-8**

工程名称：商务楼工程建筑

序号	项目编码	项目名称及特征描述	计量单位	工程量	金额（元）		
					综合单价	合价	其中：暂估价
1	010101001001	平整场地	m^2	196.48	0.96	189	
2	010101003001	挖基础土方；坚土，2m 内	m^3	290.59	36.28	10543	
3	010103001001	土方回填	m^3	187.43	33.19	6221	
4	010301001001	砖基础；M10 砂浆	m^3	22.81	286.21	6528	
5	010302001001	实心砖墙；粉煤灰轻质砖墙 240，M7.5 混浆	m^3	400.53	299.42	119927	
6	010302001002	实心砖墙；粉煤灰轻质砖墙 120，M7.5 混浆	m^3	9.81	326.80	3206	
7	010401003001	满堂基础；C20	m^3	101.73	297.42	30257	24265
8	010401006001	垫层；C15	m^3	23.30	314.21	7321	5530
9	010402001001	矩形柱；C25	m^3	1.60	388.72	622	408
10	010402001002	矩形柱；构造柱，C25	m^3	44.35	403.60	17900	11309
11	010403002001	矩形梁；挑梁，C25	m^3	0.29	356.65	103	75

续表

序号	项目编码	项目名称及特征描述	计量单位	工程量	金额（元）		
					综合单价	合价	其中：暂估价
12	010403004001	圈梁；C25	m^3	29.38	407.02	11958	7604
13	010403005001	过梁；C25	m^3	9.23	425.94	3931	2389
14	010405001001	有梁板；C25	m^3	113.05	347.38	39271	29260
15	010405003001	平板；C25	m^3	28.38	351.80	9984	7345
16	010405008001	雨篷；C25	m^3	0.10	556.37	56	38
17	010406001001	直形楼梯；C25	m^2	62.21	84.41	5251	3356
18	010407001001	其他构件；压顶，C25	m^3	3.11	442.60	1376	805
19	010407001002	其他构件；混凝土台阶，C20	m^3	0.54	474.53	256	129
20	010407002001	散水；混凝土散水（L03J004-5/3）	m^2	40.93	62.65	2564	583
21	010407002002	坡道；混凝土坡道 L03J004-1/27	m^2	11.92	67.05	799	
22	010416001001	现浇混凝土钢筋；砌体加固筋	t	1.276	6342.85	8093	
23	010416001002	现浇混凝土钢筋；Ⅰ级钢	t	14.036	5957.69	83622	
24	010416001003	现浇混凝土钢筋；Ⅱ级钢	t	26.419	5402.47	142728	
25	010416001004	现浇混凝土钢筋；冷轧带肋钢筋	t	0.013	6629.69	86	
26	010417002001	预埋铁件	t	0.115	8212.48	944	
27	010702001001	屋面卷材防水；防滑地砖，改性沥青卷材，LM 高分子涂料防水，1∶3 砂浆找平 20	m^2	202.93	175.74	35663	
28	010702003001	屋面刚性防水；1∶3 水泥砂浆找坡，改性沥青卷材，防水砂浆	m^2	17.22	74.73	1287	
29	010702004001	屋面排水管；塑料水落管 ϕ100	m	39.80	29.28	1165	
30	010803001001	保温隔热屋面；现浇水泥珍珠岩 1∶8，聚氨酯发泡保温层 40	m^2	185.92	109.35	20330	
31	AB001	竣工清理	m^3	4065.75	0.92	3740	
合计						575921	93096

装饰分部分项工程量清单与计价表 **表 6-9**

工程名称：商务楼工程装饰

序号	项目编码	项目名称及特征描述	计量单位	工程量	金额（元）		
					综合单价	合价	其中：暂估价
1	020101001002	水泥砂浆楼地面；地 1	m^2	81.40	36.44	2966	1158
2	020102001001	石材楼地面；楼 19，大理石 800×800	m^2	502.90	200.69	100927	
3	020102002001	块料楼地面；地 14，地面砖 400×400	m^2	89.91	126.11	11339	1282
4	020102002002	块料楼地面；楼 18，地面砖 400×400	m^2	342.18	167.87	57442	
5	020102002003	块料楼地面；楼 18，地面砖 300×300	m^2	30.85	126.92	3915	
6	020105001002	水泥砂浆踢脚线；踢 1	m	69.76	5.18	361	
7	020105003001	块料踢脚线；踢 5	m^2	138.10	88.31	12196	
8	020106002001	块料楼梯面层；楼 15，楼梯面砖 300×300	m^2	59.15	111.28	6582	
9	020107001002	金属扶手带栏杆．栏板；不锈钢管栏杆	m	56.43	914.92	51629	
10	020108002001	块料台阶面；防滑地砖台阶	m^2	1.08	90.62	98	
11	020108003001	水泥砂浆台阶面	m^2	2.38	35.53	85	
12	020201001001	墙面一般抹灰；混合砂浆 7＋7＋7，内墙 4	m^2	2835.63	17.65	50049	
13	020201001002	墙面一般抹灰；外墙 9	m^2	1050.32	17.42	18297	
14	020202001001	柱面一般抹灰；混合砂浆 7＋7＋7，内墙 4	m^2	12.42	21.76	270	

续表

序号	项目编码	项目名称及特征描述	计量单位	工程量	金额（元）		
					综合单价	合价	其中：暂估价
15	020203001001	零星项目一般抹灰；外墙 9	m²	54.69	62.41	3413	
16	020204003001	块料墙面；贴瓷砖	m²	168.55	74.39	12538	
17	020301001001	顶棚抹灰；棚 3	m²	1160.86	18.86	21894	
18	020302001001	顶棚吊顶；轻钢龙骨，PVC 扣板	m²	30.85	140.06	4321	
19	020401005001	夹板装饰门；单扇夹板门，安执手锁，底油一遍调合漆二遍	m²	100.40	267.91	26898	
20	020401005002	夹板装饰门；双扇夹板门，安执手锁，底油一遍调合漆二遍	m²	20.16	230.46	4646	
24	020507001001	刷喷涂料；顶棚刮腻子，乳胶漆二遍	m²	1160.86	13.34	15486	
25	020507001002	刷喷涂料；墙面刮腻子，乳胶漆二遍	m²	2848.05	12.56	35772	
26	020507001003	刷喷涂料；外墙面丙烯酸涂料（一底二涂）	m²	1105.01	17.71	19570	
		合计				460694	2440
		专业工程全费价					
21	020402005001	塑钢门	m²	1.89	344.90	652	
22	020403003001	防火卷帘门	樘	2.00	4337.94	8676	
23	020406007001	塑钢窗	m²	232.88	252.15	58721	
		合计				67449	

注：全费价是指包含措施费、规费和税金的全费用价格，用来计取总承包服务费。

6.6 工程量清单综合单价分析表

工程量清单综合单价分析表见表 6-10、表 6-11。

建筑工程量清单综合单价分析表 **表 6-10**

工程名称：商务楼工程建筑

序号	项目编码	项目名称	单位	工程量	综合单价组成			
					人工费	材料费	机械费	计费基础
1	010101001001	平整场地	m²	196.48	0.09		0.80	0.88
	1-4-2	机械场地平整	10m²	32.56	0.09		0.80	0.88
2	010101003001	挖基础土方；坚土，2m 内	m³	290.59	7.87	0.13	25.55	33.55
	1-3-15	挖掘机挖坚土自卸汽车运 1km 内	10m³	29.024	0.48	0.05	13.82	14.35
	1-2-3-2	人工挖机械剩余 5%坚土深 2m 内	10m³	1.528	2.42			2.42
	1-3-47	挖掘机装土方	10m³	1.528	0.02		0.08	0.10
	1-3-57	自卸汽车运土方 1km 内	10m³	1.528	0.01		0.35	0.36
	1-3-58×9	自卸汽车运土方增运 1km×9	10m³	30.552			11.30	11.30
	1-4-4-1	基底钎探（灌砂）	十眼	23.30	4.94	0.08		5.02
3	010103001001	土方回填	m³	187.43	4.60	0.07	26.03	30.70
	1-4-13	槽、坑机械夯填土	10m³	20.236	4.01		2.36	6.37
	1-3-45	装载机装土方	10m³	23.26	0.39		2.10	2.50
	1-3-57	自卸汽车运土方 1km 内	10m³	23.26	0.20	0.07	8.23	8.49
	1-3-58×9	自卸汽车运土方增运 1km×9	10m³	23.26			13.34	13.34
4	010301001001	砖基础；M10 砂浆	m³	22.81	64.55	197.46	2.75	264.76
	3-1-1.09	M10 砂浆砖基础	10m³	2.281	64.55	197.46	2.75	264.76

续表

序号	项目编码	项目名称	单位	工程量	综合单价组成			
					人工费	材料费	机械费	计费基础
5	010302001001	实心砖墙；粉煤灰轻质砖墙	m^3	400.53	85.22	189.14	2.62	276.99
	3-3-3.04	M7.5 混浆烧结粉煤灰轻质砖墙 240	$10m^3$	40.053	85.22	189.14	2.62	276.99
6	010302001002	实心砖墙；粉煤灰轻质砖墙	m^3	9.81	106.74	193.29	2.28	302.31
	3-3-1.04	M7.5 混浆烧结粉煤灰轻质砖墙 115	$10m^3$	0.981	106.74	193.29	2.28	302.31
7	010401003001	满堂基础；C20	m^3	101.73	35.30	241.86	0.64	242.20
	4-2-11′	C204 商品混凝土无梁式满堂基础	$10m^3$	10.173	35.30	241.86	0.64	242.20
8	010401006001	垫层；C15	m^3	23.30	54.11	239.55	1.06	240.53
	2-1-13′	C154 商品混凝土无筋混凝土垫层	$10m^3$	2.33	54.11	239.55	1.06	240.53
9	010402001001	矩形柱；C25	m^3	1.60	101.55	260.03	1.13	321.12
	4-2-17′	C254 商品混凝土矩形柱	$10m^3$	0.16	101.55	260.03	1.13	321.12
10	010402001002	矩形柱；构造柱，C25	m^3	44.35	114.96	259.94	1.13	340.45
	4-2-20′	C253 商品混凝土构造柱	$10m^3$	4.435	114.96	259.94	1.13	340.45
11	010403002001	矩形梁；挑梁，C25	m^3	0.29	69.01	262.86	0.76	296.50
	4-2-24′	C253 商品混凝土单梁．连续梁	$10m^3$	0.029	69.01	262.86	0.76	296.50
12	010403004001	圈梁；C25	m^3	29.38	114.53	263.93	0.76	343.10
	4-2-26′	C253 商品混凝土圈梁	$10m^3$	2.938	114.53	263.93	0.76	343.10
13	010403005001	过梁；C25	m^3	9.23	125.13	270.84	0.76	360.61
	4-2-27′	C253 商品混凝土过梁	$10m^3$	0.923	125.13	270.84	0.76	360.61
14	010405001001	有梁板；C25	m^3	113.05	56.60	266.14	0.86	293.57
	4-2-36′	C252 商品混凝土有梁板	$10m^3$	11.305	56.60	266.14	0.86	293.57
15	010405003001	平板；C25	m^3	28.38	58.41	268.42	0.86	297.65
	4-2-38′	C252 商品混凝土平板	$10m^3$	2.838	58.41	268.42	0.86	297.65
16	010405008001	雨篷；C25	m^3	0.10	147.47	368.74	1.76	474.17
	4-2-49.2′	C252 商品混凝土雨篷	$10m^2$	0.148	163.94	400.55	2.00	522.68
	4-2-65×−1	C202 现浇混凝土阳台．雨篷厚-10	$10m^2$	−0.148	−16.47	−31.81	−0.24	−48.51
17	010406001001	直形楼梯；C25	m^2	62.21	22.61	55.51	0.44	72.30
	4-2-42.2′	C252 商品混凝土直形楼梯无斜梁 100	$10m^2$	6.221	23.43	57.40	0.46	74.81
	4-2-46.2×−2′	C252 商品混凝土楼梯板厚−10×2	$10m^2$	−2.10	−0.82	−1.89	−0.02	−2.51
18	010407001001	其他构件；压顶，C25	m^3	3.11	127.15	284.54		381.64
	4-2-58.2′	C252 商品混凝土压顶	$10m^3$	0.311	127.15	284.54		381.64
19	010407001002	其他构件；混凝土台阶，C20	m^3	0.54	118.56	318.98	3.28	416.15
	4-2-57′	C202 商品混凝土台阶	$10m^3$	0.054	80.77	249.75	2.25	308.10
	2-1-1	3：7 灰土垫层	$10m^3$	0.046	37.79	69.23	1.03	108.05
20	010407002001	散水；混凝土散水（L03J004-5/3）	m^2	40.93	19.77	37.79	0.64	54.95
	8-7-49′	C154 商品混凝土散水 3：7 灰土垫层	$10m^2$	4.093	19.77	37.79	0.64	54.95
21	010407002002	坡道；混凝土坡道 L03J004-1/27	m^2	11.92	23.37	37.96	0.70	62.03
	8-7-53-1′	混凝土坡道 100 灰土垫层 3：7 就地取土［商品混凝土］	$10m^2$	1.192	23.37	37.96	0.70	62.03
22	010416001001	现浇混凝土钢筋；砌体加固筋	t	1.276	809.84	4735.29	322.45	5867.58
	4-1-98	砌体加固筋 ϕ6.5 内	t	1.276	809.84	4735.29	322.45	5867.58
23	010416001002	现浇混凝土钢筋；Ⅰ级钢	t	14.036	858.31	4609.99	42.96	5511.25
	4-1-2	现浇构件圆钢筋 ϕ6.5	t	1.254	104.65	415.70	3.63	523.98

续表

序号	项目编码	项目名称	单位	工程量	综合单价组成			
					人工费	材料费	机械费	计费基础
	4-1-3	现浇构件圆钢筋 ϕ8	t	7.294	394.40	2392.00	22.53	2808.93
	4-1-4	现浇构件圆钢筋 ϕ10	t	3.077	122.00	1004.04	8.67	1134.70
	4-1-5	现浇构件圆钢筋 ϕ12	t	0.155	5.42	50.99	0.93	57.34
	4-1-52	现浇构件箍筋 ϕ6.5	t	2.086	220.31	691.51	6.43	918.25
	4-1-53	现浇构件箍筋 ϕ8	t	0.17	11.53	55.75	0.77	68.05
24	010416001003	现浇混凝土钢筋；Ⅱ级钢	t	26.419	343.46	4574.77	79.44	4997.68
	4-1-13	现浇构件螺纹钢筋 ϕ12	t	0.093	1.73	16.36	0.34	18.43
	4-1-14	现浇构件螺纹钢筋 ϕ14	t	0.435	6.89	75.72	1.42	84.03
	4-1-15	现浇构件螺纹钢筋 ϕ16	t	12.195	170.76	2105.89	38.58	2315.24
	4-1-16	现浇构件螺纹钢筋 ϕ18	t	9.94	122.64	1725.71	28.59	1876.94
	4-1-17	现浇构件螺纹钢筋 ϕ20	t	3.756	41.44	651.09	10.51	703.04
25	010416001004	现浇混凝土钢筋；冷轧带肋钢筋	t	0.013	1059.92	5018.59	54.41	6132.92
	4-1-101	冷轧带肋钢筋 ϕ6	t	0.01	928.32	3873.40	44.31	4846.02
	4-1-103	冷轧带肋钢筋 ϕ10	t	0.003	131.60	1145.19	10.10	1286.90
26	010417002001	预埋铁件	t	0.115	1298.50	5879.00	419.61	7597.11
	4-1-96	铁件	t	0.115	1298.50	5879.00	419.61	7597.11
27	010702001001	屋面卷材防水；防滑地砖，改性沥青卷材，LM高分子涂料防水，1∶3砂浆找平20	m^2	202.93	23.84	137.38	1.35	162.57
	9-1-80-2	1∶3砂浆25彩釉砖楼地面800内	$10m^2$	18.592	14.76	42.98	1.03	58.77
	6-2-24	平面沥青玻璃纤维布±一布一油	$10m^2$	18.592	2.14	9.40		11.54
	6-2-34	平面一层高强APP改性沥青卷材	$10m^2$	20.293	2.12	35.10		37.22
	9-1-1	1∶3砂浆硬基层上找平层20	$10m^2$	20.293	4.13	5.24	0.32	9.69
	6-2-93	1.5厚LM高分子涂料防水层	$10m^2$	20.293	0.69	44.66		45.35
28	010702003001	屋面刚性防水；1∶3水泥砂浆找坡，改性沥青卷材，防水砂浆	m^2	17.22	14.94	53.13	1.07	69.13
	9-1-1	1∶3砂浆硬基层上找平层20	$10m^2$	1.722	4.13	5.24	0.32	9.69
	9-1-3×7	1∶3砂浆找平层+5×7	$10m^2$	1.262	3.81	6.12	0.43	10.35
	6-2-34	平面一层高强APP改性沥青卷材	$10m^2$	1.722	2.12	35.10		37.22
	6-2-10	平面防水砂浆防水层	$10m^2$	1.722	4.88	6.67	0.32	11.87
29	010702004001	屋面排水管；塑料水落管 ϕ100	m	39.80	4.28	22.80		27.08
	6-4-9	塑料水落管 ϕ100	10m	3.98	2.65	17.88		20.53
	6-4-10	塑料水斗	10个	0.30	0.20	1.41		1.61
	6-4-22	铸铁弯头落水口（含箅子板）	10个	0.30	1.43	3.51		4.94
30	010803001001	保温隔热屋面；现浇水泥珍珠岩1∶8，聚氨酯发泡保温层40	m^2	185.92	12.55	88.03	0.57	101.14
	6-3-13	混凝土板上聚氨酯发泡保温层40	$10m^2$	18.592	0.69	48.73	0.18	49.59
	9-1-2	1∶3砂浆填充料上找平层20	$10m^2$	18.592	4.24	5.94	0.39	10.57
	6-3-15-1	混凝土板上现浇水泥珍珠岩1∶8	$10m^3$	3.718	7.62	33.36		40.98
31	AB001	竣工清理	m^3	4065.75	0.85			0.85
	1-4-3	竣工清理	$10m^3$	406.575	0.85			0.85

装饰工程量清单综合单价分析表 **表 6-11**

工程名称：商务楼工程装饰

序号	项目编码	项目名称	单位	工程量	综合单价组成			
					人工费	材料费	机械费	计费基础
1	020101001002	水泥砂浆楼地面；地 1	m^2	81.40	8.70	21.70	0.38	8.70
	9-1-9-1	1∶2 砂浆楼地面 20	$10m^2$	8.14	5.46	7.34	0.32	5.46
	2-1-13′	C154 商品混凝土无筋混凝土垫层	$10m^3$	0.488	3.24	14.36	0.06	3.24
2	020102001001	石材楼地面；楼 19，大理石 800×800	m^2	502.90	14.20	175.81	1.44	14.20
	9-1-36	水泥砂浆大理石楼地面	$10m^2$	50.29	12.72	173.43	1.27	12.72
	9-1-3×2	1∶3 砂浆找平层＋5×2	$10m^2$	50.29	1.48	2.38	0.17	1.48
3	020102002001	块料楼地面；地 14，地面砖 400×400	m^2	89.91	25.30	82.94	1.43	25.30
	9-1-112	全瓷地板砖楼地面 1600 内	$10m^2$	9.267	17.92	63.31	1.05	17.92
	9-1-1	1∶3 砂浆硬基层上找平层 20	$10m^2$	8.991	4.13	5.24	0.32	4.13
	2-1-13′	C154 商品混凝土无筋混凝土垫层	$10m^3$	0.54	3.25	14.39	0.06	3.25
4	020102002002	块料楼地面；楼 18，地面砖 400×400	m^2	342.18	27.35	121.03	1.71	27.35
	9-1-112	全瓷地板砖楼地面 1600 内	$10m^2$	35.533	18.05	63.78	1.05	18.05
	9-1-1	1∶3 砂浆硬基层上找平层 20	$10m^2$	35.533	4.29	5.44	0.33	4.29
	6-2-93	1.5 厚 LM 高分子涂料防水层	$10m^2$	35.533	0.72	46.37		0.72
	9-1-1	1∶3 砂浆硬基层上找平层 20	$10m^2$	35.533	4.29	5.44	0.33	4.29
5	020102002003	块料楼地面；楼 18，地面砖 300×300	m^2	30.85	24.32	85.29	1.51	24.32
	9-1-82	1∶2.5 砂浆 10 彩釉砖楼地面 1200 内	$10m^2$	3.085	15.37	30.15	0.87	15.37
	9-1-1	1∶3 砂浆硬基层上找平层 20	$10m^2$	3.085	4.13	5.24	0.32	4.13
	6-2-93	1.5 厚 LM 高分子涂料防水层	$10m^2$	3.085	0.69	44.66		0.69
	9-1-1	1∶3 砂浆硬基层上找平层 20	$10m^2$	3.085	4.13	5.24	0.32	4.13
6	020105001002	水泥砂浆踢脚线；踢 1	m	69.76	2.65	0.76	0.05	2.65
	9-1-13	水泥砂浆踢脚线 20	10m	6.976	2.65	0.76	0.05	2.65
7	020105003001	块料踢脚线；踢 5	m^2	138.10	33.92	31.43	0.91	33.92
	9-1-86	水泥砂浆彩釉砖踢脚板	10m	92.066	33.92	31.43	0.91	33.92
8	020106002001	块料楼梯面层；楼 15，楼梯面砖 300×300	m^2	59.15	35.67	48.98	3.45	35.67
	9-1-84	彩釉砖楼梯	$10m^2$	5.915	31.54	43.74	3.13	31.54
	9-1-1	1∶3 砂浆硬基层上找平层 20	$10m^2$	5.915	4.13	5.24	0.32	4.13
9	020107001002	金属扶手带栏杆．栏板；不锈钢管栏杆	m	56.43	39.25	839.00	11.16	39.25
	9-5-203	不锈钢管扶手不锈钢栏杆	10m	5.643	24.17	837.28	3.70	24.17
	9-5-204	不锈钢管扶手弯头另加工料	10 个	2.40	15.08	1.72	7.46	15.08
10	020108002001	块料台阶面；防滑地砖台阶	m^2	1.08	24.49	47.13	3.08	24.49
	9-1-85	彩釉砖台阶	$10m^2$	0.108	24.49	47.13	3.08	24.49
11	020108003001	水泥砂浆台阶面	m^2	2.38	14.89	10.49	0.47	14.89
	9-1-11	1∶2.5 砂浆台阶 20	$10m^2$	0.238	14.89	10.49	0.47	14.89
12	020201001001	墙面一般抹灰；混合砂浆 7＋7＋7，内墙 4	m^2	2835.63	7.53	4.85	0.38	7.53
	9-2-31	砖墙面墙裙混合砂浆 14＋6	$10m^2$	283.563	7.26	4.56	0.36	7.26
	9-2-106×1	1∶0.5∶2 混合砂浆装饰抹灰＋1	$10m^2$	283.563	0.27	0.29	0.02	0.27
13	020201001002	墙面一般抹灰；外墙 9	m^2	1050.32	7.26	5.12	0.32	7.26
	9-2-20	砖墙面墙裙水泥砂浆 14＋6	$10m^2$	105.032	7.69	5.61	0.36	7.69
	9-2-54×－4	1∶3 水泥砂浆抹灰层－1×4	$10m^2$	－105.032	－0.85	－1.12	－0.08	－0.85
	9-2-55×2	1∶2.5 水泥砂浆抹灰层＋1×2	$10m^2$	105.032	0.42	0.63	0.04	0.42

续表

序号	项目编码	项目名称	单位	工程量	综合单价组成			
					人工费	材料费	机械费	计费基础
14	020202001001	柱面一般抹灰；混合砂浆 7＋7＋7，内墙 4	m^2	12.42	10.13	4.68	0.37	10.13
	9-2-38	矩形砖柱混合砂浆 14＋6	$10m^2$	1.242	9.86	4.39	0.35	9.86
	9-2-106×1	1：0.5：2 混合砂浆装饰抹灰＋1	$10m^2$	1.242	0.27	0.29	0.02	0.27
15	020203001001	零星项目一般抹灰；外墙 9	m^2	54.69	34.34	5.44	0.31	34.34
	9-2-25	零星项目水泥砂浆 14＋6	$10m^2$	5.469	34.77	5.93	0.35	34.77
	9-2-54×－4	1：3 水泥砂浆抹灰层-1×4	$10m^2$	－5.469	－0.85	－1.12	－0.08	－0.85
	9-2-55×2	1：2.5 水泥砂浆抹灰层＋1×2	$10m^2$	5.469	0.42	0.63	0.04	0.42
16	020204003001	块料墙面；贴瓷砖	m^2	168.55	19.08	41.92	0.99	19.08
	9-2-184	墙面砂浆粘贴瓷砖 200×300	$10m^2$	16.855	19.08	41.92	0.99	19.08
17	020301001001	顶棚抹灰；棚 3	m^2	1160.86	8.37	4.78	0.27	8.37
	9-3-3	现浇混凝土顶棚水泥砂浆抹灰	$10m^2$	116.086	8.37	4.78	0.27	8.37
18	020302001001	顶棚吊顶；轻钢龙骨，PVC 扣板	m^2	30.85	22.63	101.57	1.14	22.63
	9-3-33	装配式 U 形龙骨 600×600 一级	$10m^2$	3.085	9.91	61.06	1.14	9.91
	9-3-127	顶棚 PVC 扣板	$10m^2$	3.085	12.72	40.51		12.72
19	020401005001	夹板装饰门；单扇夹板门，安执手锁，底油一遍调合漆二遍	m^2	100.40	45.58	189.70	3.01	45.58
	5-1-13	单扇木门框制作	$10m^2$	10.04	4.45	36.36	0.72	4.45
	5-1-14	单扇木门框安装	$10m^2$	10.04	9.06	8.58	0.02	9.06
	5-1-37	单扇木门扇制作	$10m^2$	10.04	15.26	73.52	2.27	15.26
	5-1-38	单扇木门扇安装	$10m^2$	10.04	5.09			5.09
	9-4-1	底油一遍调合漆二遍单层木门	$10m^2$	10.04	9.38	8.97		9.38
	5-9-3-1	单扇木门配件（安执手锁）	10 樘	5.60	2.34	62.27		2.34
20	020401005002	夹板装饰门；双扇夹板门，安执手锁，底油一遍调合漆二遍	m^2	20.16	41.09	159.80	2.86	41.09
	5-1-15	双扇木门框制作	$10m^2$	2.016	2.86	23.70	0.42	2.86
	5-1-16	双扇木门框安装	$10m^2$	2.016	5.62	4.91	0.01	5.62
	5-1-39	双扇木门扇制作	$10m^2$	2.016	16.11	77.92	2.43	16.11
	5-1-40	双扇木门扇安装	$10m^2$	2.016	5.46			5.46
	9-4-1	底油一遍调合漆二遍单层木门	$10m^2$	2.016	9.38	8.97		9.38
	5-9-3-1	单扇木门配件（安执手锁）	10 樘	0.80	1.66	44.30		1.66
21	020402005001	塑钢门	m^2	1.89	13.25	287.17	0.03	13.25
	5-6-1	塑料平开门安装	$10m^2$	0.189	13.25	287.17	0.03	13.25
22	020403003001	防火卷帘门	樘	2.00	120.75	3694.14		120.75
	5-4-12	钢质防火门安装（扇面积）	$10m^2$	1.142	120.75	3694.14		120.75
23	020406007001	塑钢窗	m^2	232.88	13.25	203.58	0.02	13.25
	5-6-2	单层塑料窗安装	$10m^2$	23.288	13.25	203.58	0.02	13.25
24	020507001001	刷喷涂料；顶棚刮腻子，乳胶漆二遍	m^2	1160.86	4.34	6.19		4.34
	9-4-151	室内顶棚刷乳胶漆二遍	$10m^2$	116.086	2.01	5.35		2.01
	9-4-209	顶棚．内墙抹灰面满刮腻子二遍	$10m^2$	116.086	2.33	0.84		2.33
25	020507001002	刷喷涂料；墙面刮腻子，乳胶漆二遍	m^2	2848.05	4.03	5.92		4.03
	9-4-152	室内墙柱光面刷乳胶漆二遍	$10m^2$	284.805	1.70	5.08		1.70
	9-4-209	顶棚．内墙抹灰面满刮腻子二遍	$10m^2$	284.805	2.33	0.84		2.33
26	020507001003	刷喷涂料；外墙面丙烯酸涂料（一底二涂）	m^2	1105.01	4.29	10.63		4.29
	9-4-184	抹灰外墙面丙烯酸涂料（一底二涂）	$10m^2$	110.501	4.29	10.63		4.29

6.7 材料暂估价一览表

材料暂估价一览表见表 6-12、表 6-13。

建筑材料暂估价一览表 **表 6-12**

序号	材料编码	材料名称、规格、型号	计量单位	数 量	单价（元）	金额（元）	备注
1	81020	C202 现浇混凝土碎石<20［商品］	m^3	0.548	235.00	129	
2	81021	C252 现浇混凝土碎石<20［商品］	m^3	160.018	255.00	40805	
3	81028	C253 现浇混凝土碎石<31.5［商品］	m^3	83.834	255.00	21378	
4	81036	C154 现浇混凝土碎石<40［商品］	m^3	26.013	235.00	6113	
5	81037	C204 现浇混凝土碎石<40［商品］	m^3	113.406	235.00	26650	
6	81038	C254 现浇混凝土碎石<40［商品］	m^3	1.60	255.00	408	
合计						95483	

装饰材料暂估价一览表 **表 6-13**

序号	材料编码	材料名称、规格、型号	计量单位	数 量	单价（元）	金额（元）	备注
1	81036	C154 现浇混凝土碎石<40［商品］	m^3	10.383	235.00	2440	
合计						2440	

6.8 工料机汇总表

工料机汇总表见表 6-14、表 6-15。

建筑主要工料机汇总表 **表 6-14**

工程名称：商务楼工程建筑

序号	材料编码	材料名称及规格	单 位	数 量	单价（元）	合 价
1	1004	钢筋 ϕ6.5	t	4.708	4450.00	20951
2	1005	钢筋 ϕ8	t	7.624	4450.00	33927
3	1006	钢筋 ϕ10	t	3.139	4450.00	13969
4	1007	钢筋 ϕ12	t	0.158	4430.00	700
5	1038	螺纹钢筋 ϕ12	t	0.095	4460.00	424
6	1039	螺纹钢筋 ϕ14	t	0.444	4420.00	1962
7	1040	螺纹钢筋 ϕ16	t	12.439	4390.00	54607
8	1041	螺纹钢筋 ϕ18	t	10.139	4390.00	44510
9	1042	螺纹钢筋 ϕ20	t	3.831	4390.00	16818
10	1570	铁件	kg	131.221	5.50	722
11	3039	方木	m^3	7.383	1750.00	12920
12	3055	模板材	m^3	2.202	1400.00	3083
13	3067	挡脚板（三等板材）	m^3	0.204	1250.00	255
14	3068	方撑木	m^3	4.966	1300.00	6456
15	3076	枕木	m^3	0.08	2080.00	166
16	3130	竹胶板	m^2	431.19	36.00	15523
17	4006	普通硅酸盐水泥 32.5MPa	t	37.235	326.00	12139
18	5001	机制红砖 240×115×53	千块	11.84	300.00	3552
19	5008	粉煤灰黏土烧结砖 240×115×53	千块	220.516	280.00	61744

续表

序号	材料编码	材料名称及规格	单 位	数 量	单价（元）	合 价
20	5107	石灰	t	6.363	195.00	1241
21	5126	黏土	m^3	7.665	28.00	215
22	5167	黄砂（过筛中砂）	m^3	118.828	84.00	9982
23	6082	彩釉砖 200×200	块	4740.96	1.56	7396
24	8036	玻璃纤维布	m^2	215.50	4.16	896
25	8051	珍珠岩	m^3	44.854	87.00	3902
26	9012	电焊条 E4303ϕ3.2	kg	256.173	9.00	2306
27	10020	红丹防锈漆	kg	101.95	15.43	1573
28	12004	石油沥青 10 号	kg	279.159	3.42	955
29	12031	APP 改性沥青防水卷材	m^2	273.36	22.25	6082
30	12044	建筑油膏	kg	46.261	3.50	162
31	12079	1.5 厚 LM 高分子涂料	kg	607.369	14.92	9062
32	13132	异氰酸酯	kg	221.208	23.14	5119
33	13211	多元醇料	kg	221.208	17.00	3761
34	13246	隔离剂	kg	220.053	2.70	594
35	13256	高强 APP 基底处理剂	kg	55.654	8.09	450
36	13352	高强 APP 胶粘剂 B 型	kg	200.337	5.68	1138
37	14313	螺栓 M20×110-150	套	44.00	3.28	144
38	14716	元钉	kg	281.329	5.80	1632
39	14718	模板元钉	kg	50.621	5.37	272
40	14929	镀锌铁丝 8 号	kg	934.965	6.55	6124
41	14945	镀锌铁丝 22 号	kg	210.481	7.27	1530
42	15383	塑料水落管 ϕ100	m	41.79	14.00	585
43	26104	草袋	条	40.00	2.54	102
44	26105	草袋	m^2	300.995	5.29	1592
45	26244	草板纸 80 号	张	601.863	4.44	2672
46	26371	水	m^3	257.505	4.40	1133
47	27003	木脚手板	m^3	2.586	1890.00	4888
48	27024	钢管 ϕ48×3.5	m	306.795	15.20	4663
49	27032	支撑钢管及扣件	kg	901.507	5.45	4913
50	27036	对接扣件	个	40.185	4.50	181
51	27038	直角扣件	个	204.13	5.50	1123
52	27040	回转扣件	个	29.898	5.50	164
53	27044	复合木模板	m^2	7.397	35.00	259
54	27050	组合钢模板	kg	87.443	5.60	490
55	27053	梁卡具（模板用）	kg	61.735	5.00	309
56	27066	安全网	m^2	218.535	13.00	2841
57	27068	密目网	m^2	496.67	8.40	4172
58	29044	其他材料费占材料费	%	177.64	1.00	178
59	29053	回程费占人材机费	%	3083.51	1.00	3084
60	81020	C202 现浇混凝土碎石<20［商品］	m^3	0.548	235.00	129
61	81021	C252 现浇混凝土碎石<20［商品］	m^3	160.018	255.00	40805
62	81028	C253 现浇混凝土碎石<31.5［商品］	m^3	83.834	255.00	21378
63	81036	C154 现浇混凝土碎石<40［商品］	m^3	26.013	235.00	6113
64	81037	C204 现浇混凝土碎石<40［商品］	m^3	113.406	235.00	26650
65	81038	C254 现浇混凝土碎石<40［商品］	m^3	1.60	255.00	408
合计						497796

注：本表仅列出合价大于 100 元的主要材料和机械。

装饰主要工料机汇总表　　表 6-15

工程名称：商务楼工程装饰

序号	材料编码	材料名称及规格	单 位	数 量	单价（元）	合 价
1	3030	木薄板（一等）12	m^3	1.191	1450.00	1727
2	3051	门窗材	m^3	5.545	2170.00	12033
3	3067	挡脚板（三等板材）	m^3	0.091	1250.00	114
4	4006	普通硅酸盐水泥 32.5MPa	t	61.818	326.00	20153
5	5107	石灰	t	7.817	195.00	1524
6	5167	黄砂（过筛中砂）	m^3	187.336	84.00	15736
7	5304	大理石板	m^2	512.958	163.00	83612
8	6071	瓷砖 200×300	m^2	172.932	33.70	5828
9	6083	彩釉砖 300×300	块	2884.834	2.33	6722
10	6093	全瓷抛光地板砖 400×400	块	2867.20	9.00	25805
11	8086	软填料	kg	123.26	4.10	505
12	9043	不锈钢焊丝	kg	8.103	44.80	363
13	9089	钍钨棒	kg	3.265	395.50	1291
14	10015	无光调合漆	kg	56.627	15.20	861
15	10024	乳胶漆	kg	1131.014	18.16	20539
16	10025	丙烯乳胶漆	kg	464.104	18.16	8428
17	10058	丙烯酸清漆	kg	132.601	25.00	3315
18	10226	滑石粉	kg	1463.252	1.00	1463
19	12046	密封油膏	kg	111.517	4.70	524
20	12079	1.5 厚 LM 高分子涂料	kg	1155.837	14.92	17245
21	13193	氩气	m^3	22.762	13.73	313
22	13299	108 胶	kg	456.278	1.72	785
23	13362	环氧树脂	kg	8.465	36.61	310
24	14244	膨胀螺栓 M8	套	2439.764	0.93	2269
25	14471	螺钉	百个	210.333	4.29	902
26	14510	半圆头螺钉 M4×30	百个	17.28	6.00	104
27	14716	元钉	kg	28.545	5.80	166
28	14786	执手锁	把	64.00	89.90	5754
29	14832	普通合页 125	副	128.00	3.78	484
30	14858	地脚	个	2341.567	1.54	3606
31	14881	立式磁性吸门器	个	64.00	10.50	672
32	14929	镀锌铁丝 8 号	kg	92.77	6.55	608
33	15087	不锈钢管 $\phi 32\times1.5$	m	321.256	27.00	8674
34	15092	不锈钢管 $\phi 60\times2$	m	59.816	73.80	4414
35	15096	不锈钢管 $\phi 89\times2.5$	m	59.816	114.50	6849
36	23052	PVC 扣板	m^2	32.393	26.80	868
37	23088	PVC 板条	m	44.989	8.00	360
38	23140	轻钢大龙骨 $h=45$	m	42.218	10.40	439
39	23147	轻钢中龙骨 $h=19$	m	76.921	6.00	462
40	23148	轻钢中龙骨横撑 $h=19$	m	64.119	4.39	281
41	23230	轻钢中龙骨平面连接件	个	205.461	0.75	154
42	23318	不锈钢法兰 $\phi 59$	只	325.658	77.17	25131
43	25006	钢质防火门	m^2	11.42	642.00	7332

续表

序号	材料编码	材料名称及规格	单位	数量	单价（元）	合价
44	25032	塑料门不带亮	m^2	1.818	273.50	497
45	25035	塑料窗单层	m^2	220.77	180.00	39739
46	26002	棉纱	kg	14.231	10.40	148
47	26033	麻袋布	m^2	110.638	3.11	344
48	26122	砂纸	张	2719.733	0.50	1360
49	26199	切割锯片	片	1.129	110.85	125
50	26200	石料切割锯片	片	5.702	95.02	542
51	26287	锯末	m^3	7.214	20.00	144
52	26371	水	m^3	147.429	4.40	649
53	27003	木脚手板	m^3	0.25	1890.00	473
54	27024	钢管 ϕ48×3.5	m	9.341	15.20	142
55	81036	C154 现浇混凝土碎石<40［商品］	m^3	10.383	235.00	2440
合计						345328

注：本表仅列出合价大于100元的主要材料和机械。

6.9 措施项目清单计价汇总表

措施项目清单计价汇总表见表6-16、表6-17。

建筑措施项目清单计价汇总表 **表6-16**

序号	项目名称	金额（元）
1	措施项目清单计价（一）	12671
2	措施项目清单计价（二）	206812
合计		219483

装饰措施项目清单计价汇总表 **表6-17**

序号	项目名称	金额（元）
1	措施项目清单计价（一）	14408
2	措施项目清单计价（二）	8453
合计		22861

6.10 措施项目清单与计价表（一）

措施项目清单与计价表（一）见表6-18、表6-19。

建筑措施项目清单与计价表（一） **表6-18**

序号	项目名称	计算基础	费率（%）	金额（元）
1	夜间施工费	563090	0.7%	3942
2	二次搬运费		0.6%	3379
3	冬雨季施工增加费		0.8%	4505
4	已完工程及设备保护费		0.15%	845
合计				12671

装饰措施项目清单与计价表（一） **表 6-19**

序号	项目名称	计算基础	费率（%）	金额（元）
1	夜间施工费	113860	4%	4554
2	二次搬运费		3.6%	4099
3	冬雨季施工增加费		4.5%	5124
4	已完工程及设备保护费	420340	0.15%	631
	合计			14408

6.11 措施项目清单与计价表（二）

措施项目清单与计价表（二）见表 6-20、表 6-21。

措施项目清单与计价表（二） **表 6-20**

工程名称：商务楼工程建筑

序号	项目编码	项目名称	计量单位	工程量	金额（元）	
					综合单价	合价
1	10-4-49	混凝土基础垫层木模板	$10m^2$	0.614	313.74	193
2	10-4-42′	无梁满堂基础胶合板模木支撑［扣胶合板］	$10m^2$	2.562	277.96	712
3	10-4-310	基础竹胶板模板制作	$10m^2$	0.625	915.96	572
4	10-4-88′	矩形柱胶合板模板钢支撑［扣胶合板］	$10m^2$	1.60	262.91	421
5	10-4-311	柱竹胶板模板制作	$10m^2$	0.39	945.95	369
6	10-4-102	柱钢支撑高超过 3.6m 每增 3m	$10m^2$	0.448	76.79	34
7	10-4-100	构造柱复合木模板钢支撑	$10m^2$	38.327	339.61	13016
8	10-4-118′	过梁胶合板模板木支撑［扣胶合板］	$10m^2$	9.942	426.9	4244
9	10-4-313	梁竹胶板模板制作	$10m^2$	2.426	1052.72	2554
10	10-4-127′	圈梁胶合板模板木支撑［扣胶合板］	$10m^2$	21.471	245.23	5265
11	10-4-313	梁竹胶板模板制作	$10m^2$	5.239	1052.72	5515
12	10-4-114′	单梁连续梁胶合板模板钢支撑［扣胶合板］	$10m^2$	0.317	298.97	95
13	10-4-313	梁竹胶板模板制作	$10m^2$	0.077	1052.67	81
14	10-4-172′	平板胶合板模板钢支撑［扣胶合板］	$10m^2$	21.809	237.79	5186
15	10-4-315	板竹胶板模板制作	$10m^2$	5.321	863.98	4597
16	10-4-160′	有梁板胶合板模板钢支撑［扣胶合板］	$10m^2$	103.293	276.74	28585
17	10-4-315	板竹胶板模板制作	$10m^2$	25.204	863.98	21776
18	10-4-176	板钢支撑高＞3.6m 每增 3m	$10m^2$	20.468	62.64	1282
19	10-4-201	直形楼梯木模板木支撑	$10m^2$	6.221	1234.18	7678
20	10-4-203	直形悬挑板阳台雨篷木模板木支撑	$10m^2$	0.148	999.92	148
21	10-4-213	扶手．压顶木模板木支撑	$10m^3$	0.311	9412.49	2927
22	10-4-49	混凝土基础垫层木模板	$10m^2$	0.307	313.76	96
23	10-4-205	台阶木模板木支撑	$10m^2$	0.19	278.16	53
24	10-1-40	钢管依附斜道 24m 内	座	1.00	6616.52	6617
25	10-1-46	立挂式安全网	$10m^2$	68.122	53.09	3617
26	10-1-51-1	密目网垂直封闭（交替倒用）	$10m^2$	143.339	48.06	6889
27	10-1-102	单排外钢管脚手架 6m 内	$10m^2$	5.20	62.83	327
28	10-1-6	双排外钢管脚手架 24m 内	$10m^2$	121.386	150.04	18213
29	10-1-102	单排外钢管脚手架 6m 内	$10m^2$	10.857	62.83	682

续表

序号	项目编码	项目名称	计量单位	工程量	金额（元）	
					综合单价	合价
30	10-1-21	单排里钢管脚手架 3.6m 内	$10m^2$	98.375	39.83	3918
31	10-1-23	单排里钢管脚手架 6m 内	$10m^2$	17.375	39.66	689
32	10-1-21	单排里钢管脚手架 3.6m 内	$10m^2$	10.641	39.83	424
33	10-2-5-1	20m 内建筑混合结构泵送垂直运输	$10m^2$	129.141	209.84	27099
34	10-5-6	$1m^3$ 内履带液压单斗挖掘机运输费	台次	1.00	4947.13	4947
35	10-5-1-1′	C204 现浇混凝土塔吊基础	$10m^3$	1.00	3050.19	3050
36	4-1-131	现浇混凝土埋设螺栓	10 个	1.60	623.24	997
37	10-4-63	$20m^3$ 内设备基础组合钢模钢支撑	$10m^2$	1.30	416.23	541
38	10-5-3	塔式起重机混凝土基础拆除	$10m^3$	1.00	1689.29	1689
39	1-1-17	机械打孔爆破坚石	$10m^3$	1.00	229.79	230
40	补-1	石渣外运（35 元/m^3）	m	10.00	35	350
41	10-5-20	6t 塔式起重机安拆	台次	1.00	9414.16	9414
42	10-5-20-1	6t 塔式起重机场外运输	台次	1.00	11719.21	11719
合计						206812

装饰措施项目清单与计价表（二） **表 6-21**

工程名称：商务楼工程装饰

序号	项目编码	项目名称	计量单位	工程量	金额（元）	
					综合单价	合价
1	10-1-27	满堂钢管脚手架	$10m^2$	18.165	138.29	2512
2	10-1-22-1	装饰钢管脚手架 3.6m 内	$10m^2$	18.325	20.45	375
3	10-1-22-1	装饰钢管脚手架 3.6m 内	$10m^2$	272.136	20.45	5565
合计						8452

6.12 其他项目清单与计价汇总表

表 6-22、表 6-23 为其他项目清单与计价汇总表。

建筑其他项目清单与计价汇总表 **表 6-22**

序号	项目名称	计量单位	金额（元）	备 注
1	暂列金额	项	57592	明细详见表 6-24
2	特殊项目费用	项		
3	计日工		1718	明细详见表 6-26
4	总承包服务费			
合计			59310	

装饰其他项目清单与计价汇总表 **表 6-23**

序号	项目名称	计量单位	金额（元）	备 注
1	暂列金额	项	46069	明细详见表 6-25
2	特殊项目费用	项		
3	计日工			
4	总承包服务费		2041	明细详见表 6-27
合计			48110	

6.12.1 暂列金额明细表（表6-24、表6-25）

建筑暂列金额明细表　　表6-24

序号	项目名称	计量单位	暂定金额（元）	备　注
1	暂列金额	项	57592	
	合计		57592	

装饰暂列金额明细表　　表6-25

序号	项目名称	计量单位	暂定金额（元）	备　注
1	暂列金额	项	46069	
	合计		46069	

6.12.2 计日工表（表6-26）

建筑计日工表　　表6-26

序号	项目名称、型号、规格	单　位	暂定数量	综合单价	合　价
1	人工				
2	综合工日（土建）	工日	20.00	70.00	1400
	小计				1400
4	材料				
	小计				
6	施工机械				
7	电动夯实机 20-62Nm	台班	10.00	31.80	318
	小计				318
	合计				1718

6.12.3 总承包服务费清单与计价表（表6-27）

装饰总承包服务费清单与计价表　　表6-27

序号	项目名称及服务内容	项目费用（元）	费率（%）	金额（元）
1	塑钢门	652	3	20
2	防火卷帘门	8676	3	260
3	塑钢窗	58721	3	1762
	合计			2041

6.13 规费、税金项目清单与计价表

表6-28、表6-29为规费、税金项目清单与计价表。

建筑规费、税金项目清单与计价表　　表6-28

序号	项目名称	计费基础	费率（%）	金额（元）
1	规费			54103
2	安全文明施工费			26667

续表

序号	项目名称	计费基础	费率（%）	金额（元）
3	环境保护费	分部分项＋措施项目＋其他项目	0.11%	940
4	文明施工费		0.29%	2479
5	临时设施费		0.72%	6154
6	安全施工费		2%	17094
7	工程排污费		0.26%	2222
8	社会保障费		2.6%	22223
9	住房公积金		0.2%	1709
10	危险工作意外伤害保险		0.15%	1282
11	税金	分部分项＋措施项目＋其他项目＋规费	3.48%	31627
合计				85730

装饰规费、税金项目清单与计价表 **表 6-29**

序号	项目名称	计费基础	费率（%）	金额（元）
1	规费			37482
2	安全文明施工费			20416
3	环境保护费	分部分项＋措施项目＋其他项目	0.12%	638
4	文明施工费		0.1%	532
5	临时设施费		1.62%	8613
6	安全施工费		2%	10633
7	工程排污费		0.26%	1382
8	社会保障费		2.6%	13823
9	住房公积金		0.2%	1063
10	危险工作意外伤害保险		0.15%	797
11	税金	分部分项＋措施项目＋其他项目＋规费	3.48%	19806
合计				57288

复习思考题

(1) 简述“正算法”、“反算法”、“统一法”计算综合单价的方法，分析三种计算方法的优缺点。

(2) 了解并掌握材料暂估价的处理方法。

(3) 了解并掌握专业工程暂估价的处理方法。

(4) 了解并掌握补充项目的处理方法。

(5) 了解并掌握单位工程招标控制价汇总表的操作方法。

(6) 了解并掌握分部分项清单与计价表的操作方法。

(7) 了解并掌握工程量清单综合单价分析表的操作方法。

(8) 了解并掌握措施项目两种清单与计价表和措施项目综合单价分析表的操作方法。

(9) 了解并掌握其他项目清单与计价汇总表及其明细表的操作方法。

(10) 了解并掌握规费税金项目清单与计价表的操作方法。

(11) 上机实习：将商务楼的算量文件导入英特套价，按照本章中给出的编制说明生成招标控制价的一系列表格。

7 商务楼工料单价法与全费模式计价

7.1 预算及招投标计价办法简介

原建设部令第 107 号文件中第五条规定：施工图预算、招标标底和投标报价由成本（直接费、间接费）、利润和税金构成。其编制可以采用以下计价办法：

(1) 工料单价法。分部分项工程量的单价为直接费。直接费以人工、材料、机械的消耗量及其相应价格确定。间接费、利润、税金按照有关规定另行计算。

(2) 综合单价法。分部分项工程量的单价为全费用单价。全费用单价综合计算完成分部分项工程所发生的直接费、间接费、利润、税金。

长期以来我国执行的定额计价属工料单价法。从 2003 年开始实行工程量清单计价，采用的是狭义的综合单价法。定额计价和清单计价都可采用全费用单价，本教材将在第 7.5 节进行介绍。

工料单价法和综合单价法只是计算方法的不同，其总价应当是一致的。

在完成了工程量清单招标控制价的编制以后，可通过以下步骤完成工料单价法的定额计价：

第一步：在文件菜单下选生成定额计价模式，由于是从清单计价转来，在计价模式转换设置中，应选择“定额取费按清单分类”。

第二步：在工程量输入界面下，点击工具栏排序按钮，选分部排序模式，可将清单下的定额项目按定额号顺序进行排序，分析后生成相应表格。

第三步：在表格输出菜单下，选择打印以下表格（表 7-1～表 7-9）。

7.2 预算书封面与单位工程费汇总表

预算书封面与单位工程费汇总表见表 7-1、表 7-2。

工程预算书封面 **表 7-1**

建设单位 ________

工程名称 商务楼

施工单位 ________

工程造价 1413133（元）

工程类别 Ⅲ类　　企业等级 ________

建筑面积 1291.41m²　　平方造价 1094.26 元/m²

编 制 人 ________　　校 核 人 ________

编制单位 ________

编制时间 2011/8/13

单位工程费汇总表 **表 7-2**

序号	项目名称	金　额	造价（元/m²）
1	建筑项目	875164	677.68
2	装饰项目	537969	416.57
	合计	1413133	1094.26

7.3 预算费用表

表 7-3、表 7-4 为预算费用表。

建筑项目预算费用表 **表 7-3**

工程名称：商务楼工程

序号	费用名称	费　率	费用说明	金　额
1	一 直接费		(一) + (二)	736799
2	(一) 直接工程费			533711
3	(一)′省价直接工程费 *JF*1			520895
4	(二) 措施费		1.1+…+1.4	203088
5	1.1 参照定额规定计取的措施费			191368
6	1.1′ 参照定额计取的省价措施费			190662
7	1.2 参照省发布费率计取的措施费		1) +…+4)	11720
8	1) 夜间施工费	0.7%	*JF*1	3646
9	2) 二次搬运费	0.6%	*JF*1	3125
10	3) 冬雨季施工增加费	0.8%	*JF*1	4167
11	4) 已完工程及设备保护费	0.15%	*JF*1	781
12	1.3 按施工组织设计计取的措施费			
13	1.4 总承包服务费			
14	(二)′ 省价措施费 *JF*2			202382
15	二 企业管理费	5%	*JF*1+*JF*2	36164
16	三 利润	3.1%	*JF*1+*JF*2	22422
17	四 其他项目费			
18	五 规费		5.1+…+5.5	50348
19	5.1 安全文明施工费		1) +…+4)	24816
20	1) 环境保护费	0.11%	一+…+四	875
21	2) 文明施工费	0.29%	一+…+四	2307
22	3) 临时设施费	0.72%	一+…+四	5727
23	4) 安全施工费	2%	一+…+四	15908
24	5.2 工程排污费	0.26%	一+…+四	2068
25	5.3 社会保障费	2.6%	一+…+四	20680
26	5.4 住房公积金	0.2%	一+…+四	1591
27	5.5 危险作业意外伤害险	0.15%	一+…+四	1193
28	六 税金	3.48%	一+…+五	29431
29	七 甲方备料			
30	八 税后项目费			
31	九 建筑工程费用合计		一+…+六一七+八	875164

装饰项目预算费用表 **表 7-4**

工程名称：商务楼工程

序号	费用名称	费　率	费用说明	金　额
1	一 直接费		(一) + (二)	416297
2	(一) 直接工程费			395242
3	(一)′ 省价直接工程费			394685

续表

序号	费用名称	费　率	费用说明	金　额
4	省价人工费 *JF*1			100764
5	（二）措施费		1.1+…+1.4	21055
6	1.1 参照定额规定计取的措施费			6230
7	其中省价人工费			3419
8	1.2 参照省发布费率计取的措施费			12784
9	1）夜间施工费	4%	*JF*1	4031
10	2）二次搬运费	3.6%	*JF*1	3628
11	3）冬雨季施工增加费	4.5%	*JF*1	4534
12	4）已完工程及设备保护费	0.15%	(一)′	592
13	其中人工费		(1+2+3)×0.2+4×0.1	2498
14	1.3 按施工组织设计计取的措施费			
15	1.4 总承包服务费	3%	专业工程 68046	2041
16	措施省价人工费 *JF*2			5917
17	二 企业管理费	49%	*JF*1+*JF*2	52274
18	三 利润	16%	*JF*1+*JF*2	17069
19	四 其他项目费			
20	五 规费		5.1+…+5.5	34238
21	5.1 安全文明施工费		1）+…+4）	18649
22	1）环境保护费	0.12%	一+…+四	583
23	2）文明施工费	0.1%	一+…+四	486
24	3）临时设施费	1.62%	一+…+四	7867
25	4）安全施工费	2%	一+…+四	9713
26	5.2 工程排污费	0.26%	一+…+四	1263
27	5.3 社会保障费	2.6%	一+…+四	12627
28	5.4 住房公积金	0.2%	一+…+四	971
29	5.5 危险作业意外伤害险	0.15%	一+…+四	728
30	六 税金	3.48%	一+…+五	18092
31	七 甲方供料			
32	八 税后项目			
33	九 装饰工程费用合计		一+…+六一七+八	537969

表 7-3、7-4 说明：依据山东省工程建设标准定额站 2008 年 11 月发布的综合解释，凡列入建筑项目的子目均按建筑工程取费，装饰项目子目按装饰工程取费，与清单取费方式完全一致，不再按定额章节的不同而分别取费。

7.4　建筑工程预算表

表 7-5 为建筑工程预算表。

建筑工程预算表　　**表 7-5**

工程名称：商务楼工程

序号	定额号	项目名称	单位	数量	单价	合价	计费单价	计费基础
		建筑工程						
1	1-2-3-2	人工挖机械剩余 5%坚土深 2m 内	$10m^3$	1.528	461.10	705	461.10	705
2	1-3-15	挖掘机挖坚土自卸汽车运 1km 内	$10m^3$	29.024	143.70	4171	143.70	4171
3	1-3-45	装载机装土方	$10m^3$	23.26	20.13	468	20.13	468

续表

序号	定额号	项目名称	单位	数量	单价	合价	计费单价	计费基础
4	1-3-47	挖掘机装土方	10m³	1.528	18.89	29	18.89	29
5	1-3-57	自卸汽车运土方 1km 内	10m³	24.788	68.41	1696	68.41	1696
6	1-3-58×9	自卸汽车运土方增运 1km×9	10m³	53.812	107.46	5783	107.46	5783
7	1-4-2	机械场地平整	10m²	32.56	5.34	174	5.34	174
8	1-4-3	竣工清理	10m³	406.575	8.48	3448	8.48	3448
9	1-4-4-1	基底钎探（灌砂）	十眼	23.30	62.61	1459	62.61	1459
10	1-4-13	槽、坑机械夯填土	10m³	20.236	58.96	1193	58.96	1193
11	2-1-1	3∶7 灰土垫层	10m³	0.046	1268.41	58	1268.41	58
12	2-1-13′	C154 商品混凝土无筋混凝土垫层	10m³	2.33	2947.23	6867	2405.26	5604
13	3-1-1.09	M10 砂浆砖基础	10m³	2.281	2647.60	6039	2647.60	6039
14	3-3-1.04	M7.5 混浆烧结粉煤灰轻质砖墙 115	10m³	0.981	3023.11	2966	3023.11	2966
15	3-3-3.04	M7.5 混浆烧结粉煤灰轻质砖墙 240	10m³	40.053	2769.88	110942	2769.88	110942
16	4-1-2	现浇构件圆钢筋 ϕ6.5	t	1.254	5864.87	7355	5864.87	7355
17	4-1-3	现浇构件圆钢筋 ϕ8	t	7.294	5405.29	39426	5405.29	39426
18	4-1-4	现浇构件圆钢筋 ϕ10	t	3.077	5176.05	15927	5176.05	15927
19	4-1-5	现浇构件圆钢筋 ϕ12	t	0.155	5192.59	805	5192.59	805
20	4-1-13	现浇构件螺纹钢筋 ϕ12	t	0.093	5236.10	487	5236.10	487
21	4-1-14	现浇构件螺纹钢筋 ϕ14	t	0.435	5103.40	2220	5103.40	2220
22	4-1-15	现浇构件螺纹钢筋 ϕ16	t	12.195	5015.68	61166	5015.68	61166
23	4-1-16	现浇构件螺纹钢筋 ϕ18	t	9.94	4988.63	49587	4988.63	49587
24	4-1-17	现浇构件螺纹钢筋 ϕ20	t	3.756	4945.05	18574	4945.05	18574
25	4-1-52	现浇构件箍筋 ϕ6.5	t	2.086	6178.62	12889	6178.62	12889
26	4-1-53	现浇构件箍筋 ϕ8	t	0.17	5618.69	955	5618.69	955
27	4-1-96	铁件	t	0.115	7597.11	874	7597.11	874
28	4-1-98	砌体加固筋 ϕ6.5 内	t	1.276	5867.58	7487	5867.58	7487
29	4-1-101	冷轧带肋钢筋 ϕ6	t	0.01	6299.83	63	6299.83	63
30	4-1-103	冷轧带肋钢筋 ϕ10	t	0.003	5576.56	17	5576.56	17
31	4-2-11′	C204 商品混凝土无梁式满堂基础	10m³	10.173	2777.95	28260	2421.99	24639
32	4-2-17′	C254 商品混凝土矩形柱	10m³	0.16	3627.01	580	3211.21	514
33	4-2-20′	C253 商品混凝土构造柱	10m³	4.435	3760.29	16677	3404.49	15099
34	4-2-24′	C253 商品混凝土单梁．连续梁	10m³	0.029	3326.18	96	2965.04	86
35	4-2-26′	C253 商品混凝土圈梁	10m³	2.938	3792.17	11141	3431.04	10080
36	4-2-27′	C253 商品混凝土过梁	10m³	0.923	3967.23	3662	3606.10	3328
37	4-2-36′	C252 商品混凝土有梁板	10m³	11.305	3236.12	36584	2935.68	33188
38	4-2-38′	C252 商品混凝土平板	10m³	2.838	3276.94	9300	2976.50	8447
39	4-2-42.2′	C252 商品混凝土直形楼梯无斜梁 100	10m²	6.221	812.90	5057	748.08	4654
40	4-2-46.2×−2′	C252 商品混凝土楼梯板厚-10×2	10m²	−2.10	80.94	−170	74.42	−156
41	4-2-49.2′	C252 商品混凝土雨篷	10m²	0.148	382.76	57	353.16	52
42	4-2-57′	C202 商品混凝土台阶	10m³	0.054	3327.76	180	3081.02	166
43	4-2-58.2′	C252 商品混凝土压顶	10m³	0.311	4116.83	1280	3816.40	1187
44	4-2-65×−1	C202 现浇混凝土阳台．雨篷每-10	10m²	−0.148	32.78	−5	32.78	−5
45	6-2-10	平面防水砂浆防水层	10m²	1.722	118.65	204	118.65	204
46	6-2-24	平面沥青玻璃纤维布±一布一油	10m²	18.592	125.95	2342	125.95	2342
47	6-2-34	平面一层高强.APP 改性沥青卷材	10m²	22.015	372.17	8193	372.17	8193
48	6-2-93	1.5 厚 LM 高分子涂料防水层	10m²	20.293	453.47	9202	453.47	9202

续表

序号	定额号	项目名称	单位	数量	单价	合价	计费单价	计费基础
49	6-3-13	混凝土板上聚氨酯发泡保温层 40	$10m^2$	18.592	495.92	9220	495.92	9220
50	6-3-15-1	混凝土板上现浇水泥珍珠岩 1∶8	$10m^3$	3.718	2049.35	7619	2049.35	7619
51	6-4-9	塑料水落管 ϕ100	10m	3.98	205.26	817	205.26	817
52	6-4-10	塑料水斗	10 个	0.30	214.18	64	214.18	64
53	6-4-22	铸铁弯头落水口（含箅子板）	10 个	0.30	654.82	196	654.82	196
54	8-7-49′	C154 商品混凝土散水 3∶7 灰土垫层	$10m^2$	4.093	581.98	2382	549.46	2249
55	8-7-53-1′	混凝土坡道 100 灰土垫层 3∶7 就地取土[商品混凝土]	$10m^2$	1.192	620.31	739	620.31	739
56	9-1-1	1∶3 砂浆硬基层上找平层 20	$10m^2$	22.015	96.92	2134	96.92	2134
57	9-1-2	1∶3 砂浆填充料上找平层 20	$10m^2$	18.592	105.74	1966	105.74	1966
58	9-1-3×7	1∶3 砂浆找平层+5×7	$10m^2$	1.262	141.26	178	141.26	178
59	9-1-80-2	1∶3 砂浆 25 彩釉砖楼地面 800 内	$10m^2$	18.592	641.46	11926	641.46	11926
		小计				533711		520895
		装饰工程						
60	2-1-13′	C154 商品混凝土无筋混凝土垫层	$10m^3$	1.028	2947.23	3030	541.13	556
61	5-1-13	单扇木门框制作	$10m^2$	10.04	415.26	4169	44.52	447
62	5-1-14	单扇木门框安装	$10m^2$	10.04	176.62	1773	90.63	910
63	5-1-15	双扇木门框制作	$10m^2$	2.016	269.74	544	28.62	58
64	5-1-16	双扇木门框安装	$10m^2$	2.016	105.37	212	56.18	113
65	5-1-37	单扇木门扇制作	$10m^2$	10.04	910.51	9142	152.64	1533
66	5-1-38	单扇木门扇安装	$10m^2$	10.04	50.88	511	50.88	511
67	5-1-39	双扇木门扇制作	$10m^2$	2.016	964.66	1945	161.12	325
68	5-1-40	双扇木门扇安装	$10m^2$	2.016	54.59	110	54.59	110
69	5-9-3-1	单扇木门配件（安执手锁）	10 樘	6.4	1158.33	7413	41.87	268
70	6-2-93	1.5 厚 LM 高分子涂料防水层	$10m^2$	38.618	453.47	17512	6.89	266
71	9-1-1	1∶3 砂浆硬基层上找平层 20	$10m^2$	92.142	96.92	8930	41.34	3809
72	9-1-3×2	1∶3 砂浆找平层+5×2	$10m^2$	50.29	40.36	2030	14.84	746
73	9-1-9-1	1∶2 砂浆楼地面 20	$10m^2$	8.14	131.13	1067	54.59	444
74	9-1-11	1∶2.5 砂浆台阶 20	$10m^2$	0.238	258.46	62	148.93	35
75	9-1-13	水泥砂浆踢脚线 20	10m	6.976	34.55	241	26.50	185
76	9-1-36	水泥砂浆大理石楼地面	$10m^2$	50.29	1874.22	94255	127.20	6397
77	9-1-82	1∶2.5 砂浆 10 彩釉砖楼地面 1200 内	$10m^2$	3.085	463.91	1431	153.70	474
78	9-1-84	彩釉砖楼梯	$10m^2$	5.915	783.99	4637	315.35	1865
79	9-1-85	彩釉砖台阶	$10m^2$	0.108	747.03	81	244.86	26
80	9-1-86	水泥砂浆彩釉砖踢脚板	10m	92.066	99.38	9150	50.88	4684
81	9-1-112	全瓷地板砖楼地面 1600 内	$10m^2$	44.8	798.19	35759	173.84	7788
82	9-2-20	砖墙面墙裙水泥砂浆 14+6	$10m^2$	105.032	136.63	14351	76.85	8072
83	9-2-25	零星项目水泥砂浆 14+6	$10m^2$	5.469	410.44	2245	347.68	1901
84	9-2-31	砖墙面墙裙混合砂浆 14+6	$10m^2$	283.563	121.85	34552	72.61	20590
85	9-2-38	矩形砖柱混合砂浆 14+6	$10m^2$	1.242	145.92	181	98.58	122
86	9-2-54×−4	1∶3 水泥砂浆抹灰层−1×4	$10m^2$	−110.501	20.48	−2263	8.48	−937
87	9-2-55×2	1∶2.5 水泥砂浆抹灰层+1×2	$10m^2$	110.501	10.88	1202	4.24	469
88	9-2-106×1	1∶0.5∶2 混合砂浆装饰抹灰+1	$10m^2$	284.805	5.69	1621	2.65	755
89	9-2-184	墙面砂浆粘贴瓷砖 200×300	$10m^2$	16.855	619.87	10448	190.80	3216
90	9-3-3	现浇混凝土顶棚水泥砂浆抹灰	$10m^2$	116.086	134.26	15586	83.74	9721

续表

序号	定额号	项目名称	单位	数量	单价	合价	计费单价	计费基础
91	9-3-33	装配式U形龙骨600×600一级	$10m^2$	3.085	721.07	2225	99.11	306
92	9-3-127	顶棚PVC扣板	$10m^2$	3.085	532.31	1642	127.20	392
93	9-4-1	底油一遍调合漆二遍单层木门	$10m^2$	12.056	183.52	2213	93.81	1131
94	9-4-151	室内顶棚刷乳胶漆二遍	$10m^2$	116.086	73.61	8545	20.14	2338
95	9-4-152	室内墙柱光面刷乳胶漆二遍	$10m^2$	284.805	67.80	19310	16.96	4830
96	9-4-184	抹灰外墙面丙烯酸涂料（一底二涂）	$10m^2$	110.501	149.20	16487	42.93	4744
97	9-4-209	顶棚．内墙抹灰面满刮腻子二遍	$10m^2$	400.891	31.69	12704	23.32	9349
98	9-5-203	不锈钢管扶手不锈钢栏杆	10m	5.643	8651.46	48820	241.68	1364
99	9-5-204	不锈钢管扶手弯头另加工料	10个	2.40	570.39	1369	354.57	851
		小计				395242		100764
		措施项目（建筑工程）						
100	1-1-17	机械打孔爆破坚石	$10m^3$	1.00	212.57	213	212.57	213
101	4-1-131	现浇混凝土埋设螺栓	10个	1.60	576.53	922	576.53	922
102	10-1-6	双排外钢管脚手架24m内	$10m^2$	121.386	138.80	16848	138.80	16848
103	10-1-21	单排里钢管脚手架3.6m内	$10m^2$	109.016	36.85	4017	36.85	4017
104	10-1-23	单排里钢管脚手架6m内	$10m^2$	17.375	36.69	637	36.69	637
105	10-1-40	钢管依附斜道24m内	座	1.00	6120.74	6121	6120.74	6121
106	10-1-46	立挂式安全网	$10m^2$	68.122	49.11	3345	49.11	3345
107	10-1-51-1	密目网垂直封闭（交替倒用）	$10m^2$	143.339	44.46	6373	44.46	6373
108	10-1-102	单排外钢管脚手架6m内	$10m^2$	16.057	58.12	933	58.12	933
109	10-2-5-1	20m内建筑混合结构泵送垂直运输	$10m^2$	129.141	194.11	25068	194.11	25068
110	10-4-42′	无梁满堂基础胶合板模木支撑［扣胶合板］	$10m^2$	2.562	257.13	659	257.13	659
111	10-4-49	混凝土基础垫层木模板	$10m^2$	0.921	290.24	267	290.24	267
112	10-4-63	$20m^3$内设备基础组合钢模钢支撑	$10m^2$	1.30	385.04	501	385.04	501
113	10-4-88′	矩形柱胶合板模板钢支撑［扣胶合板］	$10m^2$	1.60	243.21	389	243.21	389
114	10-4-100	构造柱复合木模板钢支撑	$10m^2$	38.327	314.16	12041	314.16	12041
115	10-4-102	柱钢支撑高超过3.6m每增3m	$10m^2$	0.448	71.03	32	71.03	32
116	10-4-114′	单梁连续梁胶合板模板钢支撑［扣胶合板］	$10m^2$	0.317	276.57	88	276.57	88
117	10-4-118′	过梁胶合板模板木支撑［扣胶合板］	$10m^2$	9.942	394.91	3926	394.91	3926
118	10-4-127′	圈梁胶合板模板木支撑［扣胶合板］	$10m^2$	21.471	226.86	4871	226.86	4871
119	10-4-160′	有梁板胶合板模板钢支撑［扣胶合板］	$10m^2$	103.293	256.00	26443	256.00	26443
120	10-4-172′	平板胶合板模板钢支撑［扣胶合板］	$10m^2$	21.809	219.97	4797	219.97	4797
121	10-4-176	板钢支撑高＞3.6m每增3m	$10m^2$	20.468	57.94	1186	57.94	1186
122	10-4-201	直形楼梯木模板木支撑	$10m^2$	6.221	1141.70	7103	1141.70	7103
123	10-4-203	直形悬挑板阳台雨篷木模板木支撑	$10m^2$	0.148	924.99	137	924.99	137
124	10-4-205	台阶木模板木支撑	$10m^2$	0.19	257.32	49	257.32	49
125	10-4-213	扶手．压顶木模板木支撑	$10m^3$	0.311	8707.18	2708	8707.18	2708
126	10-4-310	基础竹胶板模板制作	$10m^2$	0.625	847.32	530	847.32	530
127	10-4-311	柱竹胶板模板制作	$10m^2$	0.39	875.08	341	875.08	341
128	10-4-313	梁竹胶板模板制作	$10m^2$	7.742	973.84	7539	973.84	7539
129	10-4-315	板竹胶板模板制作	$10m^2$	30.525	799.24	24397	799.24	24397
130	10-5-1-1′	C204现浇混凝土塔吊基础	$10m^3$	1.00	2848.31	2848	2492.35	2492
131	10-5-3	塔式起重机混凝土基础拆除	$10m^3$	1.00	1562.71	1563	1562.71	1563
132	10-5-6	$1m^3$内履带液压单斗挖掘机运输费	台次	1.00	4576.44	4576	4576.44	4576
133	10-5-20	6t塔式起重机安．拆	台次	1.00	8708.75	8709	8708.75	8709

续表

序号	定额号	项目名称	单位	数量	单价	合价	计费单价	计费基础
134	10-5-20-1	6t 塔式起重机场外运输	台次	1.00	10841.09	10841	10841.09	10841
135	补-1	石渣外运（35 元/m^3）	m	10.00	35.00	350		
		小计				191368		190662
		措施项目（装饰工程）						
136	10-1-22-1	装饰钢管脚手架 3.6m 内	$10m^2$	290.461	14.87	4319	14.87	4319
137	10-1-27	满堂钢管脚手架	$10m^2$	18.165	105.22	1911	105.22	1911
		小计				6230		6230
		专业工程全费价						
1	5-4-12	钢质防火门安装（扇面积）	$10m^2$	1.142	7597.09	8676		
2	5-6-1	塑料平开门安装	$10m^2$	0.189	3449.05	652		
3	5-6-2	单层塑料窗安装	$10m^2$	23.288	2521.39	58718		
		小计				68046		
		建筑项目直接工程费				533711		520895
		建筑项目定额措施费				191368		190662
		装饰项目直接工程费				395242		100764
		装饰项目定额措施费				6230		6230
		专业工程全费价				68046		

注：全费价是指包含措施费、规费和税金的全费用价格，用来计取总承包服务费。

7.5 全费模式报价

原建设部令第 107 号文中对综合单价法的定义与国际上所谓综合单价的定义是一致的。而 08 清单的综合单价仅仅综合计算完成分部分项工程所发生的直接费、间接费、利润，却不包括规费、税金。至于为何采用“08 清单综合单价”而废弃国际上所谓的“综合单价”（又称全费用单价），有关部门是这样解释的：“国际上所谓的综合单价，一般是指全包括的综合单价，08 清单的综合单价是一种狭义上的综合单价，但在目前我国建筑市场存在过度竞争的情况下，规定保障税金和规费为不可竞争的费用的做法很有必要”。

再进一步探讨一下全费用单价和综合单价实际执行中的问题。我国的公路、水利等工程一直以来都采用全费用单价，在一些家庭装饰工程中几乎都是采用全费用单价，在个别建筑安装招投标工程中也有不少采取全费用单价的案例。难道这些工程的税金就没有保障吗？显然以“规定保障税金和规费为不可竞争的费用的做法很有必要”为由，否定全费用单价而推行综合单价，有些牵强。

全费用单价的好处还是很明显的。它不仅能同国际接轨，而且节约表格，一看就知该项目多少钱，便于结算，而综合单价还需要考虑按费率计取的措施费多少，规费多少，税金多少等等，到底这一项变更相差多少钱，不易让人看明白。

有关招投标部门实行全费用单价，可将全费单价的计算过程以电子表格形式提供，可大量节约纸面报表，符合低碳经济，这将会带来一定的社会效益。这对我国工程造价的改革来说，又迈了一大步。它不会对税金和规费的征收有影响，这毕竟不是一回事，因为国家从来没有法律规定报价中不额外列出税金就可以不征收。

08 规范的计价表格多达 14 类，22 种。尤其是表 9，需要一个清单一个表，一个单位工程最少也得上百项，需几百页纸，厚厚的一大本子，让评标专家们在半天时间内评定，几乎连翻阅的时间都不够。可想而知是如何走过场的了。

实际上评标专家们关心的是总造价和全费单价。至于计算过程和计算错误，完全可以在清标时利用软件来解决，只需提供电子文档便于专家抽查即可，无需把厚厚的一大本子交上，让专家来欣赏标书制作的复杂程度和装潢水平，以赢得高分。

实行全费用单价在实际操作中是很容易实现的。无非就是把每一项清单作为一项工程来取费即可，全费用单价不仅用于清单计价，也可应用在定额计价中。

下面以商务楼工程实例来说明实施全费用单价的可行性。

7.5.1 清单全费模式计价表（表 7-6、表 7-7）

建筑清单全费模式计价表 **表 7-6**

工程名称：商务楼工程建筑

序号	项目编码	项目名称	单位	工程量	全费单价	合价	专业工程
1	010101001001	平整场地	m^2	196.48	1.08	212	
2	010101003001	挖基础土方；坚土，2m 内	m^3	290.59	40.8	11856	
3	010103001001	土方回填	m^3	187.43	37.34	6999	
4	010301001001	砖基础；M10 砂浆	m^3	22.81	322.01	7345	
5	010302001001	实心砖墙；粉煤灰轻质砖墙 240，M7.5 混浆	m^3	400.53	336.86	134923	
6	010302001002	实心砖墙；粉煤灰轻质砖墙 120，M7.5 混浆	m^3	9.81	367.67	3607	
7	010401003001	满堂基础；C20	m^3	101.73	333.73	33950	
8	010401006001	垫层；C15	m^3	23.30	352.14	8205	
9	010402001001	矩形柱；C25	m^3	1.60	436.31	698	
10	010402001002	矩形柱；构造柱，C25	m^3	44.35	453.2	20099	
11	010403002001	矩形梁；挑梁，C25	m^3	0.29	400.37	116	
12	010403004001	圈梁；C25	m^3	29.38	457.02	13427	
13	010403005001	过梁；C25	m^3	9.23	478.31	4415	
14	010405001001	有梁板；C25	m^3	113.05	390.08	44099	
15	010405003001	平板；C25	m^3	28.38	395.06	11212	
16	010405008001	雨篷；C25	m^3	0.10	624.88	62	
17	010406001001	直形楼梯；C25	m^2	62.21	94.81	5898	
18	010407001001	其他构件；压顶，C25	m^3	3.11	497.21	1546	
19	010407001002	其他构件；混凝土台阶，C20	m^3	0.54	533.26	288	
20	010407002001	散水；混凝土散水（L03J004-5/3）	m^2	40.93	70.42	2882	
21	010407002002	坡道；混凝土坡道（L03J004-1/27）	m^2	11.92	75.45	899	
22	010416001001	现浇混凝土钢筋；砌体加固筋	t	1.276	7136.08	9106	
23	010416001002	现浇混凝土钢筋；Ⅰ级钢	t	14.036	6702.73	94080	
24	010416001003	现浇混凝土钢筋；Ⅱ级钢	t	26.419	6078.13	160578	
25	010416001004	现浇混凝土钢筋；冷轧带肋钢筋	t	0.013	7458.81	97	
26	010417002001	预埋铁件	t	0.115	9239.52	1063	
27	010702001001	屋面卷材防水；防滑地砖，改性沥青卷材，LM 高分子涂料防水，1：3 砂浆找平 20	m^2	202.93	197.71	40121	
28	010702003001	屋面刚性防水；1：3 水泥砂浆找坡，改性沥青卷材，防水砂浆	m^2	17.22	84.09	1448	
29	010702004001	屋面排水管；塑料水落管 ϕ100	m	39.80	32.94	1311	
30	010803001001	保温隔热屋面；现浇水泥珍珠岩 1：8，聚氨酯发泡保温层 40	m^2	185.92	123.03	22874	
31	AB001	竣工清理	m^3	4065.75	1.02	4147	

续表

序号	项目编码	项目名称	单位	工程量	全费单价	合价	专业工程
		小计				647563	
		措施项目					
58	CS1.1	混凝土、钢筋混凝土模板及支撑				115972	
59	CS1.2	脚手架				45526	
60	CS1.3	垂直运输机械				29816	
61	CS5	大型机械设备进出场及按拆				36242	
		小计				227556	
		其他项目					
		暂列金额				63369	
		计日工				1890	
		小计				65259	
		合计				940378	

装饰清单全费模式计价表 **表 7-7**

工程名称：商务楼工程装饰

序号	项目编码	项目名称	单位	工程量	全费单价	合价	专业工程
1	020101001002	水泥砂浆楼地面；地 1	m^2	81.40	41.73	3397	
2	020102001001	石材楼地面；楼 19，大理石 800×800	m^2	502.90	224.8	113052	
3	020102002001	块料楼地面；地 14，地面砖 400×400	m^2	89.91	143.71	12921	
4	020102002002	块料楼地面；楼 18，地面砖 400×400	m^2	342.18	190.36	65137	
5	020102002003	块料楼地面；楼 18，地面砖 300×300	m^2	30.85	144.49	4458	
6	020105001002	水泥砂浆踢脚线；踢 1	m	69.76	6.15	429	
7	020105003001	块料踢脚线；踢 5	m^2	138.10	103.08	14235	
8	020106002001	块料楼梯面层；楼 15，楼梯面砖 300×300	m^2	59.15	128.83	7620	
9	020107001002	金属扶手带栏杆．栏板；不锈钢管栏杆	m	56.43	1021.02	57616	
10	020108002001	块料台阶面；防滑地砖台阶	m^2	1.08	104.21	113	
11	020108003001	水泥砂浆台阶面	m^2	2.38	41.68	99	
12	020201001001	墙面一般抹灰；混合砂浆 7+7+7，内墙 4	m^2	2835.63	20.72	58754	
13	020201001002	墙面一般抹灰；外墙 9	m^2	1050.32	20.43	21458	
14	020202001001	柱面一般抹灰；混合砂浆 7+7+7，内墙 4	m^2	12.42	25.67	319	
15	020203001001	零星项目一般抹灰；外墙 9	m^2	54.69	74.41	4069	
16	020204003001	块料墙面；贴瓷砖	m^2	168.55	85.4	14394	
17	020301001001	顶棚抹灰；棚 3	m^2	1160.86	22.17	25736	
18	020302001001	顶棚吊顶；轻钢龙骨，PVC 扣板	m^2	30.85	158.8	4899	
19	020401005001	夹板装饰门；单扇夹板门，安执手锁，底油一遍调合漆二遍	m^2	100.40	304.11	30533	
20	020401005002	夹板装饰门；双扇夹板门，安执手锁，底油一遍调合漆二遍	m^2	20.16	261.87	5279	
21	020402005001	塑钢门	m^2	1.89	344.9		652
22	020403003001	防火卷帘门	樘	2.00	4337.94		8676
23	020406007001	塑钢窗	m^2	232.88	252.15		58721
24	020507001001	刷喷涂料；顶棚刮腻子，乳胶漆二遍	m^2	1160.86	15.47	17959	
25	020507001002	刷喷涂料；墙面刮腻子，乳胶漆二遍	m^2	2848.05	14.54	41411	
26	020507001003	刷喷涂料；外墙面丙烯酸涂料（一底二涂）	m^2	1105.01	20.31	22443	

续表

序号	项目编码	项目名称	单位	工程量	全费单价	合价	专业工程
		小计				526331	68049
		措施项目					
27	CS2.1	脚手架				9364	
		小计				9364	
		其他项目					
		暂列金额				51033	
		总承包服务费				2261	
		小计				53294	
		合计				588989	

7.5.2 定额全费模式计价表（表 7-8）

定额全费模式计价表 **表 7-8**

工程名称：商务楼工程

序号	项目编码	项目名称	单位	工程量	全费单价	合价
		建筑工程				
1	1-2-3-2	人工挖机械剩余 5%坚土深 2m 内	$10m^3$	1.528	560.79	857
2	1-3-15	挖掘机挖坚土自卸汽车运 1km 内	$10m^3$	29.024	174.78	5073
3	1-3-45	装载机装土方	$10m^3$	23.26	24.47	569
4	1-3-47	挖掘机装土方	$10m^3$	1.528	22.96	35
5	1-3-57	自卸汽车运土方 1km 内	$10m^3$	24.788	83.20	2062
6	1-3-58×9	自卸汽车运土方增运 1km×9	$10m^3$	53.812	130.70	7033
7	1-4-2	机械场地平整	$10m^2$	32.56	6.50	212
8	1-4-3	竣工清理	$10m^3$	406.575	10.31	4192
9	1-4-4-1	基底钎探（灌砂）	十眼	23.30	76.14	1774
10	1-4-13	槽、坑机械夯填土	$10m^3$	20.236	71.69	1451
11	2-1-1	3：7 灰土垫层	$10m^3$	0.046	1542.63	71
12	2-1-13′	C154 商品混凝土无筋混凝土垫层	$10m^3$	2.33	3521.57	8205
13	3-1-1.09	M10 砂浆砖基础	$10m^3$	2.281	3219.99	7345
14	3-3-1.04	M7.5 混浆烧结粉煤灰轻质砖墙 115	$10m^3$	0.981	3676.67	3607
15	3-3-3.04	M7.5 混浆烧结粉煤灰轻质砖墙 240	$10m^3$	40.053	3368.69	134926
16	4-1-2	现浇构件圆钢筋 $\phi6.5$	t	1.254	7132.78	8945
17	4-1-3	现浇构件圆钢筋 $\phi8$	t	7.294	6573.86	47950
18	4-1-4	现浇构件圆钢筋 $\phi10$	t	3.077	6295.05	19370
19	4-1-5	现浇构件圆钢筋 $\phi12$	t	0.155	6315.17	979
20	4-1-13	现浇构件螺纹钢筋 $\phi12$	t	0.093	6368.10	592
21	4-1-14	现浇构件螺纹钢筋 $\phi14$	t	0.435	6206.71	2700
22	4-1-15	现浇构件螺纹钢筋 $\phi16$	t	12.195	6100.02	74390
23	4-1-16	现浇构件螺纹钢筋 $\phi18$	t	9.94	6067.13	60307
24	4-1-17	现浇构件螺纹钢筋 $\phi20$	t	3.756	6014.12	22589
25	4-1-52	现浇构件箍筋 $\phi6.5$	t	2.086	7514.38	15675
26	4-1-53	现浇构件箍筋 $\phi8$	t	0.17	6833.41	1162
27	4-1-96	铁件	t	0.115	9239.53	1063
28	4-1-98	砌体加固筋 $\phi6.5$ 内	t	1.276	7136.08	9106

续表

序号	项目编码	项目名称	单位	工程量	全费单价	合价
29	4-1-101	冷轧带肋钢筋 ϕ6	t	0.01	7661.80	77
30	4-1-103	冷轧带肋钢筋 ϕ10	t	0.003	6782.16	20
31	4-2-11′	C204 商品混凝土无梁式满堂基础	10m³	10.173	3337.27	33950
32	4-2-17′	C254 商品混凝土矩形柱	10m³	0.16	4362.95	698
33	4-2-20′	C253 商品混凝土构造柱	10m³	4.435	4532.01	20099
34	4-2-24′	C253 商品混凝土单梁．连续梁	10m³	0.029	4003.42	116
35	4-2-26′	C253 商品混凝土圈梁	10m³	2.938	4570.17	13427
36	4-2-27′	C253 商品混凝土过梁	10m³	0.923	4783.04	4415
37	4-2-36′	C252 商品混凝土有梁板	10m³	11.305	3900.93	44100
38	4-2-38′	C252 商品混凝土平板	10m³	2.838	3950.57	11212
39	4-2-42.2′	C252 商品混凝土直形楼梯无斜梁 100	10m²	6.221	981.12	6104
40	4-2-46.2×−2′	C252 商品混凝土楼梯板厚−10×2	10m²	−2.10	97.71	−205
41	4-2-49.2′	C252 商品混凝土雨篷	10m²	0.148	462.08	68
42	4-2-57′	C202 商混凝土台阶	10m³	0.054	4018.61	217
43	4-2-58.2′	C252 商品混凝土压顶	10m³	0.311	4972.03	1546
44	4-2-65×−1	C202 现浇混凝土阳台．雨篷每−10	10m²	−0.148	39.86	−6
45	6-2-10	平面防水砂浆防水层	10m²	1.722	144.29	248
46	6-2-24	平面沥青玻璃纤维布±一布一油	10m²	18.592	153.17	2848
47	6-2-34	平面一层高强 APP 改性沥青卷材	10m²	22.015	452.64	9965
48	6-2-93	1.5 厚 LM 高分子涂料防水层	10m²	20.293	551.48	11191
49	6-3-13	混凝土板上聚氨酯发泡保温层 40	10m²	18.592	603.13	11213
50	6-3-15-1	混凝土板上现浇水泥珍珠岩 1∶8	10m³	3.718	2492.39	9267
51	6-4-9	塑料水落管 ϕ100	10m	3.98	249.64	994
52	6-4-10	塑料水斗	10 个	0.30	260.49	78
53	6-4-22	铸铁弯头落水口（含箅子板）	10 个	0.30	796.40	239
54	8-7-49′	C154 商品混凝土散水 3∶7 灰土垫层	10m²	4.093	704.05	2882
55	8-7-53-1′	混凝土坡道 100 灰土垫层 3∶7 就地取土［商品混凝土］	10m²	1.192	754.40	899
56	9-1-1	1∶3 砂浆硬基层上找平层 20	10m²	22.015	117.88	2595
57	9-1-2	1∶3 砂浆填充料上找平层 20	10m²	18.592	128.60	2391
58	9-1-3×7	1∶3 砂浆找平层+5×7	10m²	1.262	171.79	217
59	9-1-80-2	1∶3 砂浆 25 彩釉砖楼地面 800 内	10m²	18.592	780.12	14504
		小计				647609
		装饰工程				
60	2-1-13′	C154 商品混凝土无筋混凝土垫层	10m³	1.028	3740.67	3845
61	5-1-13	单扇木门框制作	10m²	10.04	499.53	5015
62	5-1-14	单扇木门框安装	10m²	10.04	274.96	2761
63	5-1-15	双扇木门框制作	10m²	2.016	324.21	654
64	5-1-16	双扇木门框安装	10m²	2.016	165.87	334
65	5-1-37	单扇木门扇制作	10m²	10.04	1143.27	11478
66	5-1-38	单扇木门扇安装	10m²	10.04	100.81	1012
67	5-1-39	双扇木门扇制作	10m²	2.016	1210.74	2441
68	5-1-40	双扇木门扇安装	10m²	2.016	108.16	218
69	5-4-12	钢质防火门安装（扇面积）	10m²	1.142	7597.09	8676
70	5-6-1	塑料平开门安装	10m²	0.189	3449.05	652
71	5-6-2	单层塑料窗安装	10m²	23.288	2521.39	58718

续表

序号	项目编码	项目名称	单位	工程量	全费单价	合价
72	5-9-3-1	单扇木门配件（安执手锁）	10 樘	6.4	1321.68	8459
73	6-2-93	1.5 厚 LM 高分子涂料防水层	$10m^2$	38.618	509.15	19662
74	9-1-1	1∶3 砂浆硬基层上找平层 20	$10m^2$	92.142	143.58	13230
75	9-1-3×2	1∶3 砂浆找平层＋5×2	$10m^2$	50.29	57.69	2901
76	9-1-9-1	1∶2 砂浆楼地面 20	$10m^2$	8.14	193.07	1572
77	9-1-11	1∶2.5 砂浆台阶 20	$10m^2$	0.238	416.56	99
78	9-1-13	水泥砂浆踢脚线 20	10m	6.976	61.42	428
79	9-1-36	水泥砂浆大理石楼地面	$10m^2$	50.29	2190.34	110152
80	9-1-82	1∶2.5 砂浆 10 彩釉砖楼地面 1200 内	$10m^2$	3.085	648.69	2001
81	9-1-84	彩釉砖楼梯	$10m^2$	5.915	1144.70	6771
82	9-1-85	彩釉砖台阶	$10m^2$	0.108	1042.23	113
83	9-1-86	水泥砂浆彩釉砖踢脚板	10m	92.066	154.61	14234
84	9-1-112	全瓷地板砖楼地面 1600 内	$10m^2$	44.8	1037.10	46462
85	9-2-20	砖墙面墙裙水泥砂浆 14＋6	$10m^2$	105.032	218.58	22958
86	9-2-25	零星项目水泥砂浆 14＋6	$10m^2$	5.469	758.42	4148
87	9-2-31	砖墙面墙裙混合砂浆 14＋6	$10m^2$	283.563	198.46	56276
88	9-2-38	矩形砖柱混合砂浆 14＋6	$10m^2$	1.242	247.82	308
89	9-2-54×－4	1∶3 水泥砂浆抹灰层-1×4	$10m^2$	－110.501	30.11	－3327
90	9-2-55×2	1∶2.5 水泥砂浆抹灰层＋1×2	$10m^2$	110.501	15.76	1741
91	9-2-106×1	1∶0.5∶2 混合砂浆装饰抹灰＋1	$10m^2$	284.805	8.65	2464
92	9-2-184	墙面砂浆粘贴瓷砖 200×300	$10m^2$	16.855	854.05	14395
93	9-3-3	现浇混凝土顶棚水泥砂浆抹灰	$10m^2$	116.086	221.95	25765
94	9-3-33	装配式 U 形龙骨 600×600 一级	$10m^2$	3.085	886.40	2735
95	9-3-127	顶棚 PVC 扣板	$10m^2$	3.085	701.47	2164
96	9-4-1	底油一遍调合漆二遍单层木门	$10m^2$	12.056	285.39	3441
97	9-4-151	室内顶棚刷乳胶漆二遍	$10m^2$	116.086	99.23	11519
98	9-4-152	室内墙柱光面刷乳胶漆二遍	$10m^2$	284.805	90.01	25635
99	9-4-184	抹灰外墙面丙烯酸涂料（一底二涂）	$10m^2$	110.501	202.96	22427
100	9-4-209	顶棚．内墙抹灰面满刮腻子二遍	$10m^2$	400.891	55.49	22245
101	9-5-203	不锈钢管扶手不锈钢栏杆	10m	5.643	9809.63	55356
102	9-5-204	不锈钢管扶手弯头另加工料	10 个	2.40	941.89	2261
		小计				526353
		措施项目（建筑工程）				
103	1-1-17	机械打孔爆破坚石	$10m^3$	1.00	252.83	253
104	4-1-131	现浇混凝土埋设螺栓	10 个	1.60	685.74	1097
105	10-1-6	双排外钢管脚手架 24m 内	$10m^2$	121.386	165.10	20041
106	10-1-21	单排里钢管脚手架 3.6m 内	$10m^2$	109.016	43.83	4778
107	10-1-23	单排里钢管脚手架 6m 内	$10m^2$	17.375	43.64	758
108	10-1-40	钢管依附斜道 24m 内	座	1.00	7280.17	7280
109	10-1-46	立挂式安全网	$10m^2$	68.122	58.41	3979
110	10-1-51-1	密目网垂直封闭（交替倒用）	$10m^2$	143.339	52.88	7580
111	10-1-102	单排外钢管脚手架 6m 内	$10m^2$	16.057	69.12	1110
112	10-2-5-1	20m 内建筑混合结构泵送垂直运输	$10m^2$	129.141	230.89	29817
113	10-4-42′	无梁满堂基础胶合板模木支撑［扣胶合板］	$10m^2$	2.562	305.86	784
114	10-4-49	混凝土基础垫层木模板	$10m^2$	0.921	345.24	318

续表

序号	项目编码	项目名称	单位	工程量	全费单价	合价
115	10-4-63	$20m^3$ 内设备基础组合钢模钢支撑	$10m^2$	1.30	457.97	595
116	10-4-88′	矩形柱胶合板模板钢支撑［扣胶合板］	$10m^2$	1.60	289.28	463
117	10-4-100	构造柱复合木模板钢支撑	$10m^2$	38.327	373.67	14322
118	10-4-102	柱钢支撑高超过 3.6m 每增 3m	$10m^2$	0.448	84.48	38
119	10-4-114′	单梁连续梁胶合板模板钢支撑［扣胶合板］	$10m^2$	0.317	328.96	104
120	10-4-118′	过梁胶合板模板木支撑［扣胶合板］	$10m^2$	9.942	469.72	4670
121	10-4-127′	圈梁胶合板模板木支撑［扣胶合板］	$10m^2$	21.471	269.83	5794
122	10-4-160′	有梁板胶合板模板钢支撑［扣胶合板］	$10m^2$	103.293	304.49	31452
123	10-4-172′	平板胶合板模板钢支撑［扣胶合板］	$10m^2$	21.809	261.65	5706
124	10-4-176	板钢支撑高＞3.6m 每增 3m	$10m^2$	20.468	68.92	1411
125	10-4-201	直形楼梯木模板木支撑	$10m^2$	6.221	1357.98	8448
126	10-4-203	直形悬挑板阳台雨篷木模板木支撑	$10m^2$	0.148	1100.21	163
127	10-4-205	台阶木模板木支撑	$10m^2$	0.19	306.07	58
128	10-4-213	扶手．压顶木模板木支撑	$10m^3$	0.311	10356.55	3221
129	10-4-310	基础竹胶板模板制作	$10m^2$	0.625	1007.82	630
130	10-4-311	柱竹胶板模板制作	$10m^2$	0.39	1040.83	406
131	10-4-313	梁竹胶板模板制作	$10m^2$	7.742	1158.31	8968
132	10-4-315	板竹胶板模板制作	$10m^2$	30.525	950.65	29019
133	10-5-1-1′	C204 现浇混凝土塔吊基础	$10m^3$	1.00	3356.14	3356
134	10-5-3	塔式起重机混凝土基础拆除	$10m^3$	1.00	1858.73	1859
135	10-5-6	$1m^3$ 内履带液压单斗挖掘机运输费	台次	1.00	5443.34	5443
136	10-5-20	6t 塔式起重机安．拆	台次	1.00	10358.43	10358
137	10-5-20-1	6t 塔式起重机场外运输	台次	1.00	12894.68	12895
138	补-1	石渣外运（35 元/m^3）	m	10.00	38.50	385
		小计				227559
		措施项目（装饰工程）				
139	10-1-22-1	装饰钢管脚手架 3.6m 内	$10m^2$	290.461	22.64	6576
140	10-1-27	满堂钢管脚手架	$10m^2$	18.165	153.21	2783
		小计				9359
		总承包服务费	元			2261
		合计				1413141

7.6 清单、定额两种计价及其全费价模式的对比

表 7-9 为清单、定额两种计价及其全费价模式的对比。

清单、定额两种计价及其全费价模式的对比 **表 7-9**

<table>
<tr><th rowspan="3">项目</th><th colspan="5">清单计价模式</th><th colspan="3">定额计价模式</th><th colspan="2">两种模式差值</th></tr>
<tr><th rowspan="2">传统模式</th><th rowspan="2">全费模式</th><th colspan="3">其他项目</th><th rowspan="2">传统模式</th><th rowspan="2">全费模式</th><th>其他项目</th><th rowspan="2">传统模式</th><th rowspan="2">全费模式</th></tr>
<tr><th>暂列金额</th><th>计日工</th><th>总承包服务费</th><th>总承包服务费</th></tr>
<tr><td>建筑工程</td><td>940444</td><td>940378</td><td>63369</td><td>1890</td><td></td><td>875164</td><td>875168</td><td></td><td></td><td></td></tr>
<tr><td>装饰工程</td><td>588954</td><td>588989</td><td>51033</td><td></td><td>2261</td><td>537969</td><td>537753</td><td>2261</td><td></td><td></td></tr>
<tr><td>合计</td><td>1529398</td><td>1529367</td><td colspan="3">116292</td><td>1413133</td><td>1413141</td><td></td><td>116265</td><td>116226</td></tr>
<tr><td>差值</td><td colspan="2">31</td><td colspan="3"></td><td colspan="2">−8</td><td></td><td colspan="2"></td></tr>
</table>

通过表 7-9 数据对比可知：在清单计价中，传统模式与全费模式相差 31 元；在定额计价中，传统模式与全费模式相差 8 元。以传统模式为例，清单计价与定额计价的差值为 116265，差在清单计价中多列出了暂列金额和计日工（二者合计值为 116292），故实际差值为 27。

由此可证，清单计价和定额计价的结果是一致的，并且两者皆可用全费价来表示，其结果是一致的。

复习思考题

（1）简述工料单价法和综合单价法的区别。

（2）简述由清单计价生成定额计价的步骤。

（3）简述使用全费单价的好处。

（4）上机实习：

1）使用套价软件将商务楼的清单计价文件生成定额计价文件，并将其与清单计价文件结果进行对比，分析差别所在。

2）使用套价软件生成“清单全费模式计价表”并与第 6 章表 6-6、表 6-7 合计值进行对比。

3）使用套价软件生成“定额全费模式计价表”并与表 7-2 合计值进行对比。

8　商务楼工程图形算量

8.1　图算思路

手工算量时，既要读图，提取数据，又要熟悉当地计算规则，分析构件之间的关系，提取扣减量，容易造成计算错误，缺项漏项。这时我们可以采用图形算量来进行校对。

图形算量的思路是建立工程模型，根据工程量计算规则提取模型的各种数据，最后按一定的归并条件算出工程量。尽管图形算量有一定的弊端，但图形算量具有直观、快速的特点，能给操作者带来成就感。对于初学造价的人来说图形算量的“虚拟施工”可视化技术建立的构件模型是一个很好的学习工具。

本章我们使用广联达算量软件 GCL2008 来验证商务楼表算工程量，以基础层和首层的工程量计算为例介绍构件布置方法，最后出具部分实物工程量的报表。

8.2　算量流程

运用广联达算量软件完成一栋房屋的算量工作，基本上遵循如图 8-1 所示的工作流程。按照这个工作流程灵活地运用软件，将会给工作带来很大便利。

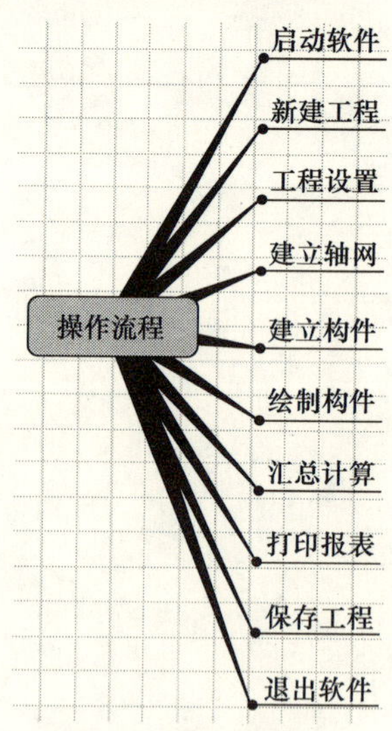

图 8-1　图形算量软件算量工作流程

8.3　建立工程项目

8.3.1　新建工程

(1) 启动软件，进入如图 8-2 所示界面“欢迎使用 GCL2008”。

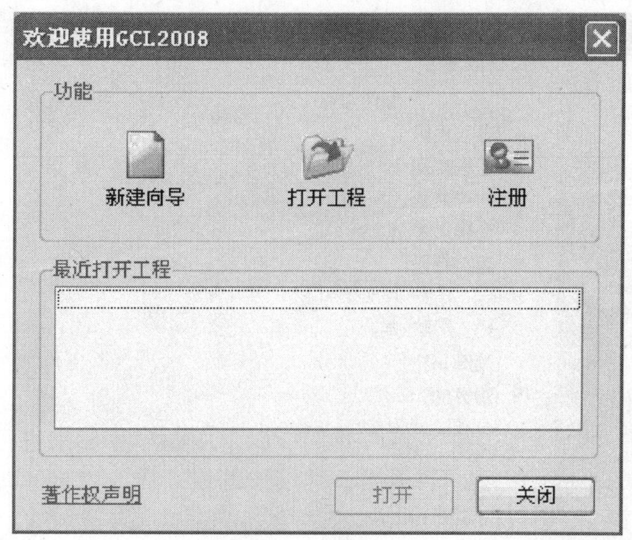

图 8-2　新建向导

(2) 鼠标左键点击欢迎界面上的“新建向导”，进入新建工程界面，如图 8-3 所示。

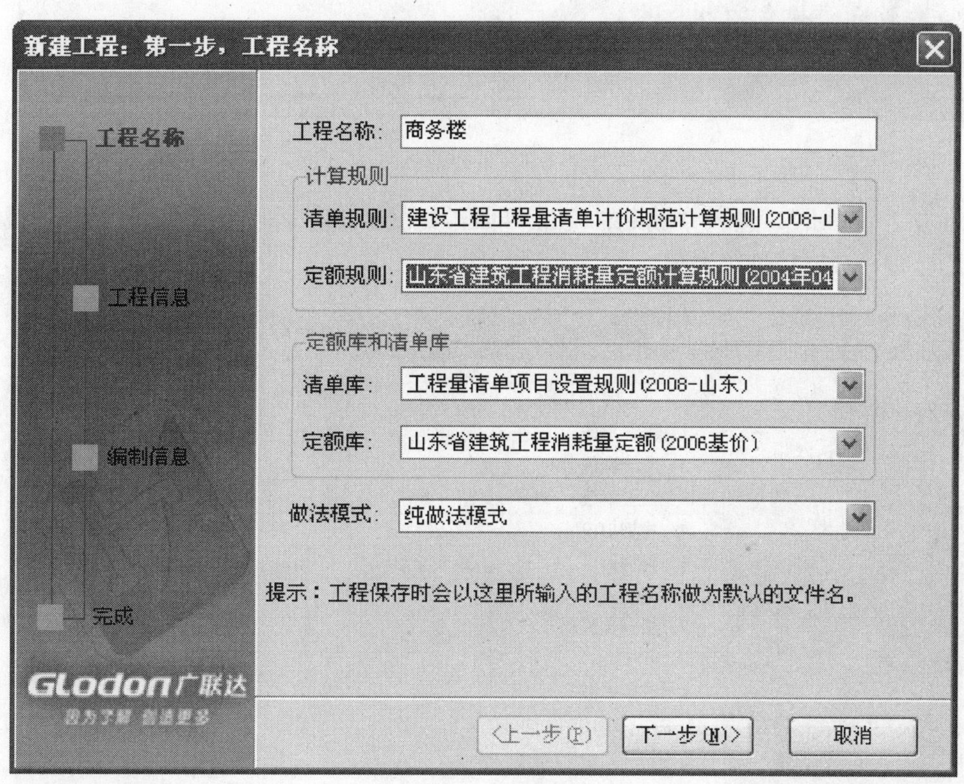

图 8-3　工程名称

工程名称：按工程图纸名称输入，保存时会作为默认的文件名；本工程名称输入为“商务楼”。做法模式：选择纯做法模式。软件提供了两种做法模式：纯做法模式和量表模式。

(3) 点击“下一步”，进入“工程信息”界面，如图 8-4 所示。

在工程信息中，室外地坪相对±0.000 标高的数值，需要根据实际工程的情况进行输入。本工程的信息输入如图 8-4。

室外地坪相对±0.000 标高会影响到室外装修、土方工程量计算。可根据建施 06、07、08 这三张图纸确定。

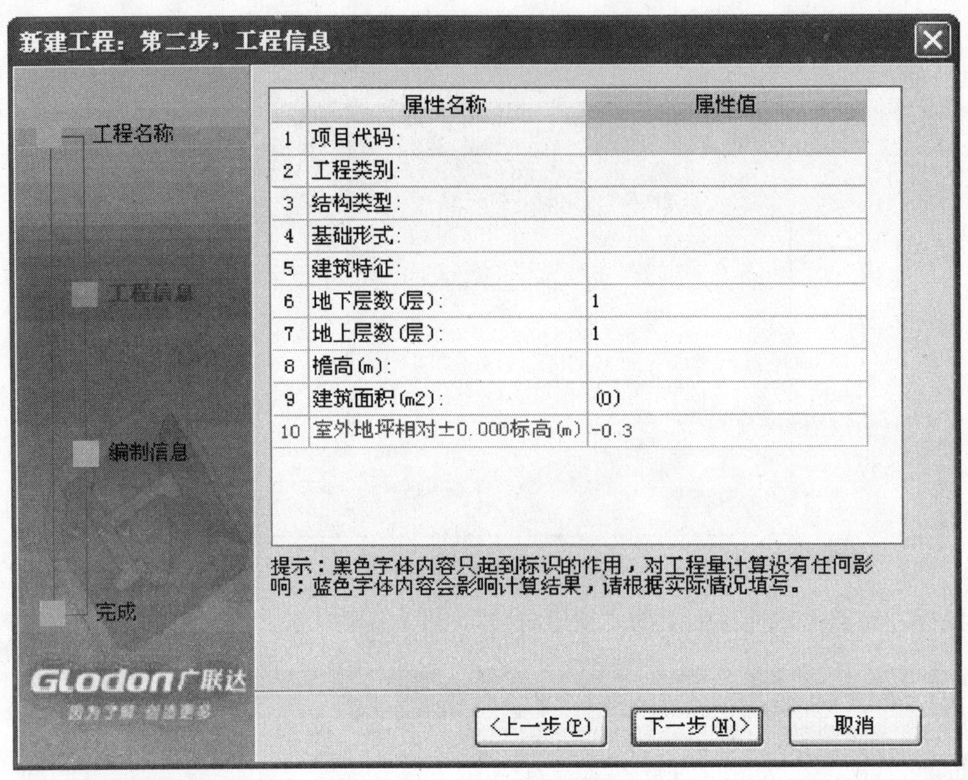

图 8-4 工程信息

（4）点击“下一步”，进入“编制信息”界面，如图 8-5 所示。根据实际工程情况添加相应的内容，汇总时，会链接到报表里。

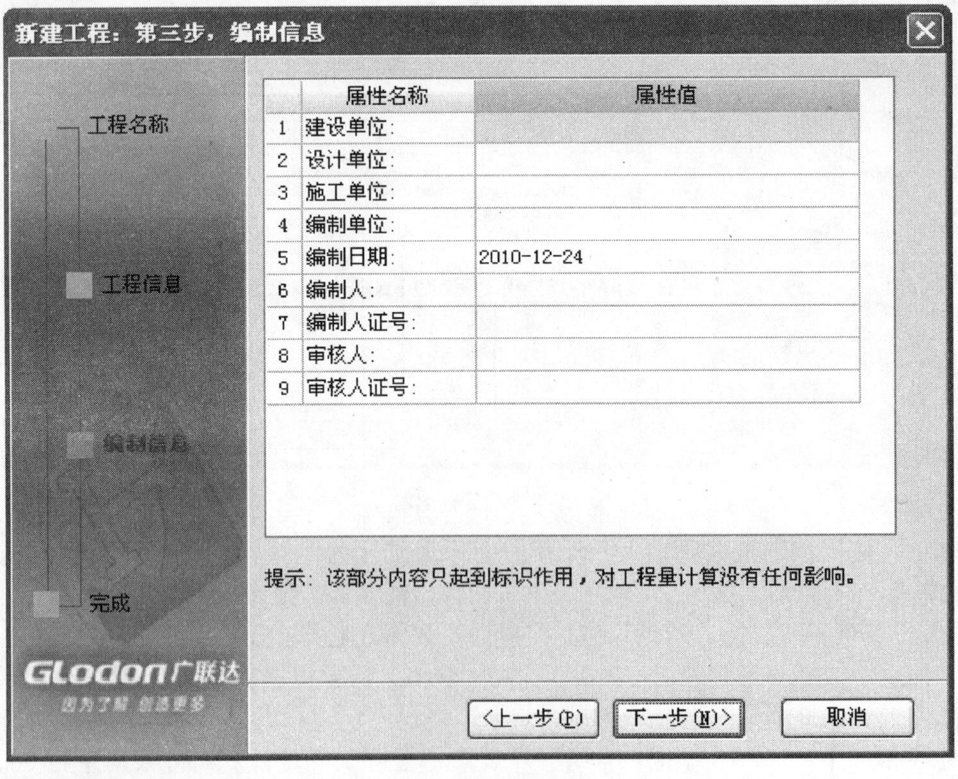

新建工程：第三步，编制信息

工程名称

工程信息

编制信息

完成

	属性名称	属性值
1	建设单位:	
2	设计单位:	
3	施工单位:	
4	编制单位:	
5	编制日期:	2010-12-24
6	编制人:	
7	编制人证号:	
8	审核人:	
9	审核人证号:	

提示：该部分内容只起到标识作用，对工程量计算没有任何影响。

Glodon广联达

因为了解 创造更多

<上一步(P) 下一步(N)> 取消

图 8-5 编制信息

（5）点击“下一步”，进入“完成”界面，这里显示了工程信息和编制信息，如图 8-6 所示。

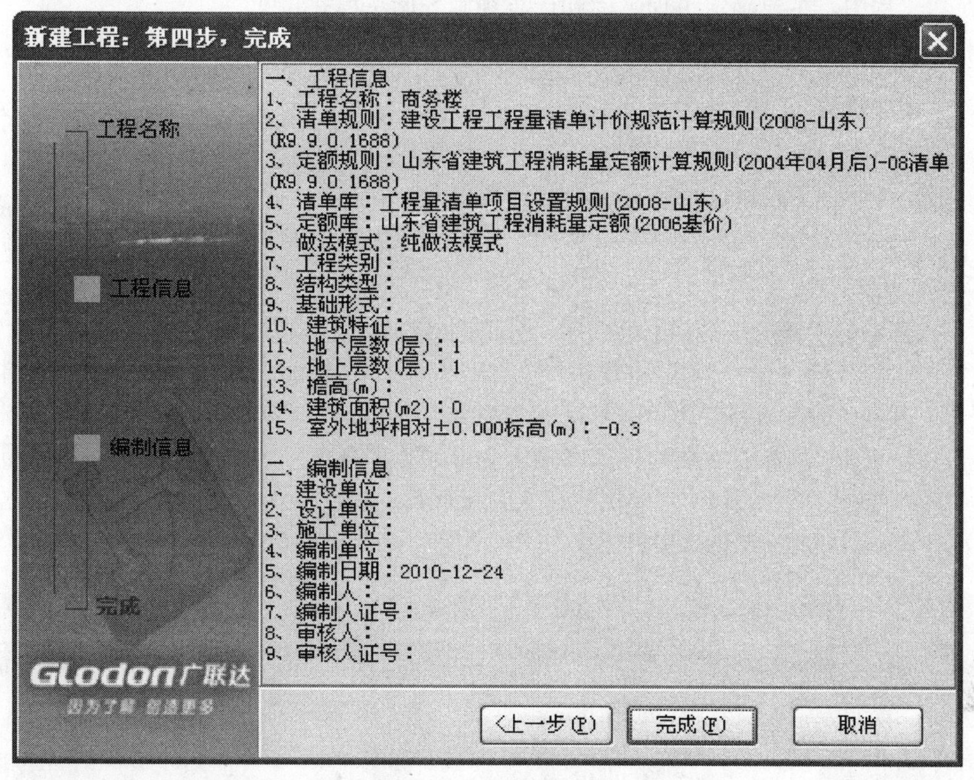

图 8-6　工程建立完成

（6）点击“完成”，完成新建工程，切换到“工程信息”界面，如图 8-7 所示。该界面显示了新建工程的工程信息，供用户查看和修改。

模块导航栏
工程设置
工程信息
楼层信息
外部清单
计算设置
计算规则

	属性名称	属性值
1	− 工程信息	
2	工程名称:	商务楼
3	清单规则:	建设工程工程量清单计价规范计算规则(2008-山东)(R9.9.0.1688)
4	定额规则:	山东省建筑工程消耗量定额计算规则(2004年04月后)-08清单(R9.9.0.1688)
5	清单库:	工程量清单项目设置规则(2008-山东)
6	定额库:	山东省建筑工程消耗量定额(2006基价)
7	做法模式:	纯做法模式
8	项目代码:	
9	工程类别:	
10	结构类型:	
11	基础形式:	
12	建筑特征:	
13	地下层数(层):	1
14	地上层数(层):	1
15	檐高(m):	
16	建筑面积(m2):	(0)
17	室外地坪相对±0.000标高(m):	-0.3
18	冻土厚度(mm):	0
19	− 编制信息	
20	建设单位:	
21	设计单位:	
22	施工单位:	
23	编制单位:	
24	编制日期:	2010-12-24
25	编制人:	
26	编制人证号:	
27	审核人:	
28	审核人证号:	

图 8-7　工程信息的查看

注意事项：

1）新建工程中，主要确定工程名称和计算规则、做法模式；

2）蓝色字体的参数值影响工程量计算，照图纸输入，其他信息只起标识作用。

8.3.2 新建楼层

（1）分析图纸

分析建施 09（1-1 剖面图），可以确定楼层层高及标高信息；结构总说明可以确定各楼层构件标号、类型。

（2）建立楼层

首先根据图纸建立楼层从下到上的顺序。分析图纸结施 02 和建施 09 可以知道，本建筑有基础层、首层、2 层、3 层、4 层、5 层、6 层、7 层（屋面层），共 7 层。软件默认给出首层和基础层。在本工程中，基础层的筏板厚度为 400mm，局部加厚为 700mm，筏板顶标高为－1m，所以在基础层的层高位置输入 1.7。首层的结构底标高输入为 0，层高输入为 4m。鼠标左键选择首层所在的行，点击“插入楼层”，添加第 2 层，2 层的高度输入为 3m。按照建立 2 层同样的方法，建立 3～7 层，7 层层高为 2.7m，可以把 7 层的楼层名称改为“屋面层”。各层建立后，输入的结果如图 8-8 所示。

插入楼层　删除楼层　上移　下移

	编码	名称	层高(m)	首层	底标高(m)	相同层数	现浇板厚(mm)	建筑面积(m2)	备注
1	7	屋面层	2.700	☐	19.000	1	120		
2	6	第6层	3.000	☐	16.000	1	120		
3	5	第5层	3.000	☐	13.000	1	120		
4	4	第4层	3.000	☐	10.000	1	120		
5	3	第3层	3.000	☐	7.000	1	120		
6	2	第2层	3.000	☐	4.000	1	120		
7	1	首层	4.000	☑	0.000	1	120		
8	0	基础层	1.700	☐	-1.700	1	120		

图 8-8　建立楼层

说明：

1）首层标记：在楼层列表中的首层列，可以选择某一层作为首层。勾选后，该层作为首层，相邻楼层的编码自动变化，基础层的编码不变。

2）底标高：是指各层的结构底标高。软件中只允许修改首层的底标高，其他层标高自动按层高反算。

3）相同板厚：是软件给的默认值，可以按工程图纸中最常用的板厚设置。在绘图输入新建板时，会自动默认取这里设置的数值。

4）建筑面积：是指各层建筑面积图元的建筑面积工程量，为只读。

需要说明楼层建立的标准，从下一层的板顶到上一层的板顶。

8.3.3 强度等级设置

在楼层设置下方是软件中的强度等级设置（图 8-9），集中统一管理构件混凝土强度等级、类型，砂浆强度等级、类型。对应构件的强度等级设置好后，在绘图输入新建构件时，会自动取这里设置的强度等级值。同时强度等级设置适用于对定额进行楼层换算。

说明：

1）可以按照结构设计总说明，对应构件选择强度等级和类型；对修改的强度等级和类型，软件会以反色显示；

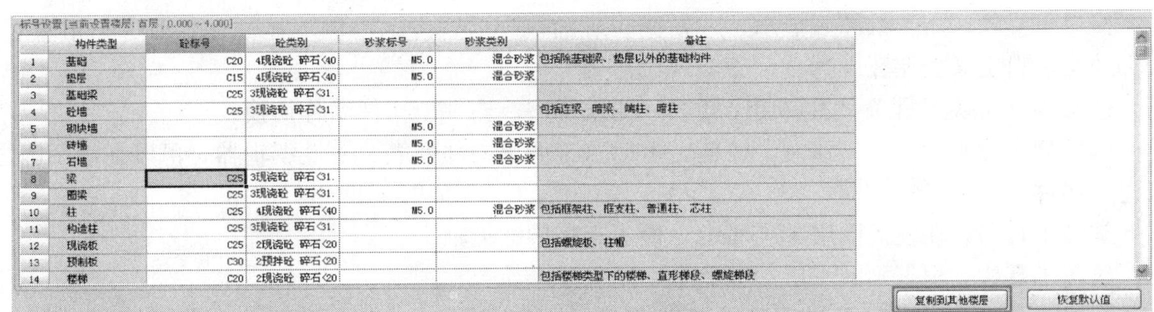

标号设置[当前设置楼层：首层，0.000～4.000]

	构件类型	砼标号	砼类别	砂浆标号	砂浆类别	备注
1	基础	C20	4现浇砼 碎石<40	M5.0	混合砂浆	包括除基础梁、垫层以外的基础构件
2	垫层	C15	4现浇砼 碎石<40	M5.0	混合砂浆	
3	基础梁	C25	3现浇砼 碎石<31.			
4	砼墙	C25	3现浇砼 碎石<31.			包括连梁、暗梁、端柱、暗柱
5	砌块墙			M5.0	混合砂浆	
6	砖墙			M5.0	混合砂浆	
7	石墙			M5.0	混合砂浆	
8	梁	C25	3现浇砼 碎石<31.			
9	圈梁	C25	3现浇砼 碎石<31.			
10	柱	C25	4现浇砼 碎石<40	M5.0	混合砂浆	包括框架柱、框支柱、普通柱、芯柱
11	构造柱	C25	3现浇砼 碎石<31.			
12	现浇板	C25	2现浇砼 碎石<20			包括螺旋板、柱帽
13	预制板	C30	2预拌砼 碎石<20			
14	楼梯	C20	2现浇砼 碎石<20			包括楼梯类型下的楼梯、直形梯段、螺旋梯段

复制到其他楼层　恢复默认值

图 8-9　强度等级设置

2）当工程直接从钢筋软件中导入时（GGJ10.0、GGJ2009），强度等级设置会自动导入钢筋软件中楼层钢筋缺省设置中的构件强度等级；

3）在首层输入相应的数值完毕后，可以使用右下角的“复制到其他楼层”命令，把首层的数值复制到参数相同的楼层。

各个楼层的强度等级设置完成后，就完成了对工程楼层的建立，可以进入绘图输入界面进行建模计算。

8.4　GCL2008绘图输入界面介绍

绘图输入主要包括绘图、定义两大部分，下面先给大家介绍一下界面的组成。

（1）绘图输入界面（图 8-10）：

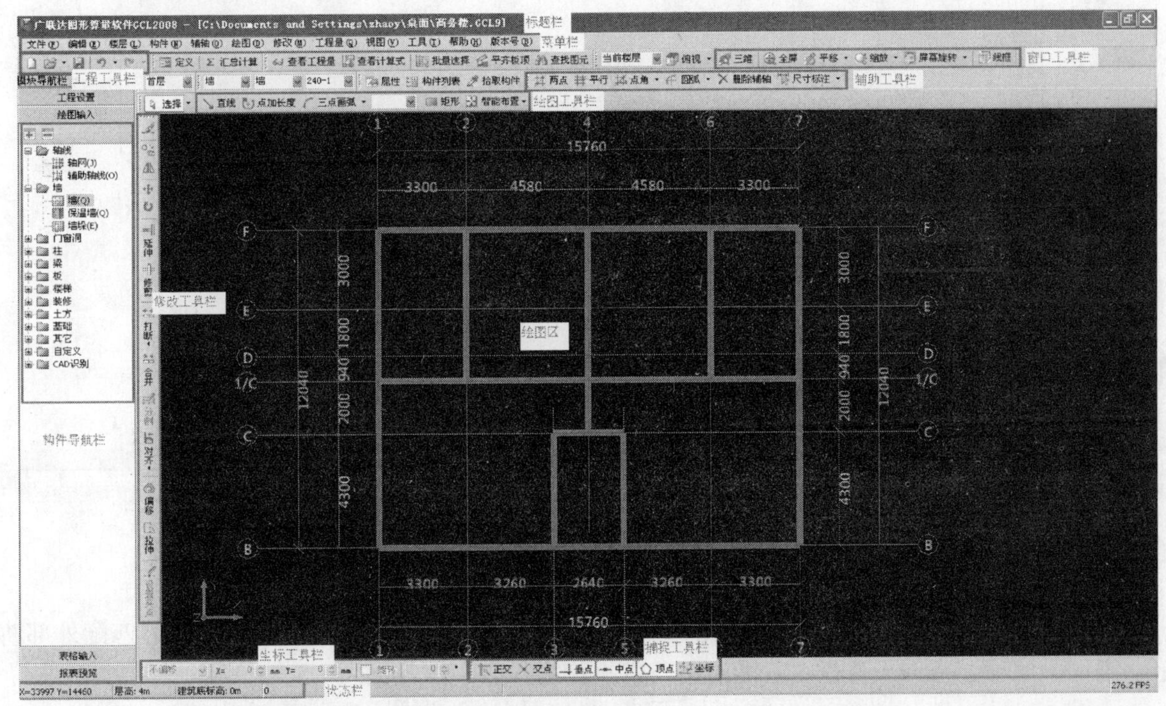

图 8-10　绘图输入界面

标题栏：显示软件名称、工程名称、工程保存路径。

常用工具栏：包括常用的新建、打开、保存、撤销、恢复。

其他常用工具栏：定义/绘图切换按钮；汇总计算、查看工程量按钮；批量选择 F3、平齐板顶。

窗口工具栏：用于绘图区显示，包括俯视、前视、后视等；轴侧图显示；当前层、相邻层、全部楼层、自定义楼层三维查看；动态观察器等。

楼层构件切换工具条：主要用于楼层、构件类型、构件、构件名称切换。

构件列表、属性：点击这两个按钮，可以直接调出构件列表、属性编辑器，可以在绘图区之间建立构件。

辅轴工具栏：在任意图层都会显示，便于直接添加辅轴。

绘图工具栏：根据不同图层动态显示不同的绘图命令。

编辑工具栏：常用的删除、复制、移动、旋转等常用编辑命令；延伸、修剪、打断、合并、分割、对齐、设置夹点等特殊编辑命令。

坐标工具栏：可以通过坐标进行绘图。

捕捉工具栏：可以设置交点、垂点、中点、顶点、坐标等捕捉方式。

状态栏：提示鼠标的坐标信息，楼层层高，底标高；图元数量，绘图过程中的步骤提示。

导航栏：最左侧部分，包括工程设置、绘图输入、表格输入、报表预览四部分。

绘图区：中间黑色的区域是整个绘图操作的区域。

(2) 构件定义界面（图 8-11）：

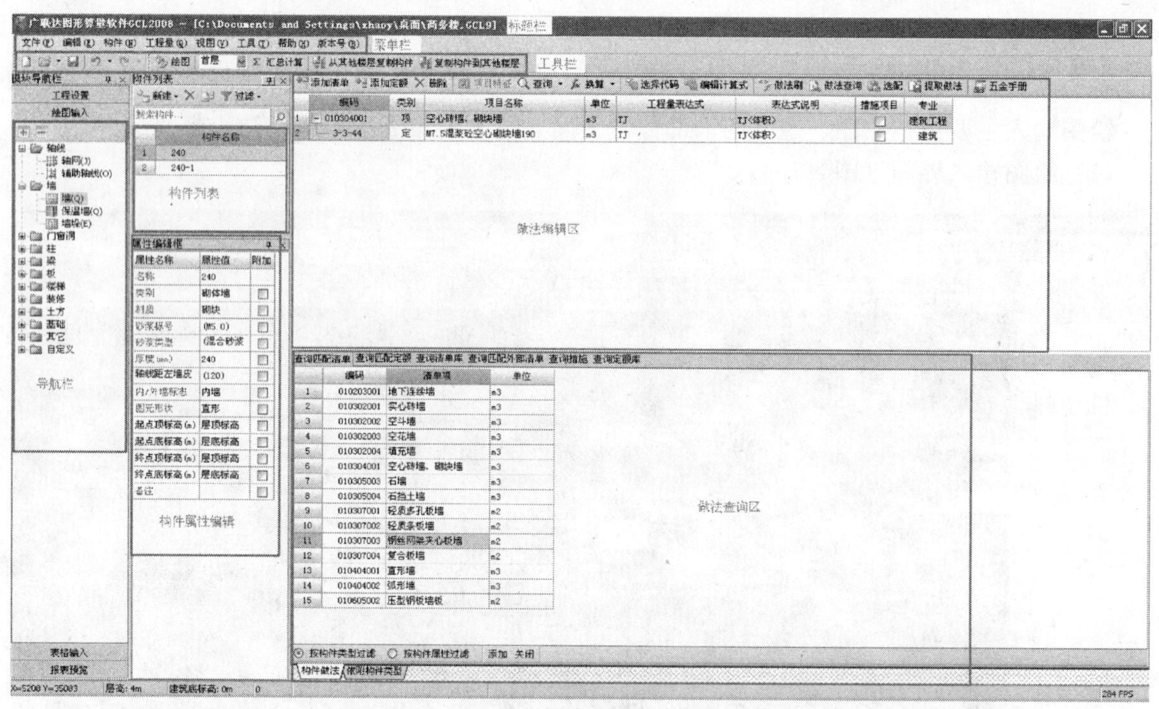

图 8-11 构件定义界面

做法编辑区：主要进行添加做法、编辑做法、做法刷、做法查询、换算等操作。

做法查询区：可以查询清单、定额库；查询匹配清单、定额库；查询外部清单、匹配外部清单；查询措施项，查询人材机，并能进行条件查询操作。

8.5 建立轴网

8.5.1 分析图纸

分析建施 02（首层平面图），该工程的轴网是简单的正交轴网，上下轴距不同，左右进深轴距都相同。

8.5.2 轴网的定义

(1) 切换到绘图输入界面之后，选择导航栏构件树中轴网，点右键，选择定义；软件切换到轴网的定义界面。

(2) 点击“新建”，选择“新建正交轴网”，新建“轴网-1”。

(3) 输入下开间：在“常用值”下面的列表中选择要输入的轴距，双击鼠标即添加到轴距中；或者在添加按钮下的输入框中输入相应的轴网间距，点击“添加”按钮或回车即可；按照图纸从左到右的顺序，下开间依次输入 3300、3260、2640、3260、3300 并同时修改轴号；本轴网上下开间不同，需要在上开间中也输入轴距。

(4) 切换到上开间的输入界面，按照同样的方法，依次输入 3300、4580、4580、3300。

(5) 切换到“左进深”的输入界面，按照图纸从下到上的顺序，依次输入左进深的轴距 4300、2000、940、1800、3000；因为左右进深轴距相同，所以右进深可以不输入。

(6) 可以看到，右侧的轴网图显示区域，已经显示了定义的轴网，轴网定义完成 (图 8-12)。

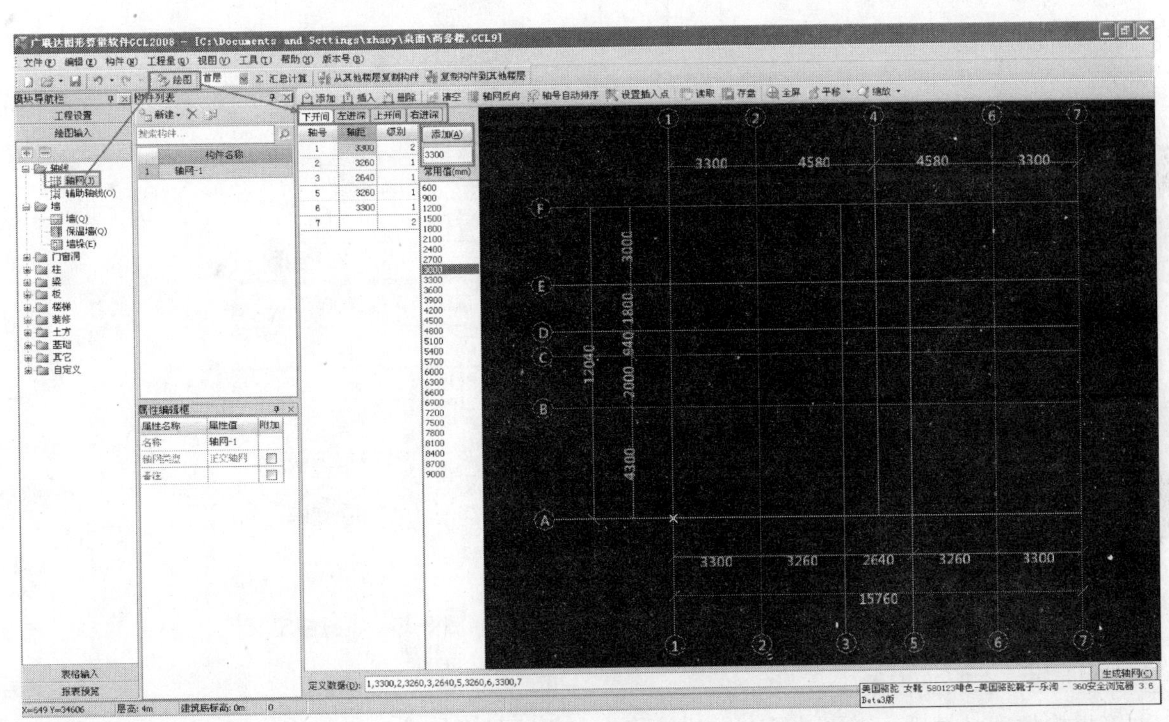

图 8-12 轴网的建立

8.5.3 轴网的绘制

(1) 轴网定义完毕后，点击“绘图”按钮，切换到绘图界面。

(2) 弹出“请输入角度”对话框，提示用户输入定义轴网需要旋转的角度。本工程轴网为水平竖直向的正交轴网，旋转角度按软件默认输入为 0 即可 (图 8-13)。

(3) 点击“确定”，绘图区显示轴网，绘制完成。

这样，就完成了对本工程的轴网的定义和绘制。

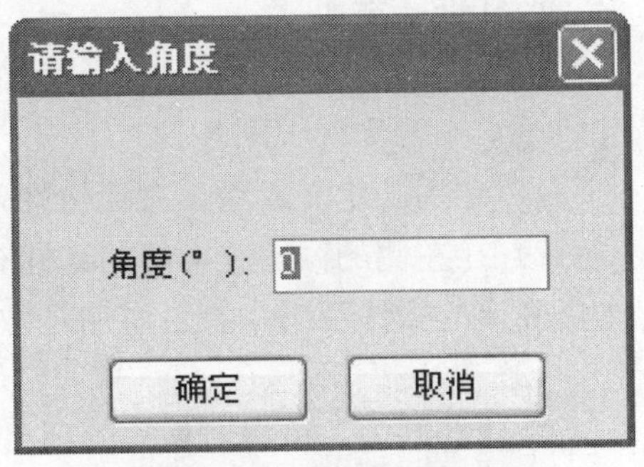

图 8-13 绘制轴网角度的输入

8.6 建立模型

8.6.1 基础层筏板

8.6.1.1 分析图纸

分析结施 02（基础平面图），400mm 厚的筏板基础，局部加深部位为 700mm 厚。

8.6.1.2 定义筏板构件

步骤 1：将楼层切换至“基础层”（图 8-14）；

步骤 2：在构件导航栏中点击选择“基础”，找到里面的“筏板基础”；

步骤 3：点击“定义”，进入到构件定义界面；

步骤 4：点击“新建”，新建筏板基础；

步骤 5：按照图纸，在属性编辑框中输入筏板的厚度为 400，修改底标高为−1.4，如图 8-15 所示。

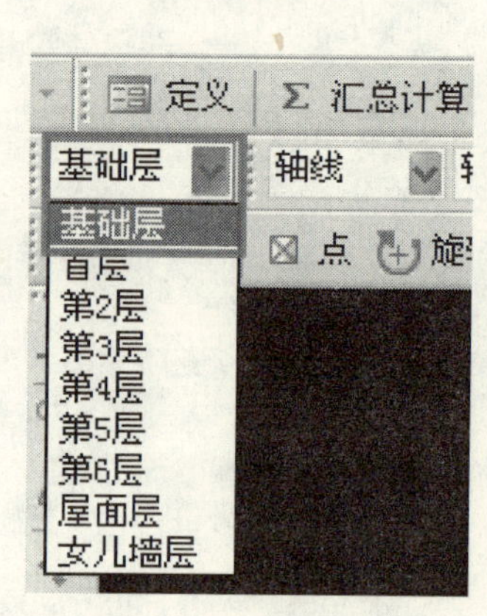

图 8-14 切换楼层

属性编辑框

属性名称	属性值	附加
名称	FB-1	
材质	现浇混凝	☐
砼标号	(C20)	☐
砼类型	(4现浇砼	☐
厚度(mm)	400	☐
底标高(m)	-1.4	☐
砖胎膜厚度(mm	0	☐
类别	有梁式	☐
模板类型	组合钢模	☐
支撑类型	钢支撑	☐
备注		☐

图 8-15 筏板的定义

8.6.1.3 套取筏板做法

筏板构件定义好后，需要进行套做法操作。套做法是指构件按照计算规则计算汇总出做法工程量，方便进行同类项汇总，同时与计价软件数据接口。

（1）做法套取

构件套做法，可以通过手动添加清单定额、查询清单定额库、查询匹配清单定额。以查询匹配清单定额库为例（图 8-16）：

1）在构件定义界面，在【构件列表】中选择要套做法的构件。

2）在左侧的做法查询区，选择查询匹配清单、查询匹配定额；可以按构件类型或属性过滤；选择确定的做法双击，就可添加好做法。

（2）做法编辑

做法套好后，可以对做法的项目名称进行编辑，可以对工程量表达式进行编辑。

通过编辑表达式可以让算量更灵活，一个构件算出多个工程量。

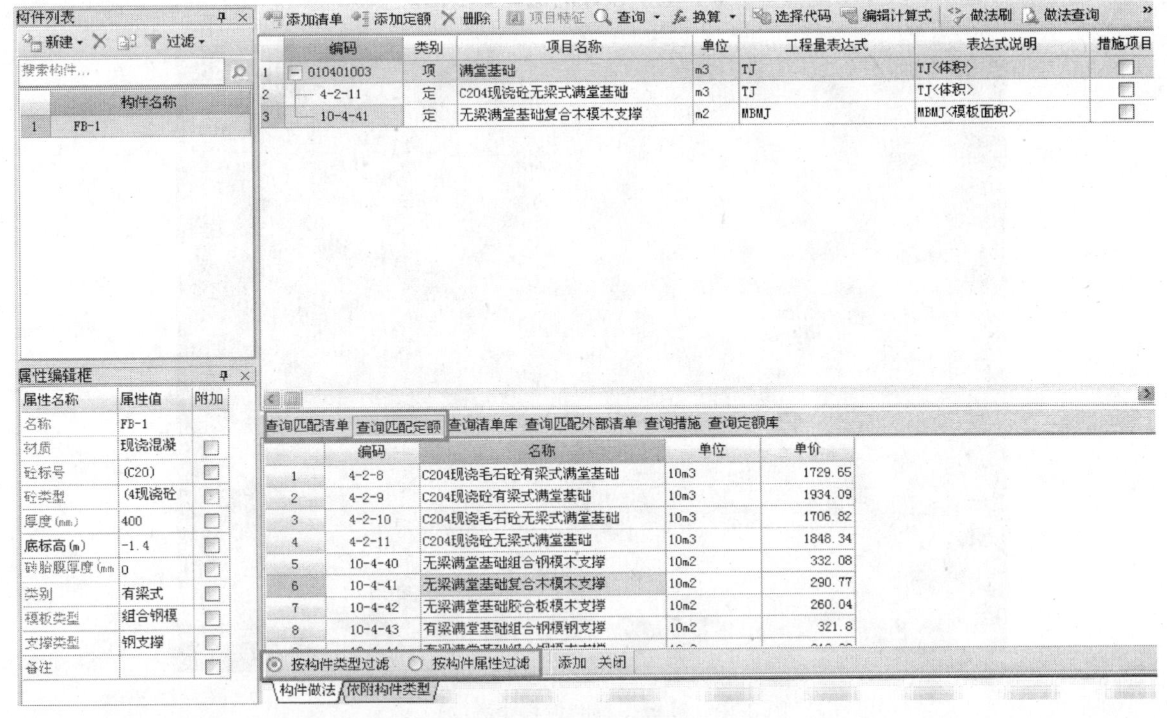

图 8-16 筏板套做法

8.6.1.4 筏板基础绘制（图 8-17）

在布置筏板基础时，软件提供了点画、直线、弧线、矩形和智能布置，根据实际工程选择相应的画法，本工程中我们使用矩形画法。

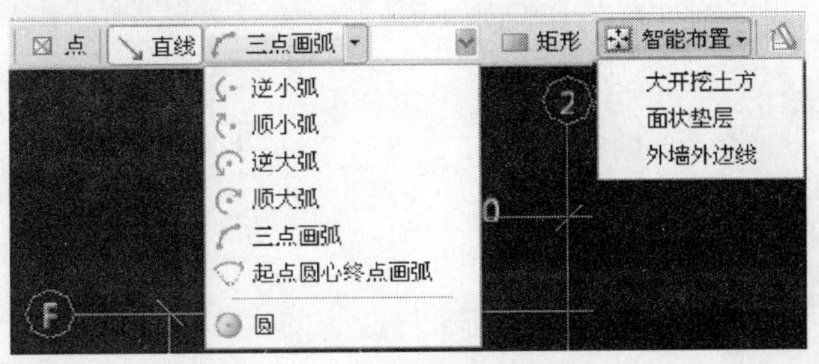

图 8-17 筏板基础的绘制功能

步骤 1：选择“矩形”画法。

步骤 2：按鼠标左键点击 1 轴与 F 轴的交点，再按鼠标左键点击 B 轴与 7 轴的交点。

步骤 3：偏移，由于筏板的各边都在轴线外，所以我们使用偏移命令将筏板的各边向轴线外偏移。点击辅助工具栏中的“偏移”命令，然后按鼠标左键选择绘制好的筏板图元并点击右键，在弹出的对话框中选择“整体偏移”并点击“确定”（图 8-18）。

步骤 4：本工程中的筏板基础除了 B 轴向下偏移 1000mm，其他边均向轴线外偏移 500mm，所以将鼠标移到筏板的外侧并输入偏移距离 500 并回车确认（图 8-19）。

步骤 5：再次使用偏移命令，偏移方式选择“多边偏移”，然后选择 B 轴处的筏板边，点击右键后鼠标向筏板外侧位同时输入偏移距离 500，这样筏板就绘制完成了（图 8-20）。

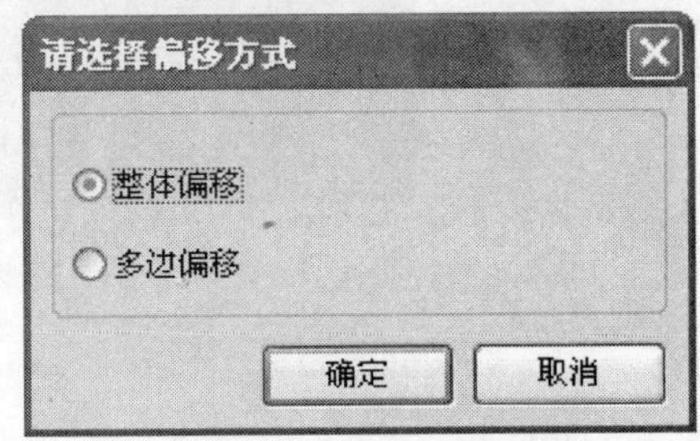

图 8-18 筏板的偏移

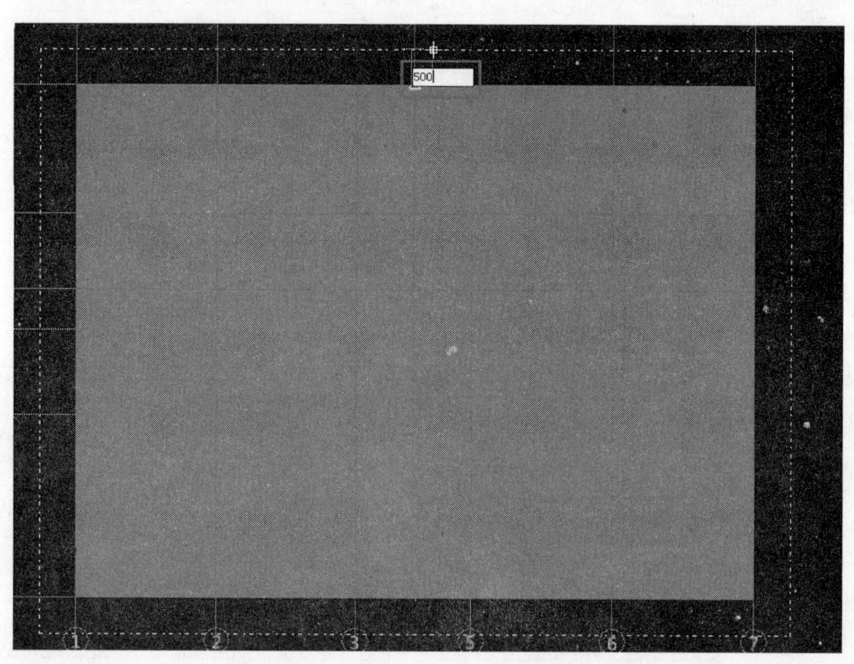

图 8-19　筏板偏移时偏移距离的输入

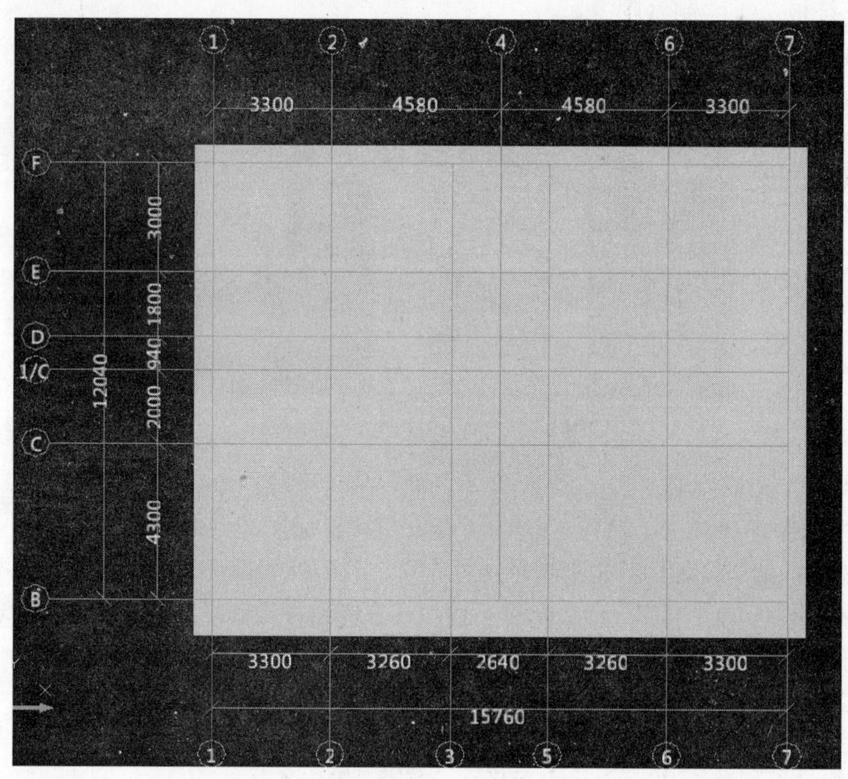

图 8-20　向轴线外偏移后的筏板基础

8.6.1.5　筏板基础相关功能

(1) 定义斜筏板（图 8-21）：软件中提供三种定义斜筏板的方式：三点定义斜筏板、抬起点定义斜筏板、坡度系数定义斜筏板。当工程为坡地建筑或处理直形汽车坡道时可以使用此功能。

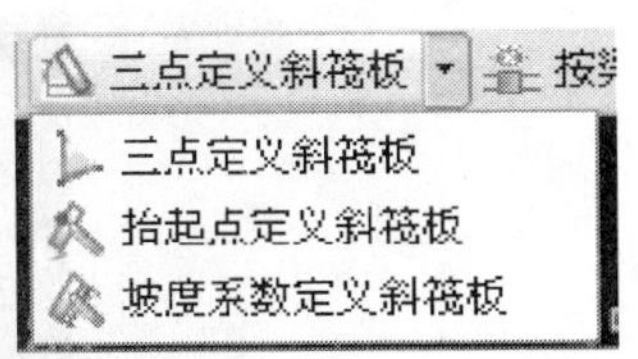

图 8-21　定义斜筏板

(2) 查看筏板顶标高：此功能可以查看平筏板或斜筏板的顶标高是否和图纸一致。

(3) 设置筏板边坡（图 8-22）：工程中遇到带边坡的筏板可以使用此功能，软件四种边坡形式可根据实际工程的情况自行选择。

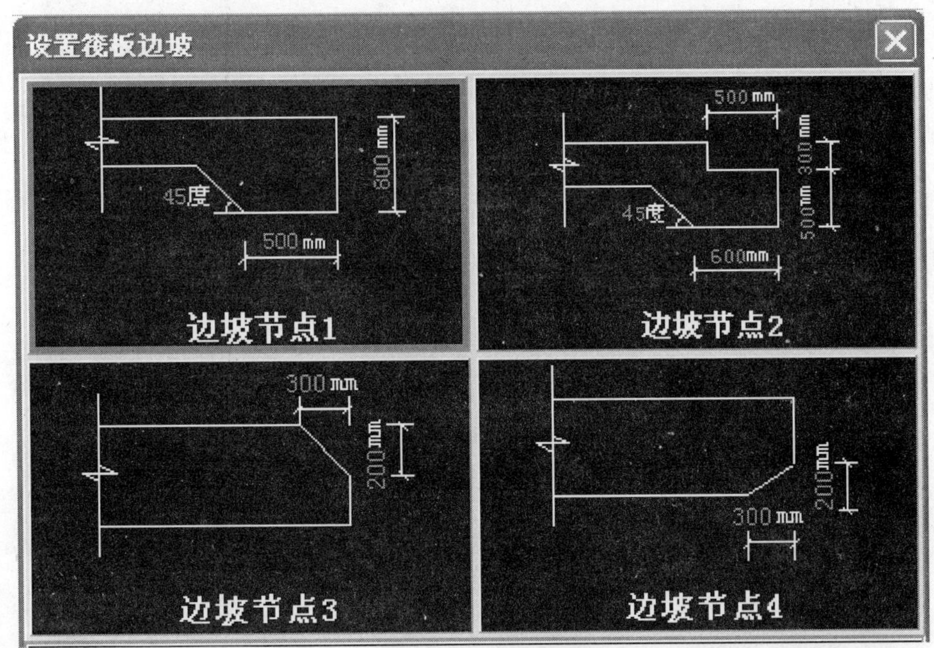

图 8-22　定义筏板边坡

(4) 设置筏板变截面：实际工程中，两块标高不同的筏板相接时，需要进行变截面的设置。

8.6.2　筏板垫层

8.6.2.1　分析图纸

分析结施 02（基础平面图），垫层厚度 100mm，出边 100mm。

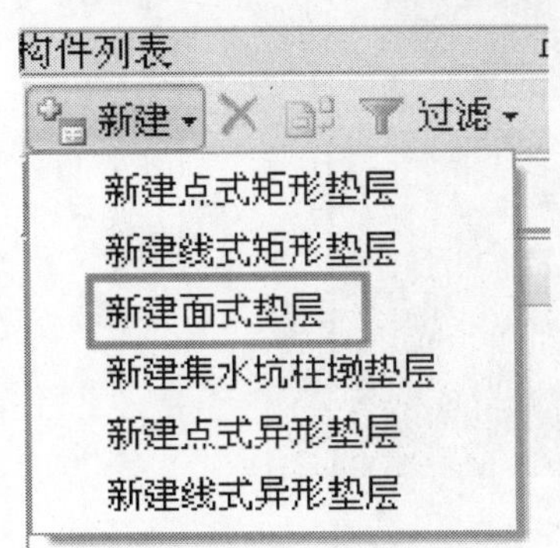

图 8-23　新建筏板垫层

8.6.2.2　筏板垫层的定义

步骤 1：在屏幕左侧的构件导航栏中，基础类型下选择“垫层”构件并点击“定义”；

步骤 2：点击“新建”，由于筏板垫层属于面状构件，所以选择“新建面式垫层”（图 8-23）；

步骤 3：在属性编辑框中修改垫层厚度（软件默认垫层厚为 100mm，一般不用修改），并在构件做法中套取垫层相应的做法。

8.6.2.3　筏板垫层的绘制

软件提供直线、弧线、矩形、智能布置等多种布置方法，本工程中我们使用按筏板智能布置（图 8-24）。

操作步骤：选择按筏板智能布置后，鼠标左键选中绘制好的筏板图元，按右键确认，输入出边距离即可。

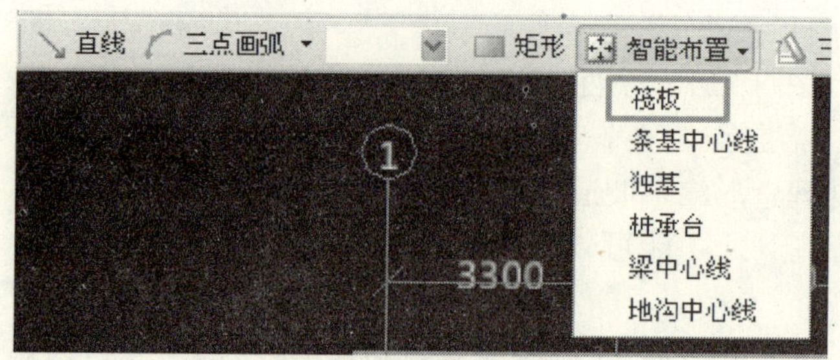

图 8-24　筏板垫层的智能布置

8.6.3　柱墩的定义

8.6.3.1　分析图纸

分析结施 02（基础平面图），如 A-A 剖面所示，筏板有局部加深部分，截面为倒棱台形，在 GCL2008 软件中可以使用柱墩构件来处理。

8.6.3.2　定义柱墩

步骤 1：在屏幕左侧的构件导航栏中选择“柱墩”然后点击“定义”；

步骤 2：点击“新建”，选择“新建柱墩”；

步骤 3：根据图纸选择相应的参数化图形，这里我们选择“棱台形下柱墩”并点击“确定”（图 8-25）；

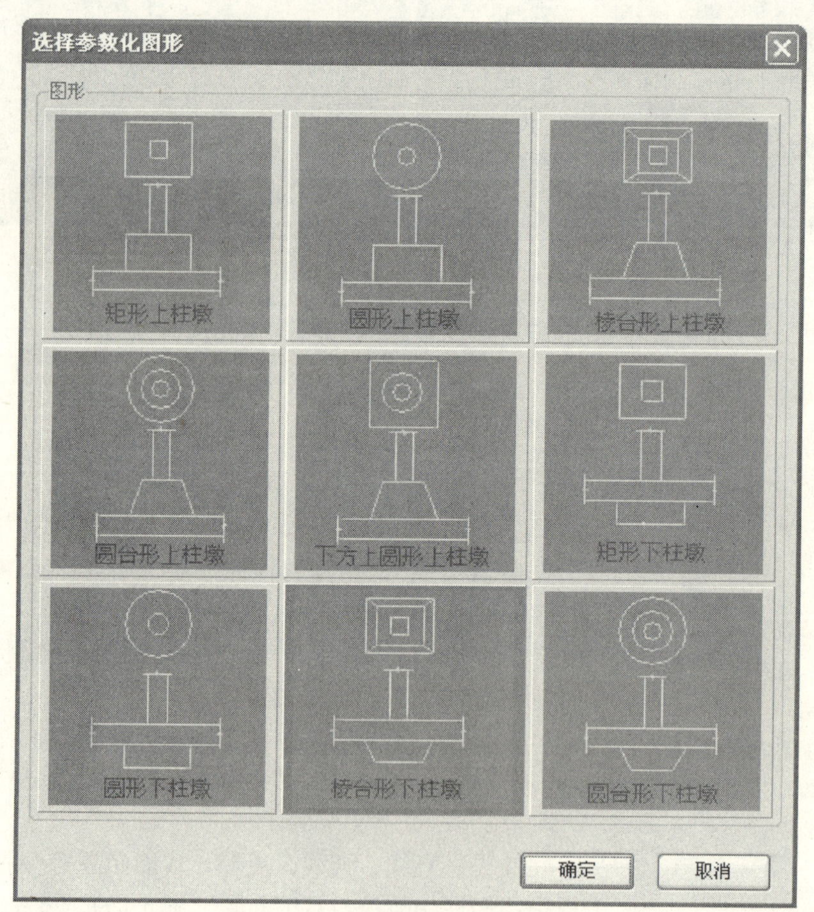

图 8-25　选择参数化柱墩

步骤 4：在屏幕下方的示意图中根据图纸结施 02 输入柱墩相应的尺寸，如图 8-26 所示。

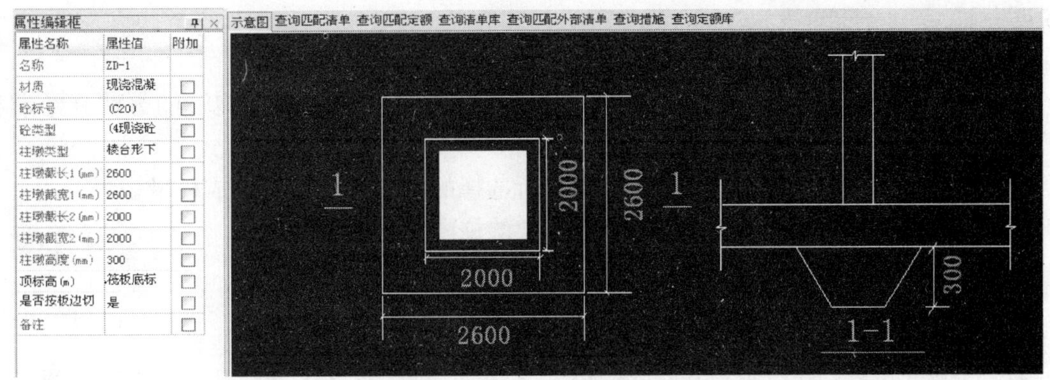

属性名称	属性值	附加
名称	ZD-1	
材质	现浇混凝	☐
砼标号	(C20)	☐
砼类型	(4现浇砼	☐
柱墩类型	棱台形下	☐
柱墩截长1(mm)	2600	☐
柱墩截宽1(mm)	2600	☐
柱墩截长2(mm)	2000	☐
柱墩截宽2(mm)	2000	☐
柱墩高度(mm)	300	☐
顶标高(m)	筏板底标	☐
是否按板边切	是	☐
备注		☐

图 8-26 输入柱墩的尺寸信息

8.6.3.3 套取柱墩做法

柱墩套做法的操作方法与筏板相同，由于我们是用柱墩构件处理筏板的加深部位，所以在柱墩构件中也套取筏板的做法，工程量表达式选择“TJ”（体积），如图 8-27 所示。

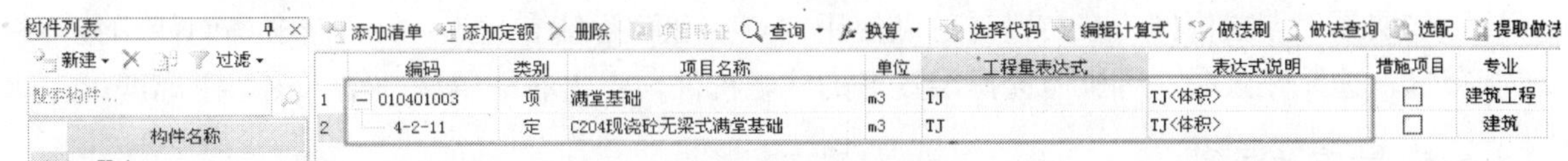

	编码	类别	项目名称	单位	工程量表达式	表达式说明	措施项目	专业
1	010401003	项	满堂基础	m3	TJ	TJ<体积>	☐	建筑工程
2	4-2-11	定	C204现浇砼无梁式满堂基础	m3	TJ	TJ<体积>	☐	建筑

图 8-27 柱墩套做法

8.6.3.4 柱墩的布置

柱墩定义完成后点击“绘图”按钮切换到绘图界面，进行柱墩的绘制。柱墩属于点式构件，软件提供了点、旋转点、智能布置等画法，根据实际工程的需要选择相应的画法，本工程中我们使用“点”画，依据基础平面布置图结施 02 将柱墩点画到相应的位置即可（图 8-28、图 8-29）。

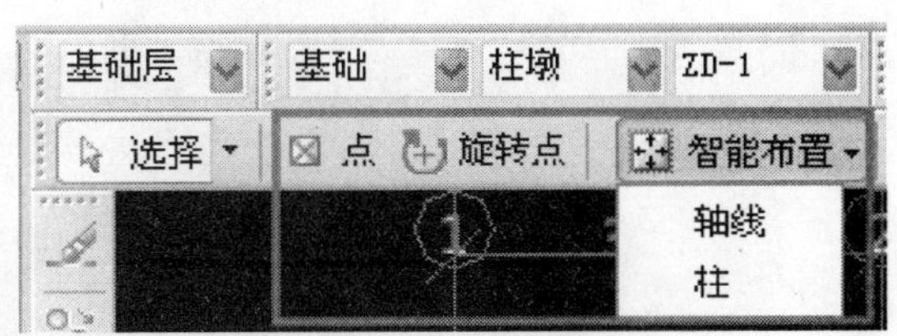

图 8-28 柱墩的布置功能

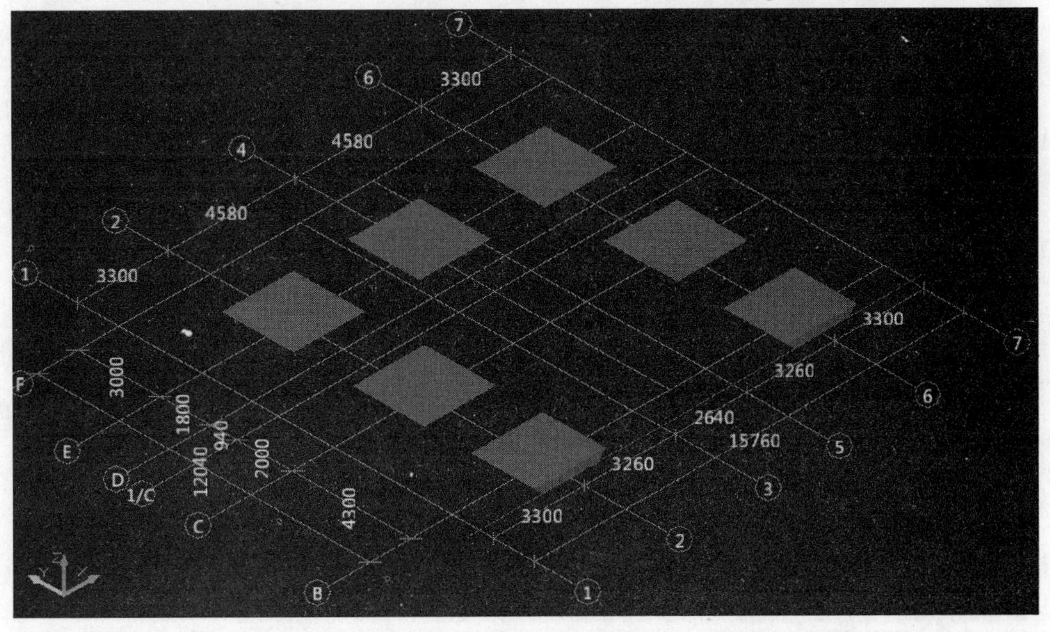

图 8-29 柱墩立体图

说明：

1）点：点式绘制适用于点式构件或部分面状构件。

2）旋转点：旋转点式绘图主要是指在点式绘图的同时对实体进行旋转的方法来绘制构件，主要适用于实体旋转一定角度的情况。

3）智能布置——轴线：此布置方法可以在所选择的轴线的交点处生成柱墩。

4）智能布置——柱：此布置方法可以按选中的柱图元生成柱墩。

8.6.4 柱墩垫层布置

8.6.4.1 柱墩垫层的定义

步骤 1：在屏幕左侧的构件导航栏中，基础类型下选择“垫层”构件并点击“定义”；

步骤 2：点击“新建”，选择“新建集水坑柱墩垫层”；

步骤 3：在属性编辑框中修改垫层厚度（软件默认垫层厚为 100mm，一般不用修改），并在构件做法中套取垫层相应的做法。

8.6.4.2 柱墩垫层的布置

柱墩垫层属于点式构件，在布置时可以使用“点”和“智能布置”，本工程中我们使用按下柱墩智能布置，选择好该命令后拉框选择绘置好的柱墩构件，点击右键确认，输入出边距离即可。

8.6.5 土方及回填

布置好垫层构件后，在垫层界面使用“自动生成土方”功能，生成方式和相关属性如图 8-30 所示。

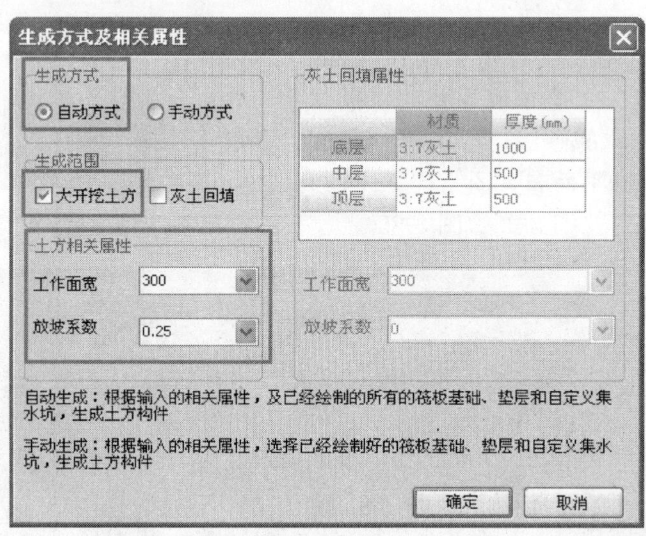

图 8-30 自动生成土方

8.6.6 柱体布置

8.6.6.1 分析图纸

分析结施 02（基础平面图），从此图中可以看到 Z 和 GZ。

8.6.6.2 柱的定义

步骤 1：在屏幕左侧的构件导航栏中选择“柱”构件并点击“定义”；

步骤 2：点击“新建”，选择“新建矩形柱”；

步骤 3：根据图纸输入柱的属性信息，如图 8-31 所示；

步骤 4：套取柱的做法，操作方法同筏板基础。

8.6.6.3　柱的绘制

柱定义完毕后，点击“绘图”按钮，切换到绘图界面，软件提供点、旋转点、智能布置等多种布置方法，本工程中由于已经先绘制好了柱墩，所以可以使用智能布置中按柱墩智能布置的方法来快速绘制柱图元（图 8-32）。

属性编辑框

属性名称	属性值	附加
名称	KZ-1	
类别	框架柱	☐
材质	现浇混凝	☐
砼标号	(C25)	☐
砼类型	(4现浇砼	☐
截面宽度(mm)	400	☐
截面高度(mm)	400	☐
截面面积(m2)	0.16	☐
截面周长(m)	1.6	☐
顶标高(m)	层顶标高	☐
底标高(m)	层底标高	☐
模板类型	组合钢模	☐
支撑类型	钢支撑	☐
备注		☐

图 8-31　柱属性定义

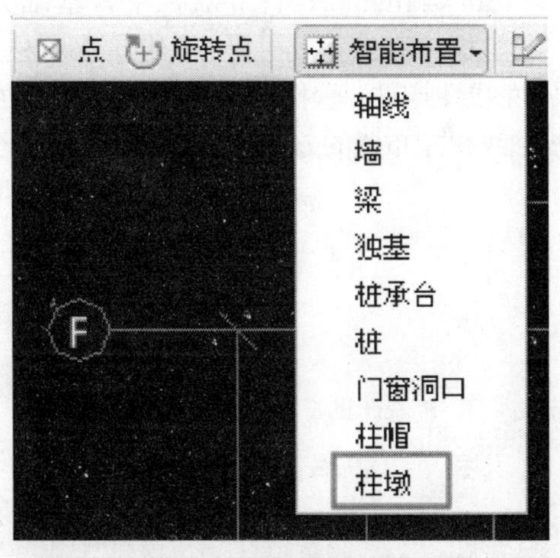

图 8-32　按柱墩智能布置柱

操作步骤：选择按柱墩智能布置命令后，拉框选择绘制好的柱墩图元，点击右键确认即可（图 8-33）。

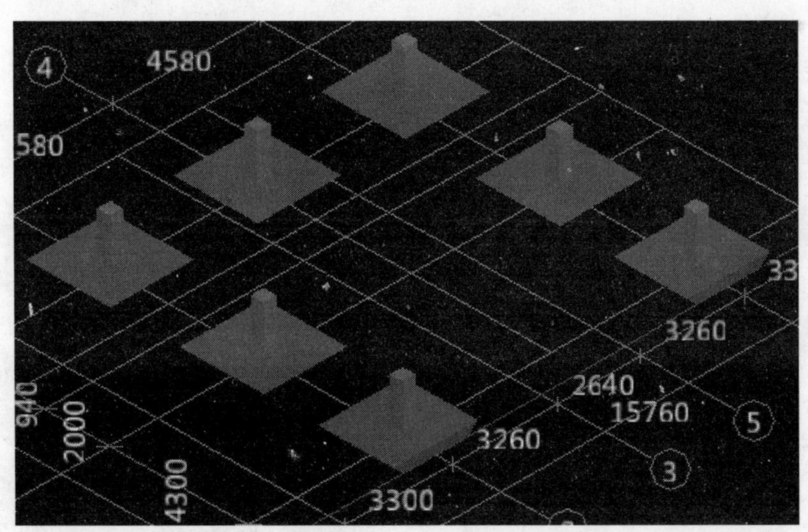

图 8-33　柱立体图

说明：

定义和绘图界面之间的切换有以下三种方法：

1）点击“定义/绘图”按钮切换；

2）在“构件列表区”双击鼠标左键，可以进行切换；

3）双击左侧的导航栏中的构件名称，如“柱”，进行切换。

8.6.7 墙体布置

参考建施02（首层平面图），墙厚为240mm，居中布置。

8.6.7.1 墙体定义

步骤1：在屏幕左侧构件导航栏中选择“墙”并点击“定义”；

步骤2：点击“新建”选择“新建外墙”，在属性编辑框中修改墙的类别、材质、厚度；

步骤3：点击“新建”选择“新建内墙”，在属性编辑框中修改墙的类别、材质、厚度；

步骤4：套取墙的做法。

8.6.7.2 墙体布置

墙体属性线性构件，软件提供直线、点加长度、弧线、矩形、智能布置等方法。先切换至Q-1构件，使用按轴线智能布置的方法绘制外墙，再切换至Q-2构件，使用直线绘制内墙（图8-34、图8-35）。

图8-34 切换构件

图8-35 墙立体图

8.6.8 构造柱布置

参考图纸：结施02（基础平面图）。

构造柱的定义与柱的操作方法相同。

点布置：将构造柱点画到轴线交点处。

旋转点布置：绘制柱与轴线有一定角度时使用。

智能布置：软件可以按轴线、墙、梁、独基、桩承台、门窗洞口快速布置。

自动生成构件柱：软件可以按纵横墙相交处、门窗洞口两侧、孤墙端头、间距等条件自动生成构造柱（图8-36、图8-37）。

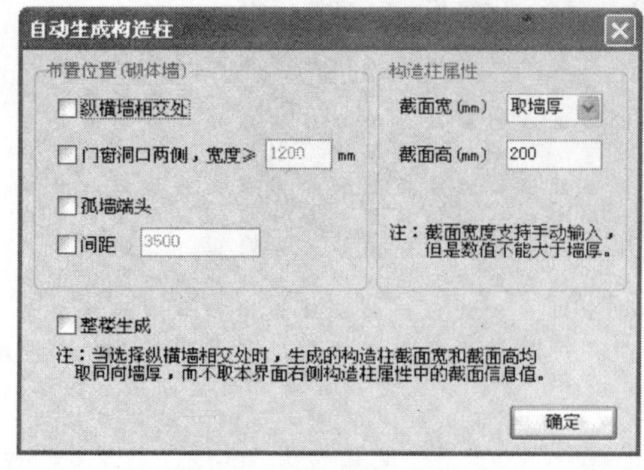

图8-36 自动生成构件柱

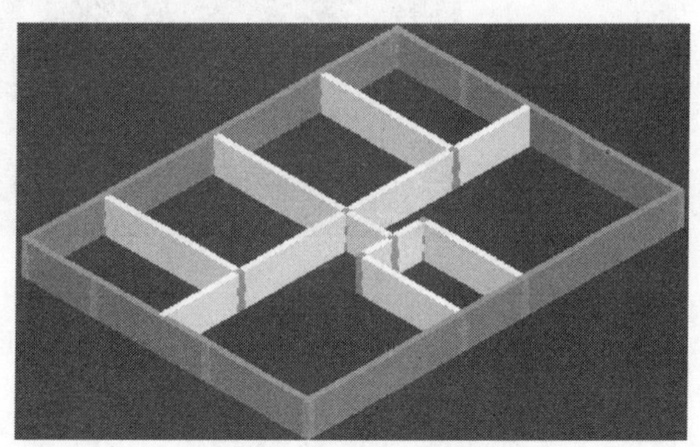

图8-37 基础层构件柱立体图

8.6.9 圈梁布置

8.6.9.1 分析图纸

分析结施 04（二层楼面梁配筋图）。

8.6.9.2 构件图元的层间复制

在布置首层圈梁之前，我们先将基础层绘制好的墙、柱、构造柱复制到首层。

首先，将楼层切换至首层；

其次，在“楼层”菜单中使用“从其他楼层复制构件图元”功能，具体设置见图 8-38。

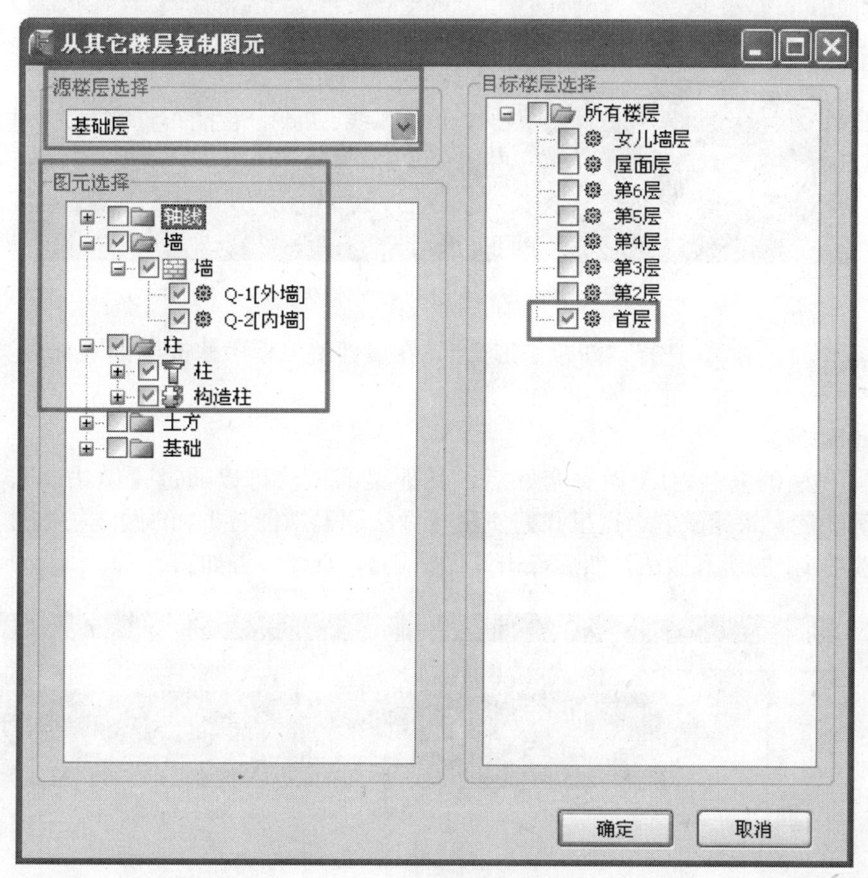

图 8-38 从其他楼层复制图元

8.6.9.3 圈梁的定义

在构件导航栏中“梁”构件类型下选择“圈梁”，然后进入到“定义”界面，在新建圈梁时选择“新建矩形圈梁”，在属性编辑框中输入圈梁的截面信息即可（图 8-39）。

8.6.9.4 圈梁的布置

圈梁属于线性构件，软件提供直线、点加长度、弧线、矩形、智能布置等方法。其中智能布置可以按轴线、墙轴线、墙中心线、条基轴线、条基中心线等快速布置。

8.6.10 梁体布置

参考图纸：结施 04（二层楼面梁配筋图）。

8.6.10.1 梁的定义

步骤 1：在屏幕左侧构件导航栏中构件类型选择梁，然后选择“梁”构件并点击“定义”。

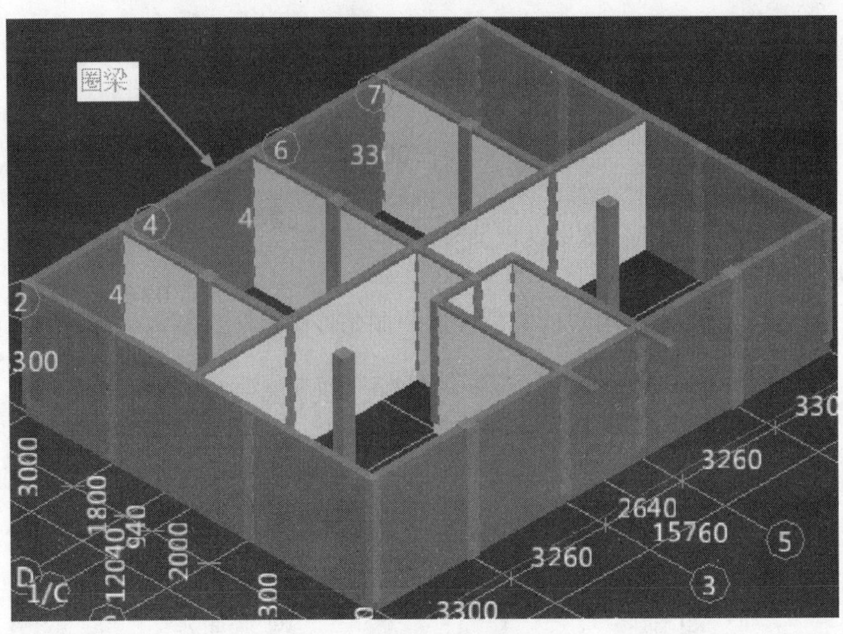

图 8-39　首层圈梁立体图

步骤 2：点击“新建”，选择“新建矩形梁”，在属性编辑框中修改梁的名称、类型、截面等信息。

步骤 3：套取做法。

步骤 4：梁做法的复制，L1 做法套好后，其他梁的做法可以通过【做法刷】、【选配】或【提取做法】等功能，快速复制，这里我们使用【做法刷】功能将 L1 的做法一次性复制到 L2～L7 上。首先选中 L1 的所有做法，然后点击【做法刷】，具体设置如图 8-40 所示。

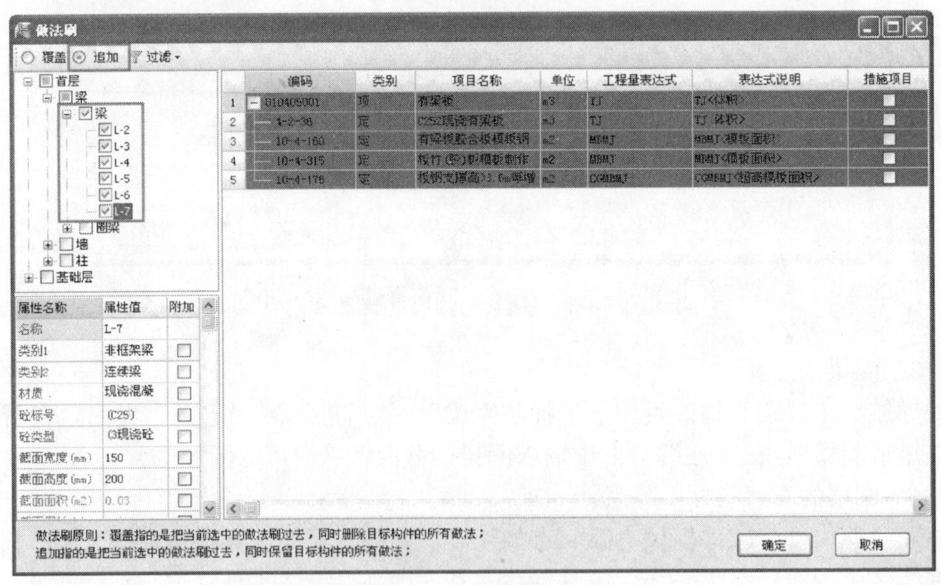

图 8-40　做法刷复制做法

说明：

2 轴处的 L5 为悬挑梁，且悬挑端为变截面，定义时需要将悬挑端与非悬挑端分开定义，例如：L5-悬挑端，其属性中截面高输入为 300/250；L5-非悬挑端，其属性中截面高度输入 300 即可，如图 8-41 所示。

属性名称	属性值	附加
名称	L-5悬挑端	
类别1	非框架梁	☐
类别2	连续梁	☐
材质	现浇混凝土	☐
砼标号	(C25)	☐
砼类型	(3现浇砼	☐
截面宽度(mm)	240	☐
截面高度(mm)	300/250	☐
截面面积(m2)	0.066	☐
截面周长(m)	1.03	☐
起点顶标高(m)	层顶标高	☐
终点顶标高(m)	层顶标高	☐
轴线距梁左边	(120)	☐
砖胎膜厚度(mm	0	☐
是否计算单梁	否	☐
图元形状	直形	☐
模板类型	胶合板模板	☐
支撑类型	钢支撑	☐
备注		☐

属性名称	属性值	附加
名称	L-5非悬挑	
类别1	非框架梁	☐
类别2	连续梁	☐
材质	现浇混凝土	☐
砼标号	(C25)	☐
砼类型	(3现浇砼	☐
截面宽度(mm)	240	☐
截面高度(mm)	300	☐
截面面积(m2)	0.072	☐
截面周长(m)	1.08	☐
起点顶标高(m)	层顶标高	☐
终点顶标高(m)	层顶标高	☐
轴线距梁左边	(120)	☐
砖胎膜厚度(mm	0	☐
是否计算单梁	否	☐
图元形状	直形	☐
模板类型	胶合板模板	☐
支撑类型	钢支撑	☐
备注		☐

图 8-41　悬挑梁变截面的定义

8.6.10.2　梁的布置

梁属于线性构件，布置方法同圈梁（图 8-42）。

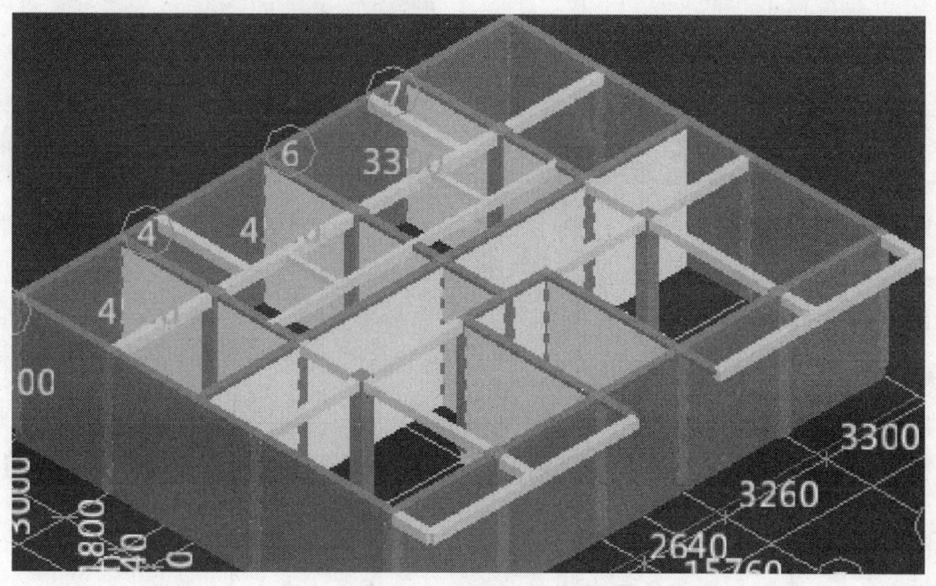

图 8-42　梁立体图

技巧：本工程以 4 轴为分界线是对称的，所以在绘制梁时先绘制 1-4 轴部分，然后使用“镜像”功能将 1～4 轴处的梁快速复制到 4～7 轴。

8.6.11 板体布置

参考图纸：结施 03（二层楼板配筋图）。

8.6.11.1 板的定义

步骤 1：在构件导航栏中构件类型选择“板”，再选择“现浇板”构件，并点击“定义”。

步骤 2：点击“新建”，选择“新建现浇板”。由于工程中的板分别为平板和有梁板，需要套取不同的项目做法，所以需要分别定义平板和有梁板。

步骤 3：在属性编辑框中修改板的厚度，确定板的类型、模板类型等信息，并套取相应的做法。

8.6.11.2 板的布置

板属于面状构件，软件提供点、直线、弧线、矩形、智能布置、按墙生成最小板块、按梁生成最小板块的方式。本工程我们可以选择有梁板－120（120 厚的板）使用按梁生成最小板块的方法快速布置板，然后选中 80 厚位置的板，点击右键选择“修改构件图元名称”功能，将有梁板－120 改成有梁板－80（图 8-43、图 8-44）。

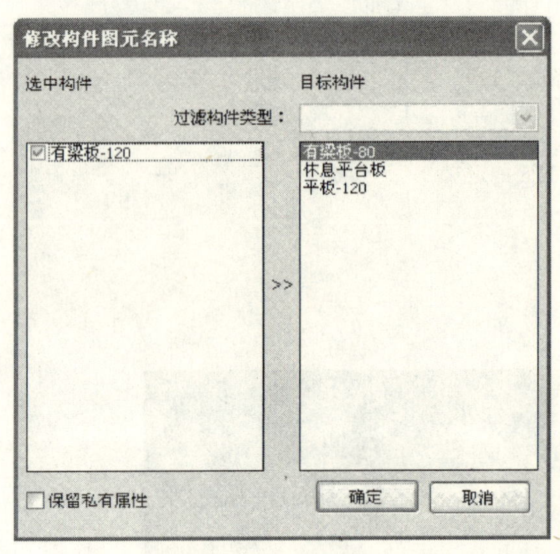

图 8-43 修改构件图元名称

图 8-44 板立体图

8.6.12 门窗布置

参考图纸：建施 02（首层平面图）

8.6.12.1 门窗的定义

在构件导航栏中，构件类型选择“门窗洞”，然后根据图纸中的门窗表分别定义门和窗构件。

8.6.12.2 门窗的布置

门窗属于点式构件，软件提供点、智能布置和精确布置三种方法。

点：可以将门窗点画到墙内的任意位置。

智能布置——墙段中点：可以在墙段中点处生成门窗图元。

精确布置：按照图纸将门窗洞精确布置到墙上。

设置门窗立樘位置：软件默认为门窗立樘居中，如果与图纸设计不符时需要调整（图 8-45、图 8-46）。

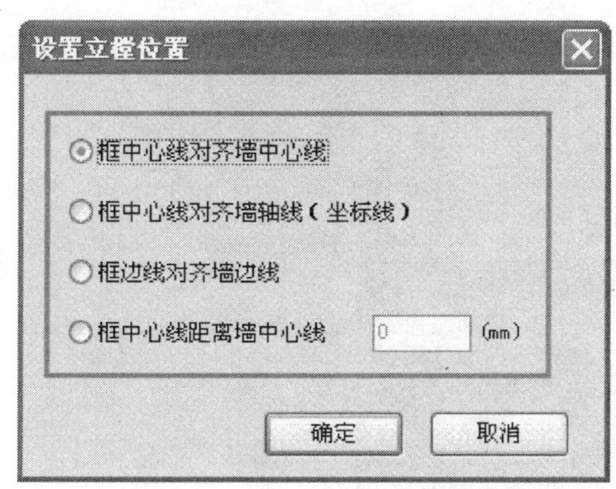

图 8-45 设置门窗立樘位置

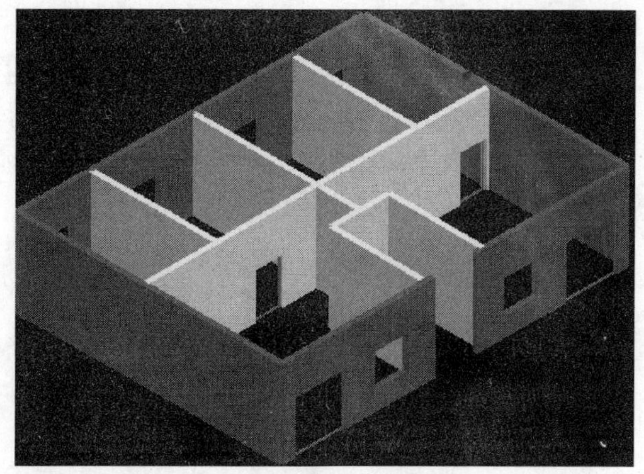

图 8-46 首层门窗立体图

8.6.13 过梁布置

参考图纸：结施 01（结构设计说明）

8.6.13.1 过梁的定义

步骤 1：在构件导航栏中门窗洞构件类型下选择“过梁”构件，点击“定义”；

步骤 2：点击“新建”，选择“新建矩形过梁”，分别建立 GL-120、GL-180、GL-240；

步骤 3：在“属性编辑框”中修改过梁高度信息，过梁宽度软件自动随墙走；

步骤 4：套取过梁做法。

8.6.13.2 过梁的布置

过梁属于点式构件，软件提供点画和智能布置，本工程中我们使用智能布置中的“按门窗洞口宽度布置”。

【按门窗洞口宽度布置】：根据门窗洞口的宽布置过梁，在弹出的对话框中选择布置类型、输入布置条件，如图 8-47 所示。

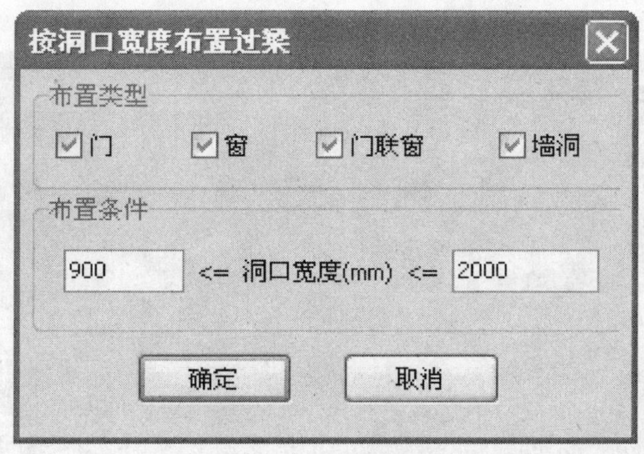

图 8-47 按门窗洞口宽度布置过梁

8.6.14 楼梯布置

参考图纸：建施 02（首层平面图）、结施 11（楼样平面图）。

楼梯布置分为梯段、扶手、栏杆、梯梁、休息平台五部分，GCL2008 软件中可以定义参数化楼梯进行统一布置。

步骤1：在构件导航栏中选择楼梯构件，点击“定义”；

步骤2：点击“新建”，选择“新建参数化楼梯”；

步骤3：选择参数化图形，软件提供七种工程中常见的楼梯，本工程中选择“标准双跑1”（图8-48）；

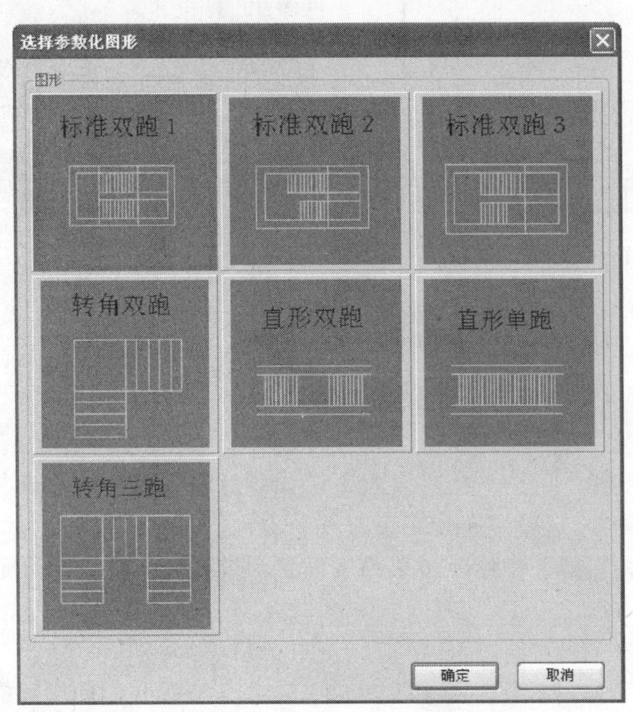

图8-48　选择参数化楼梯

步骤4：编辑图形参数，按照图纸输入相应的参数信息，绿色字体是可以修改的参数（图8-49）；

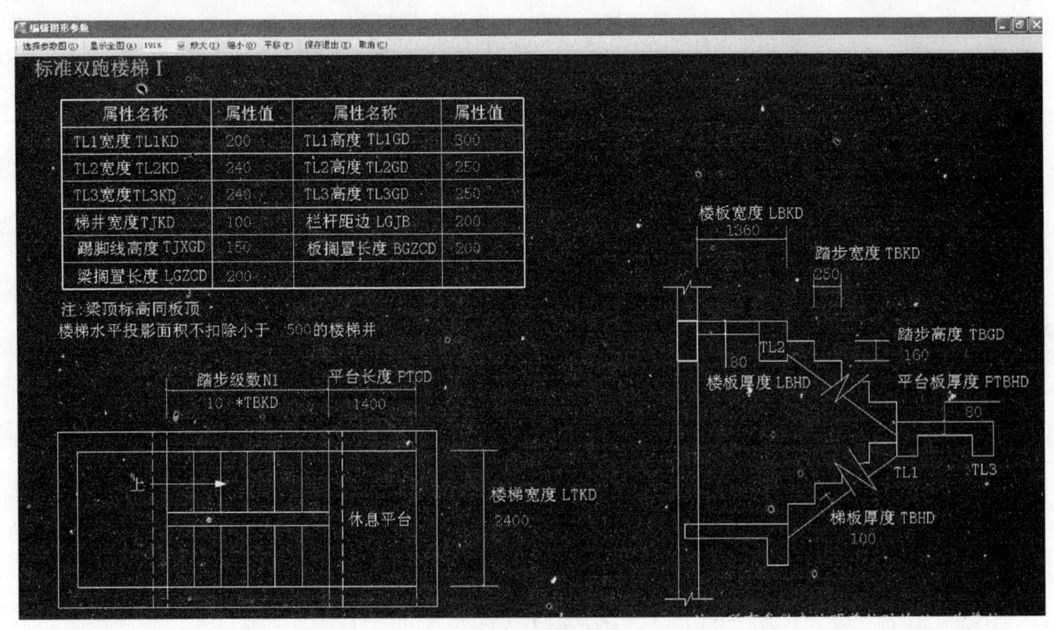

图8-49　编辑图形参数

步骤 5：参数信息修改完毕后点击“保存退出”（图 8-50）。

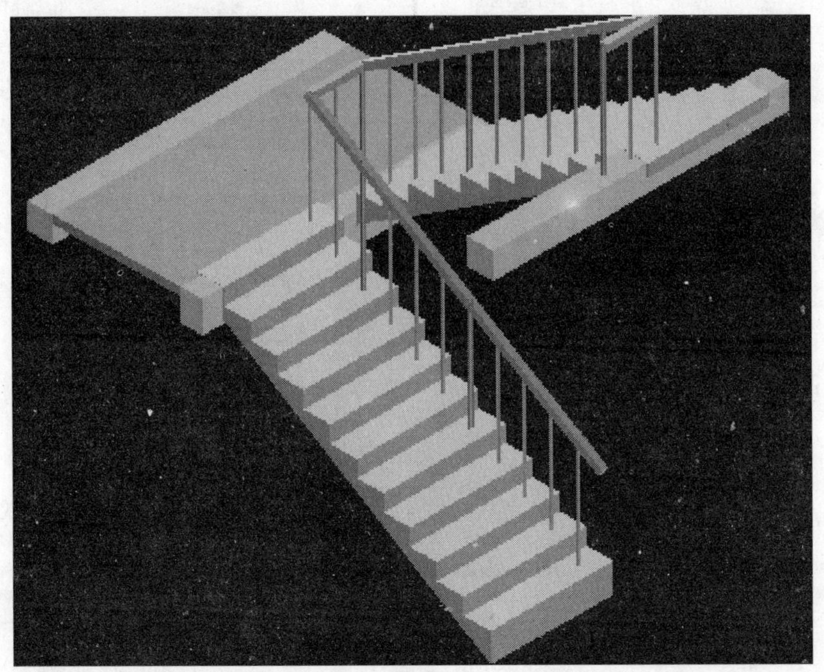

图 8-50　参数化楼梯立体图

8.6.15　装饰布置

8.6.15.1　房间内装饰

参考图纸：建施 01（建筑设计说明）、建施 02（首层平面图）。

软件处理内装修用房间来实现，可以计算出房间中的楼地面、墙面、墙裙、踢脚、顶棚、吊顶、独立柱装修等工程量。

（1）房间的定义

方法 1：直接新建房间，按照做法表新建对应的装修构件类型，对照装修做法套对应的清单、定额。

例如：首层大厅。

步骤 1：新建房间，名称为“首层大厅”；

步骤 2：在“依附构件类型”界面新建“楼地面”，名称为“地 14”，套取相应做法（图 8-51）；

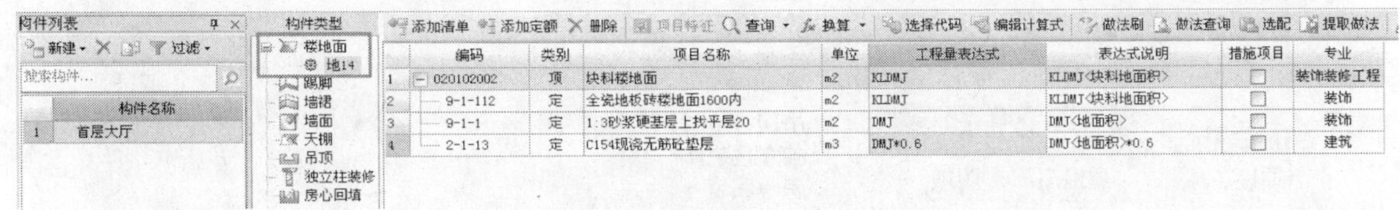

图 8-51　添加装修依附构件

同样的方法新建踢脚、内墙面、顶棚，并套取相应的做法（图 8-52）。

方法 2：先按照装修做法表在构件导航栏中，选择楼地面、踢脚、墙面、顶棚、墙面，对应新建好各构件，分别对应套好做法（图 8-53）；

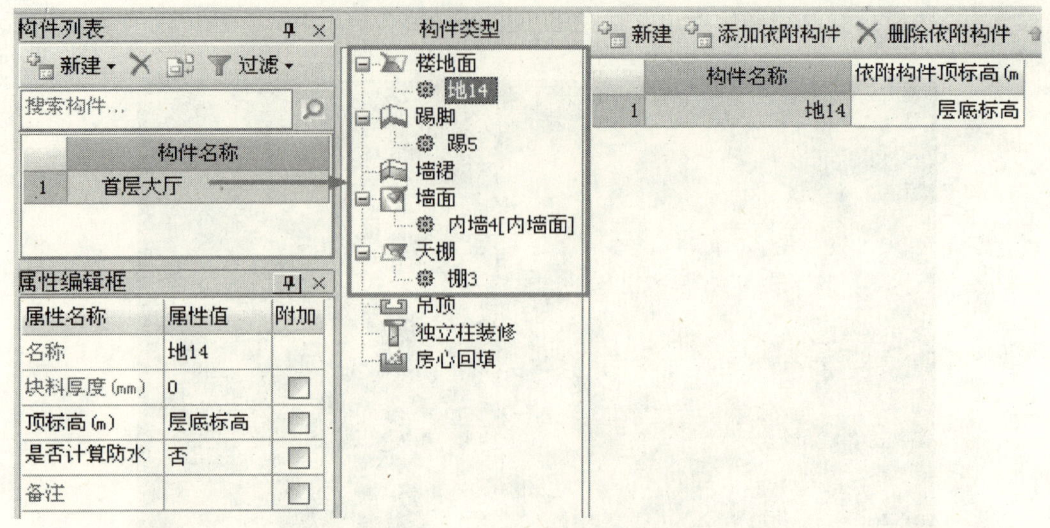

图 8-52 房间“首层大厅”的定义

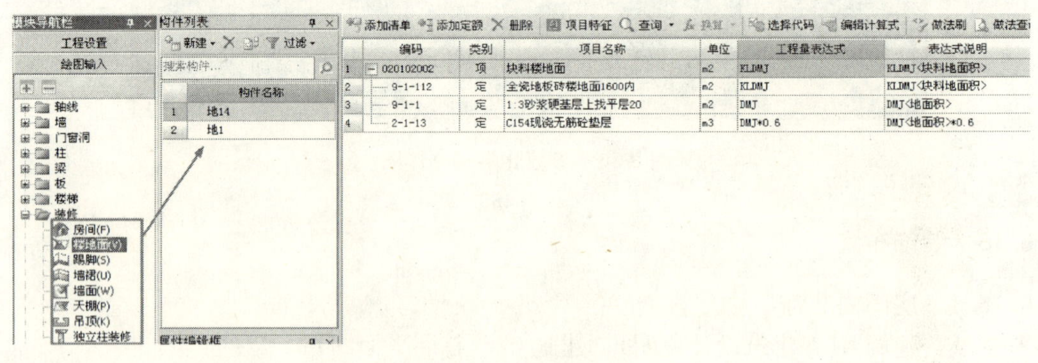

图 8-53 建立装修构件

所有装修构件建立好后，回到房间构件，直接新建对应的房间，对照装修表添加依附构件（图 8-54）。

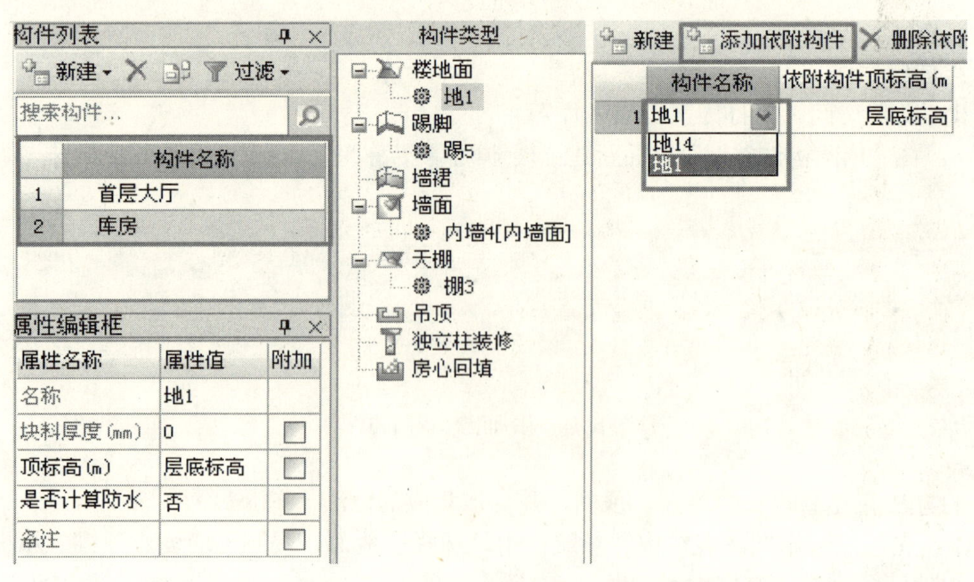

图 8-54 在房间中添加依附构件

房间的绘制：房间对应装修表建立好后，直接【点】绘制到封闭区域即可。

说明：

1）内装修主要通过房间的方式处理；当有局部装修的时候，可以直接绘制单个装修构件；

2）每个装修构件都可以单独布置，布置方式一般都是点式绘制；

3）房间、楼地面均有底标高属性，可以处理隔层和错层装修；

4）踢脚、墙裙、墙面都有起点、终点标高，可以处理立面斜形的装修。

（2）外装饰

外装修可以直接布置墙裙、墙面、独立柱装修等。

1）和内墙面一样，属性定义时要注意内外墙面的选择；

2）处理外墙面上下材质或者颜色不同，可以通过调整墙面属性中的 4 个标高；

3）处理外墙面左右材质或者颜色不同，可以通过两点绘制的方法。

（3）独立柱装饰

在房间构件类型中建立“独立柱装修”，然后将独立柱装修点画到独立柱上或按房间或柱智能布置（图 8-55）。

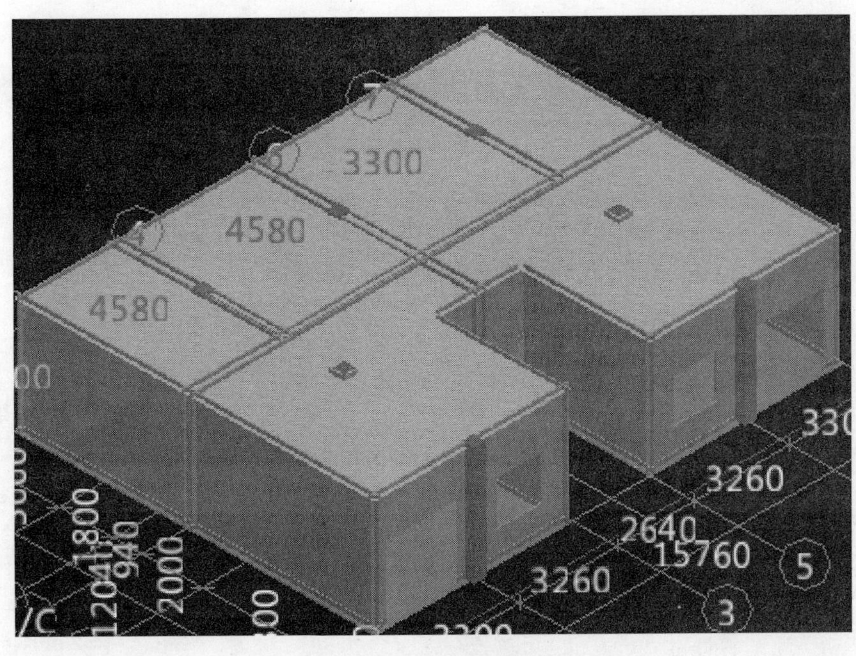

图 8-55　首层装饰布置

8.6.16　零星构件布置

（1）台阶布置

在其他构件类型下建立“台阶”构件，在构件属性编辑框中输入台阶的顶标高、台阶高度、踏步个数等属性。

布置好台阶后要注意“设置台阶踏步边”。

（2）坡道布置

软件中坡道可以使用现浇板布置，然后将板“定义斜板”即可。

（3）散水布置

在其他构件类型下建立“散水”构件，布置散水时使用“智能布置”——“外墙外边线”，输入散水宽度即可。软件会自动按外墙布置好散水，散水与台阶相交处软件会自动扣减。

(4) 压顶布置

在其他构件类型下建立“压顶”构件，新建矩形压顶。压顶在绘制时可以使用按墙中心线或栏板中心线进行智能布置。

(5) 平整场地

在其他构件类型下建立“建筑面积”构件，套取平整场地做法，工程量表达式选择“MJ(面积)”布置时使用按外墙外边线智能布置即可。

8.7 CAD导图建模

8.7.1 导入图纸

操作步骤：在构件导航栏中选择“CAD识别”模块，选择“CAD草图”，点击“导入CAD图”，找到需要导入的图纸，点击“打开”即可。如图8-56所示。

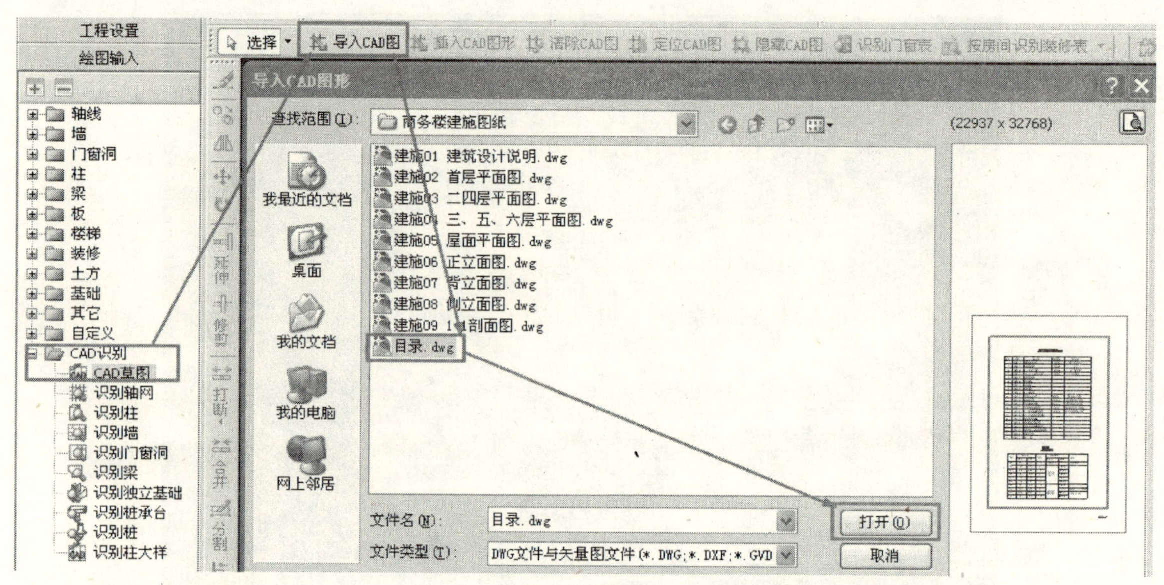

图8-56 导入图纸

说明：每次导入图纸时软件会提示“请输入原图比例”，按软件默认1:1即可。

8.7.2 识别门窗表

步骤1：在“CAD草图”界面点击“识别门窗表”；

步骤2：按鼠标左键拉框选择需要识别的门窗表并按右键确认；

步骤3：在弹出的对话框中选择对应列，然后点击“确定”即可(图8-57)。

8.7.3 识别轴网

8.7.3.1 CAD识别基本流程(图8-58)

8.7.3.2 操作步骤

步骤1：通过“CAD草图”界面的“导入CAD图”功能，将“建施02首层平面图”打开。

图 8-57 选择对应列

步骤 2：提取轴线。在构件导航栏中切换到“识别轴网”界面，选择好此命令后，按住键盘上的 ctrl 键，同时鼠标左键选择图纸中的某一根轴线，然后点击鼠标右键确认。

步骤 3：提取轴线标识。选择此命令后，按住键盘上的 ctrl 键，同时鼠标左键选择图纸中的所有轴线标识（包括轴号、轴距、标识线），然后点击鼠标右键确认。

步骤 4：识别轴网。点击“识别轴网”，软件提供三种识别方式：自动识别、选择轴网组合识别、识别辅助轴线。本工程我们选择“自动识别”。

说明：

1）选择轴网组合识别：此功能适用于识别实际工程中轴网是由多个轴网拼接而成的复杂轴网。

2）识别辅助轴线：适用于手动识别轴网，当自动识别轴线或选择轴网组合识别时个另轴线识别不过来，可以使用此功能。

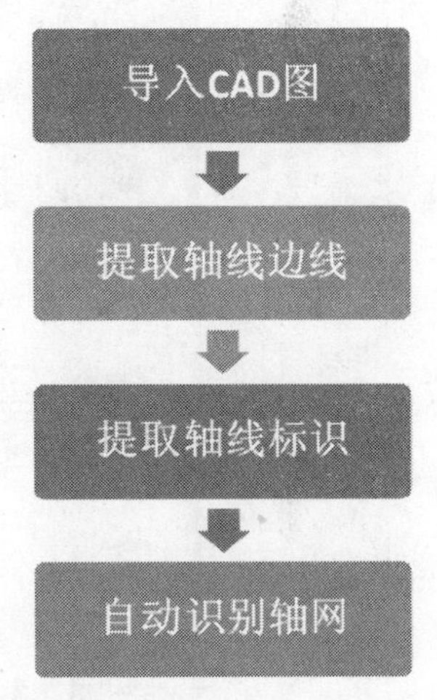

图 8-58 识别轴网的基本流程

8.7.4 识别柱

步骤 1：通过“CAD 草图”界面的“导入 CAD 图”功能，将“结施 02”打开。

步骤 2：定位 CAD 图。在 CAD 草图界面，选择“定位 CAD 图”功能，点击 CAD 图纸中 1 轴和 B 轴的交点，将图纸拖到已经识别好的轴网的 1 轴与 B 的交点处，使用图纸与识别好的轴网完全重叠。

步骤 3：按照识别轴网的操作流程，先提取柱边线，再提取柱标识，最后识别柱。

说明：

1）定位 CAD 图：当我们识别完一类型构件，再次导入其他类型构件的 CAD 图形后，为了保证导入的 CAD 图形和已经识别完成的图元的位置重叠、位置正确，需要使用此功能把新导入的 CAD 重新定位。

2）自动识别柱：此功能用于自动识别 CAD 图中的柱。

3）点选识别柱：此功能用于手动单个识别 CAD 图中的柱。当某些柱比较特殊，用自动识别时遗漏掉了，这时就可以用点选识别单独把它们识别出来。

4）框选识别柱：此功能用于框选识别 CAD 图中的柱。

8.7.5 识别墙

步骤 1：导入墙 CAD 图。利用导入 CAD 图形功能将“建施 02 首层平面图”导入到软件中。

步骤 2：定位 CAD 图使 CAD 图纸与识别好的轴网完全重合。

步骤 3：在构件导航栏中切换到“识别墙”界面，先提取墙线，软件可以提取混凝土墙边线和提取砌体墙边线，这里我们选择“提取砌体墙边线”，按住键盘上的 ctrl 键，同时鼠标左键选择图纸中的某一根墙边线，然后点击右键确认。

步骤 4：读取墙厚。读取 CAD 图形中的墙的厚度信息，通过读取墙的厚度信息，来建立墙构件。鼠标左键选择墙的两条边线，右键确认，在弹出的对话框中输入墙的名称即可（图 8-59）。

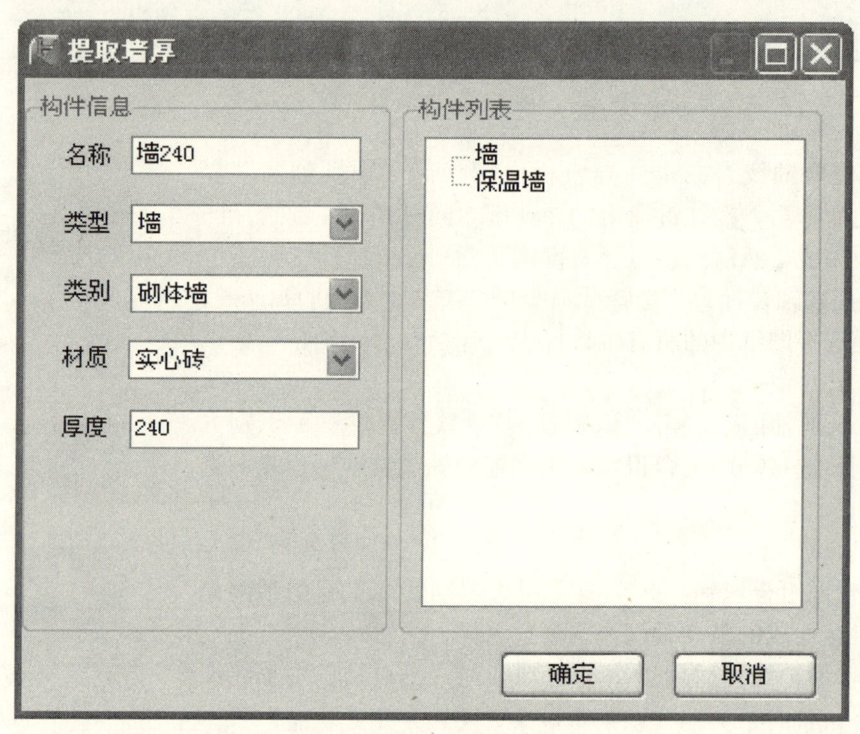

图 8-59　读取墙厚

步骤 5：识别墙。软件提供三种识别方法：自动识别、点选识别、框选识别。本工程选择自动识别。“选择需要识别的墙构件”点击“识别”即可。

说明：

1）自动识别：提取完墙边线、读取完墙厚以后，软件会自动识别墙图元。

2）点选识别：手动点选识别墙构件，此功能可用于当个别构件需要单独识别，或者自动识别构件没有识别全，有遗漏的时候。

3）框选识别：手动拉框选择墙图元进行识别。只有完全落在选择框里的图元才会被识别。

4）自动分解墙：此功能用于把已经识别的墙分成多段。用于当 CAD 图中的一道墙分段为不同材质的时候，就需要断开，例如短肢剪力墙。

8.7.6 识别门窗洞

步骤 1：导入墙 CAD 图。利用导入 CAD 图形功能将“建施 02 首层平面图”导入到软件中。

步骤 2：提取混凝土墙边线或提取砌体墙边线。

步骤 3：提取门窗标识。按住键盘上的 ctrl 键，同时鼠标左键选择门窗标识。

步骤 4：识别门窗洞。软件提供四种识别方式：自动识别门窗洞、点选识别门窗洞、框选识别门窗洞、精确识别门窗洞。本工程选择“自动识别门窗洞”。

说明：

1）识别门窗洞之前要先识别门窗表。

2）本工程中在识别墙的时候就已经提取了墙边线，所以在识别门窗洞时可以省略步骤 1 和 2，直接从步骤 3 开始操作。

3）自动识别门窗洞：此功能用于自动识别 CAD 图形中的门窗。

4）点选识别门窗洞：此功能用于逐个识别 CAD 图形中的门窗。如果某些门窗不能被自动识别，这时就需要用到点选识别门窗。

5）框选识别门窗洞：此功能用于拉框识别 CAD 图形中的门窗。如果某些门窗不能被自动识别，这时就可以用到框选识别门窗，框选识别门窗比点选识别门窗效率更高。

6）精确识别门窗洞：此功能用于单个识别 CAD 图形中的门窗，识别的时候可以准确定位。如果某些门窗位置要求准确，否则不能保证工程量计算正确，这时，就要用到此功能。

8.7.7 识别梁

步骤 1：导入墙 CAD 图。利用导入 CAD 图形功能将“结施 04”导入到软件中。

步骤 2：定位 CAD 图。使 CAD 图纸与已经识别的轴网完全重合。

步骤 3：在构件导航栏中切换到“识别梁”界面提取梁边线、提取梁标识。

步骤 4：识别梁。软件提供两种识别方法：自动识别梁、点选识别梁。本工程选择自动识别梁。

说明：

1）识别梁构件：此功能用于识别 CAD 图形中的梁。识别完成后软件会在梁构件中建立该构件。

2）自动识别梁：此功能用于自动识别 CAD 图中的梁。

3）点选识别梁：此功能用于手动单个识别 CAD 图中的梁。当某些梁比较特殊，用自动识别时遗漏掉了，这时就可以用点选识别单独把它们识别出来。

8.7.8 CAD 识别的相关功能

【按房间识别装修表】：在做实际工程时，通常 CAD 图纸上会带有房间做法明细表，表中注明了房间的名称、位置以及房间内各种地面、墙面、踢脚、顶棚、吊顶、墙裙的一系列做法名称。通过识别该表的功能能够快速建立房间及房间内各种装修的构件（图 8-60）。

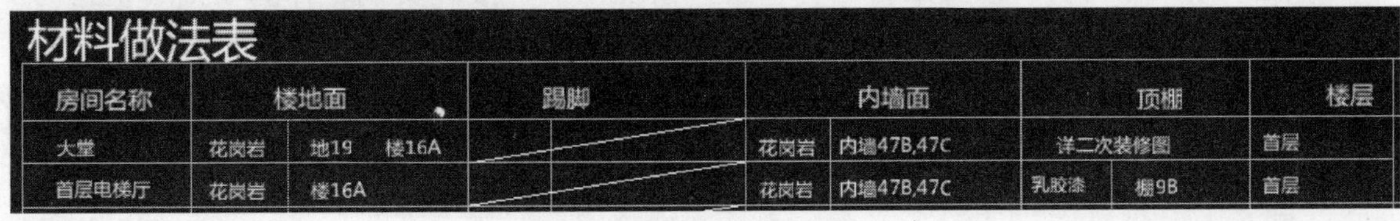

材料做法表

房间名称	楼地面		踢脚		内墙面		顶棚		楼层
大堂	花岗岩	地19　楼16A			花岗岩	内墙47B,47C	详二次装修图		首层
首层电梯厅	花岗岩	楼16A			花岗岩	内墙47B,47C	乳胶漆	棚9B	首层

图 8-60　适用于按房间识别装修表的装修做法表

【按装修构件识别装修表】：适用于图纸中没有体现房间与房间内各装修之间的对应关系。如图 8-61。

装修一览表

类别	名称	使用部位	做法编号	备注
地面	水泥砂浆地面	全部	编号1	
楼面	陶瓷地砖楼面	一层楼面	编号2	
楼面	陶瓷地砖楼面	二至五层的卫生间、厨房	编号3	
楼面	水泥砂浆楼面	除卫生间厨房外全部	编号4	水泥砂浆毛面找平

图 8-61　适用于按装修构件识别装修表的装修做法表

【修改 CAD 标注】：当 CAD 图导入后，发现有些标注、字体需要进行修改时，可以使用该功能进行直接编辑。

【插入 CAD 图】：当已经导入一些 CAD 图，需要继续导入其他 CAD 图时，使用插入 CAD 图形的功能。

【还原 CAD 图】：提取 CAD 图元后，发现某些图元提取错误，这时可以用此功能把错误提取的 CAD 图元还原为未提取的状态。

【图层设置——选择相同图层的 CAD 图元】：提取图元过程中，需要同时选中某一图层的构件，这时就可以使用此命令，此命令与按 ctrl+左键选择图元的功能一样。

【图层设置——选择相同颜色的 CAD 图元】：提取图元过程中，需要同时选中某种颜色的图元，这时就可以使用此命令。

【导出选中的 CAD 图形】：有时候，一个工程的多个楼层、多种构件类型会放在一个 CAD 文件中，为了方便导图，需要把各个楼层单独拆分出来，这时就可以用此功能，逐个把要用到的楼层单独导出为单独的文件，再利用这些文件识别。

8.8　钢筋布置及识别

8.8.1　导入图形算量工程

图形算量 GCL2008 软件和钢筋算量 GGJ2009 软件可以实现数据共享，我们可以将绘制好的图形算量 GCL2008 工程导入到钢筋算量 GGJ2009 软件中，实现画一次图算两种量。

8.8.1.1　新建 GGJ2009 工程

(1) 启动软件后选择“新建向导”。

(2) 在弹出的对话框中输入工程名称、选择损耗模板、报表类别、计算规则和汇总方式(图 8-62)。

(3) 确定工程信息，在弹出的对话框中确定结构类型、设防裂度、檐高和抗震等级(图 8-63)。

(4) 确定编制信息，该部分内容只起到标识作用，对钢筋量计算没有任何影响。

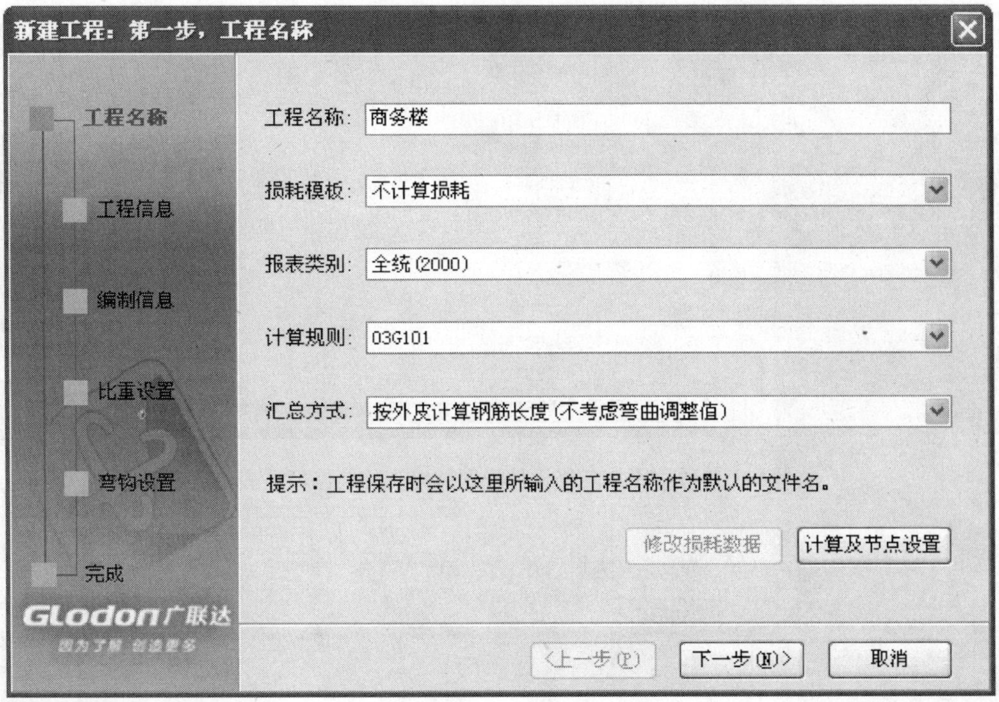

图 8-62　工程名称

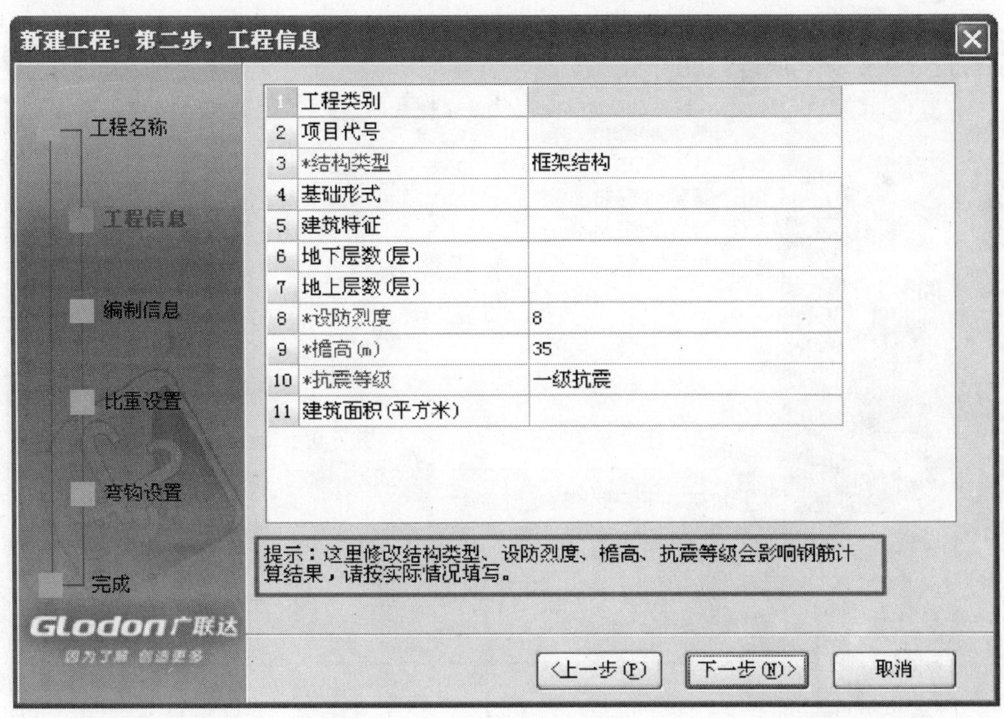

图 8-63　工程信息

(5) 比重设置（图 8-64）。

(6) 弯钩设置（图 8-65）。

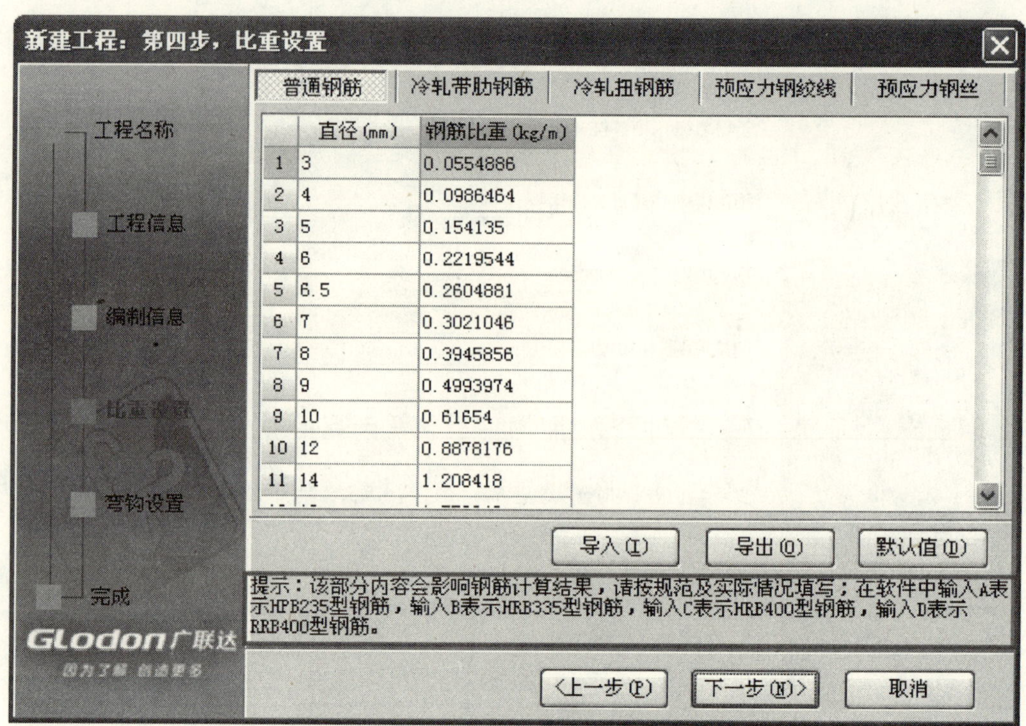

图 8-64　比重设置

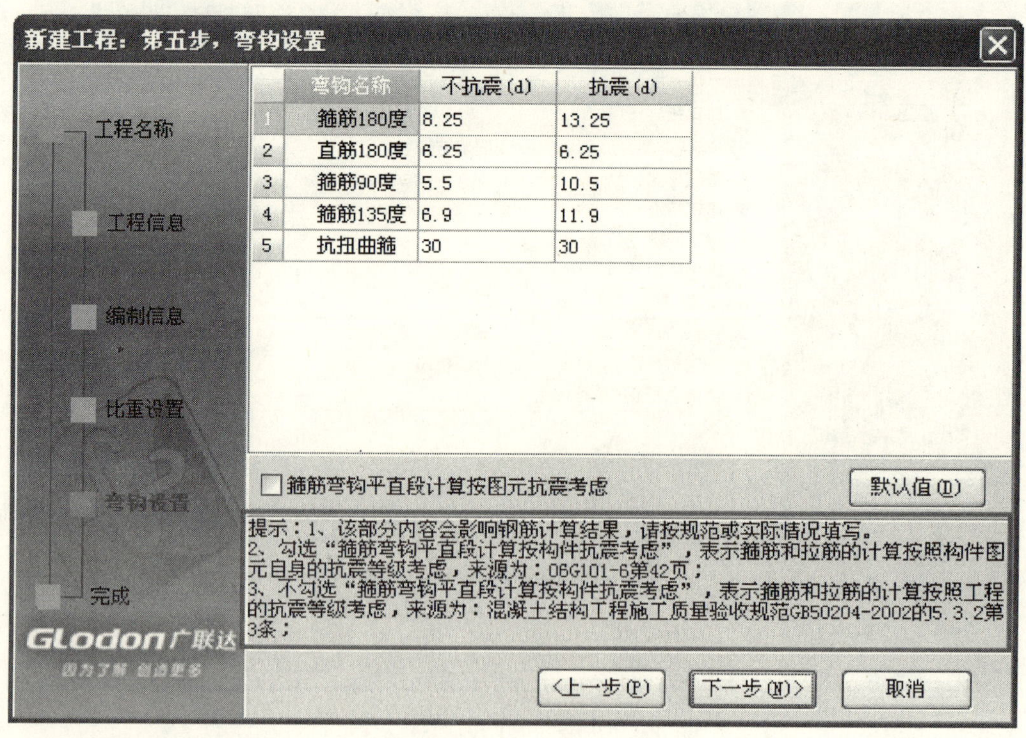

图 8-65　弯钩设置

（7）完成。

8.8.1.2　导入图形工程

步骤1：在“文件”菜单下选择“导入图形工程”命令，在弹出的对话框中选择需要导入的图形工程，点击“打开”；

步骤2：软件会弹出提示“楼层高度不一致，请修改后再导入”，点击“确定”即可；

步骤3：在“层高对比”对话框中点击“按照图形层高”导入（图8-66）；

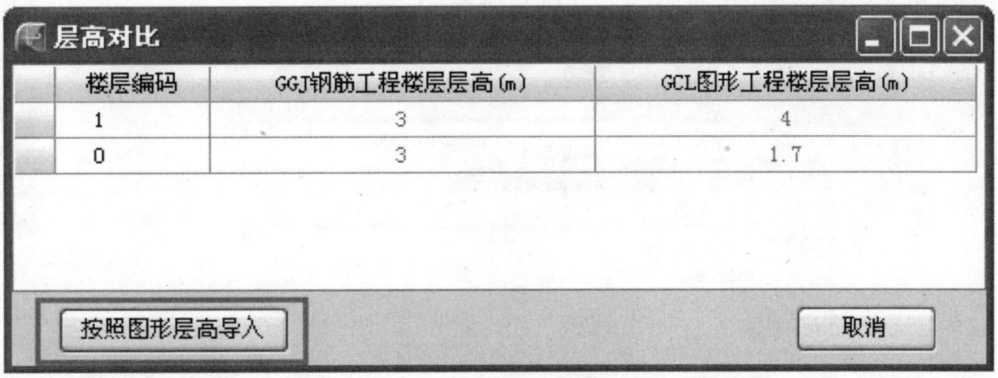

层高对比

楼层编码	GGJ钢筋工程楼层层高(m)	GCL图形工程楼层层高(m)
1	3	4
0	3	1.7

按照图形层高导入　　取消

图8-66　层高对比

步骤4：在弹出的对话框中选择要导入的楼层及构件，点击“确定”即可将绘制好的图形算量GCL2008工程导入到钢筋算量GGJ2009软件中（图8-67）。

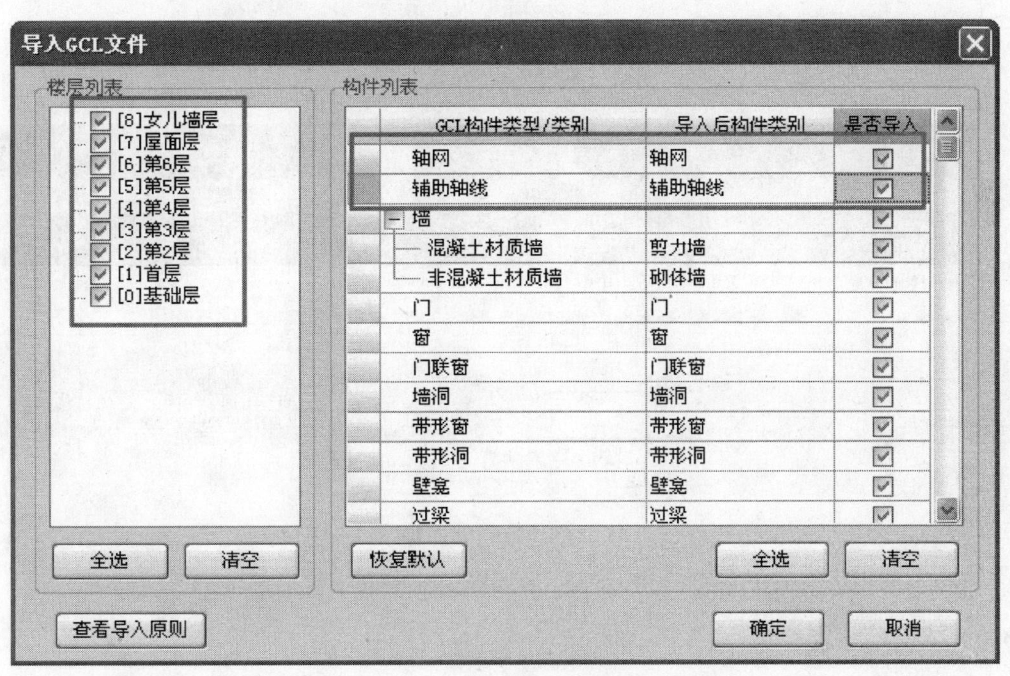

图8-67　选择需要导入的楼层及构件

8.8.2　柱钢筋输入

（1）进入到柱的定义界面，根据图纸“结施02”输入柱的纵筋及箍筋信息，如图8-68所示。

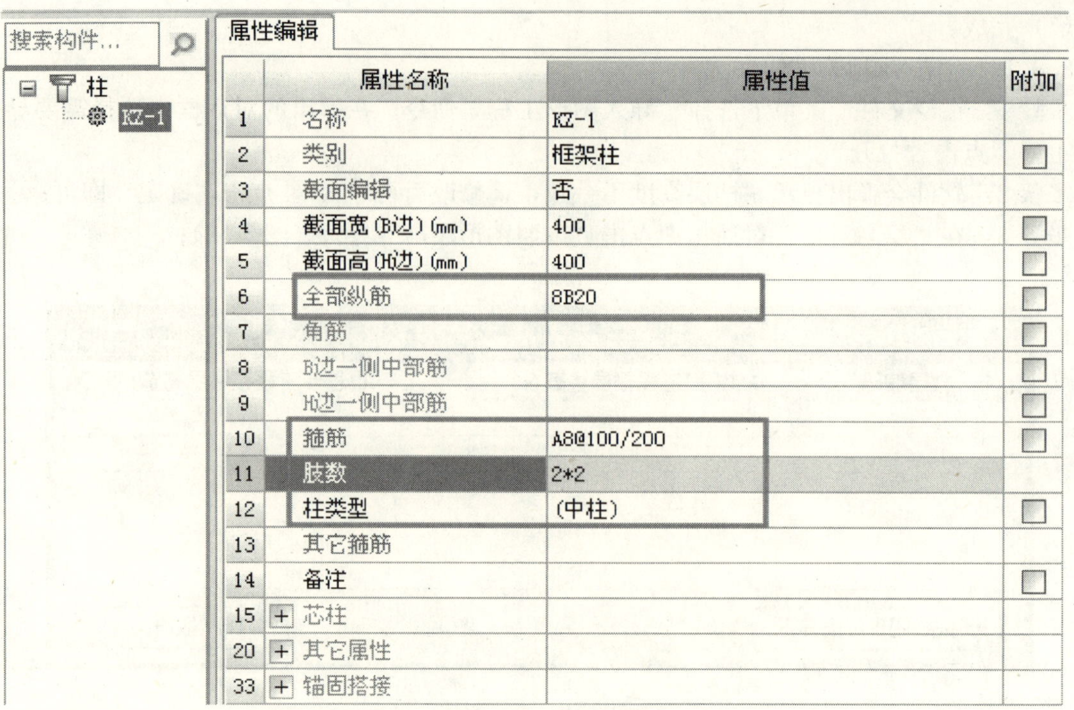

	属性名称	属性值	附加
1	名称	KZ-1	
2	类别	框架柱	
3	截面编辑	否	
4	截面宽(B边)(mm)	400	
5	截面高(H边)(mm)	400	
6	全部纵筋	8B20	
7	角筋		
8	B边一侧中部筋		
9	H边一侧中部筋		
10	箍筋	A8@100/200	
11	肢数	2*2	
12	柱类型	(中柱)	
13	其它箍筋		
14	备注		
15	+ 芯柱		
20	+ 其它属性		
33	+ 锚固搭接		

图 8-68　柱钢筋的输入

(2) 柱的钢筋信息输入完毕后，回到绘图界面通过“汇总计算”即可得到柱的钢筋工程量(图 8-69)。

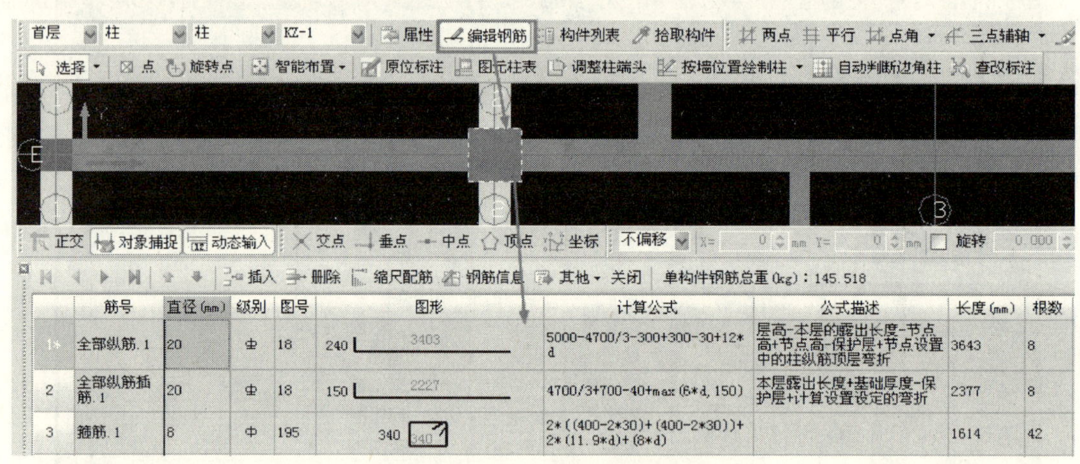

单构件钢筋总重(kg)：145.518

	筋号	直径(mm)	级别	图号	图形	计算公式	公式描述	长度(mm)	根数
1*	全部纵筋.1	20	中	18	240 3403	5000-4700/3-300+300-30+12*d	层高-本层的露出长度-节点高+节点高-保护层+节点设置中的柱纵筋顶层弯折	3643	8
2	全部纵筋插筋.1	20	中	18	150 2227	4700/3+700-40+max(6*d,150)	本层露出长度+基础厚度-保护层+计算设置设定的弯折	2377	8
3	箍筋.1	8	中	195	340 340	2*((400-2*30)+(400-2*30))+2*(11.9*d)+(8*d)		1614	42

图 8-69　柱钢筋计算

8.8.3　梁钢筋布置

(1) 在梁的定义界面输入梁的钢筋信息，如图 8-70 所示。

(2) 切换到绘图界面，进行梁的“原位标注”(图 8-71)。

(3) 汇总计算后使用“编辑钢筋”命令即可查看梁的钢筋量(图 8-72)。

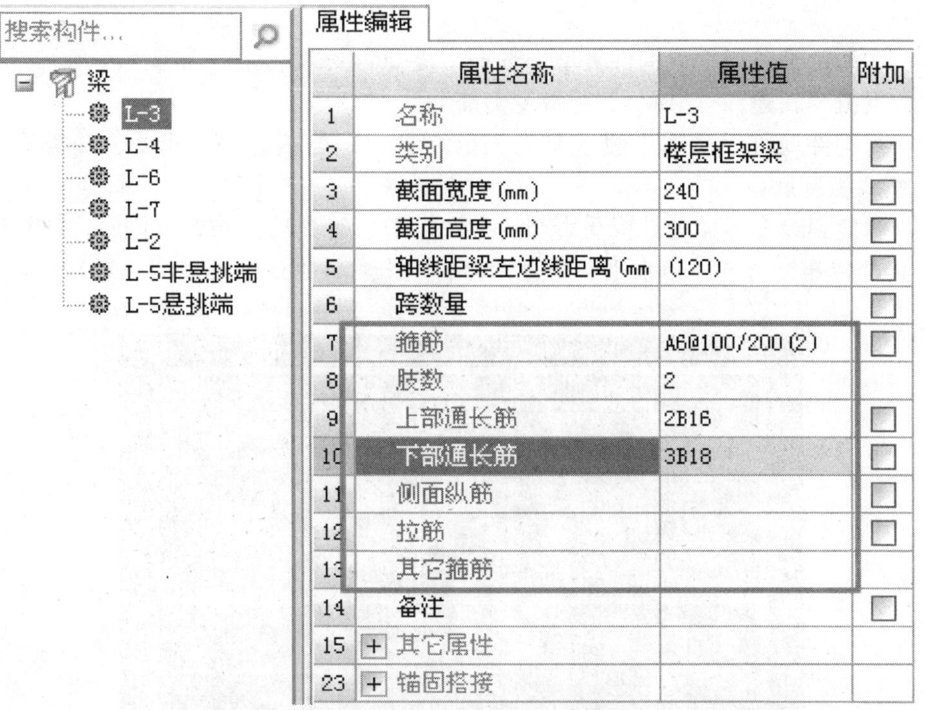

	属性名称	属性值	附加
1	名称	L-3	
2	类别	楼层框架梁	
3	截面宽度(mm)	240	
4	截面高度(mm)	300	
5	轴线距梁左边线距离(mm	(120)	
6	跨数量		
7	箍筋	A6@100/200(2)	
8	肢数	2	
9	上部通长筋	2B16	
10	下部通长筋	3B18	
11	侧面纵筋		
12	拉筋		
13	其它箍筋		
14	备注		
15	+ 其它属性		
23	+ 锚固搭接		

图 8-70 输入梁集中标注

	跨号	标高(m)		构件尺寸(mm)							上通长筋	上部钢筋			下部钢筋		侧面钢筋		
		起点标高	终点标高	A1	A2	A3	A4	跨长	截面(B*H)	距左边线距离		左支座钢筋	跨中钢筋	右支座钢筋	下通长筋	下部钢筋	侧面通长筋	侧面原位标注筋	拉筋
1	0	4	4	(200)				(3300)	(240*300)	(120)	2B16				3B18				
2	1	4	4		(200)	(200)		(4580)	(240*300)	(120)									
3	2	4	4		(200)	(200)		(4580)	(240*300)	(120)									
4	3	4	4				(200)	(3300)	(240*300)	(120)									

图 8-71 输入梁的原位标注

单构件钢筋总重(kg)：168.41

	筋号	直径(mm)	级别	图号	图形	计算公式	公式描述	长度(mm)	根数
1*	0跨.上通长筋1	16	⌀	64	192 15710 192	192-25+15760+192-25	弯折-保护层+净长+弯折-保护层	16094	2
2	0跨.下通长筋1	18	⌀	1	15710	-25+15760-25	-保护层+净长-保护层	15710	3
3	0跨.箍筋1	6	⌀	195	250 190	2*((240-2*25)+(300-2*25))+2*(75+1.9*d)+(8*d)		1101	20
4	1跨.箍筋1	6	⌀	195	250 190	2*((240-2*25)+(300-2*25))+2*(75+1.9*d)+(8*d)		1101	28
5	2跨.箍筋1	6	⌀	195	250 190	2*((240-2*25)+(300-2*25))+2*(75+1.9*d)+(8*d)		1101	28
6	3跨.箍筋1	6	⌀	195	250 190	2*((240-2*25)+(300-2*25))+2*(75+1.9*d)+(8*d)		1101	20

图 8-72 梁钢筋计算

8.8.4 板钢筋布置

8.8.4.1 板受力筋布置

参考图纸：结施 03（二层楼板配筋图）。

操作步骤：

步骤1：在构件导航栏中板构件类型下选择“板受力筋”，点击“定义”；

步骤2：点击“新建”，选择“新建板受力筋”；

步骤3：在构件属性编辑框中输入受力筋的名称、钢筋信息，选择受力筋类别：底筋、面筋、中间层筋或温度筋；

步骤4：切换到绘图界面进行板受力筋的布置，布置时先选择布置范围——单板、多板、自定义范围，再选择布筋方向——水平、垂直，然后点击右键确认即可（图8-73）。

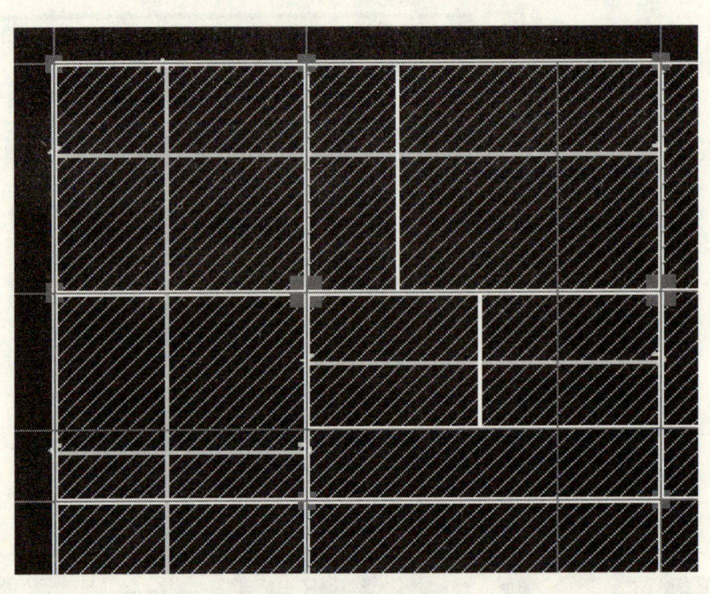

图8-73　板受力筋布置

说明：

1）XY方向——双向布置：如果某一种受力筋例如底筋的两个方向的钢筋相同，则可以使用双向布置，在钢筋类型中选择底筋，输入底筋的钢筋信息，确定后就可以一次布置底筋的两个方向的钢筋；钢筋类别中还可以选择面筋、中间层筋和温度筋。

2）XY方向——双网双向布置：如果板的受力筋的底筋和面筋的各方向的钢筋信息都相同，这种情况可以选用“双网双向布置”，在钢筋信息中输入一次钢筋信息，就可以布置底筋和面筋的各方向的钢筋。

3）XY方向——XY向布置：这种布置方式需要输入底筋和面筋的两个方向的钢筋，适用于底筋和面筋两个方向钢筋信息各不同的情况。

4）应用同名称板：当前层板中，编号为B-1的板的配筋完全相同，需要快速布置所有名称为B-1的板钢筋。

8.8.4.2　板负筋布置

参考图纸：结施03（二层楼板配筋图）。

操作步骤：

步骤1：在构件导航栏中板构件类型下选择“板负筋”，点击“定义”。

步骤2：点击“新建”，选择“新建板负筋”，在构件属性编辑中输入负筋信息、负筋长度（左标注或右标注）、单边标注位置或非单边标注位置、确定分布钢筋等信息（图8-74）。

	属性名称	属性值
1	名称	FJ-1
2	钢筋信息	A8@150
3	左标注(mm)	0
4	右标注(mm)	800
5	马凳筋排数	1/1
6	单边标注位置	(支座内边线)
7	左弯折(mm)	(0)
8	右弯折(mm)	(0)
9	分布钢筋	(A6@250)
10	钢筋锚固	(27)
11	钢筋搭接	(33)
12	归类名称	(FJ-1)
13	计算设置	按默认计算设置计算
14	节点设置	按默认节点设置计算
15	搭接设置	按默认搭接设置计算
16	汇总信息	板负筋
17	备注	

图 8-74　板负筋定义

步骤 3：布置板负筋。先选择布置方法：按梁布置、按墙布置、按板边布置或画线布置，然后确定左方向（即负筋线位置）即可布置板负筋（图 8-75）。

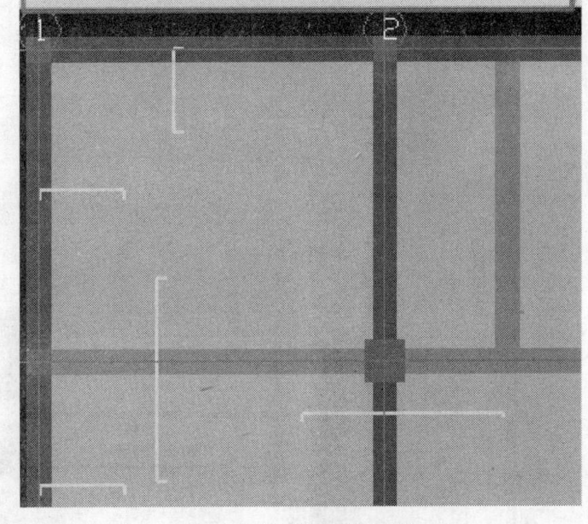

图 8-75　图负筋布置

说明：

1）查看布筋范围：可以查看负筋在板内的范围。

2）交换左右标注：布置跨板受力筋或负筋的时候，绘制好的钢筋左右标注和图纸标注正好相反，需要进行调整时使用。

3）查改标注：直接修改绘制好的板受力筋、跨板受力筋或板负筋信息。

8.8.5　筏板钢筋布置

在构件导航栏的筏板构件类型下建立筏板主筋和筏板负筋，筏板主筋的定义与绘制同板受力筋，筏板钢筋的定义与绘制同板负筋。

8.8.6　楼梯钢筋布置

步骤 1：在“单构件输入”界面中，使用快捷键 F2 或点击“构件”菜单下的“构件管理”进入“单构件输入构件管理”界面，选择“楼梯”构件并“添加构件”，输入构件名称、相同构件的构件数量等信息，然后点击“确定”（图 8-76）。

步骤 2：点击“参数输入”，进入“参数输入法”界面，选择图集并根据图纸输入相应的参数，最后点击“计算退出”即可（图 8-77）。

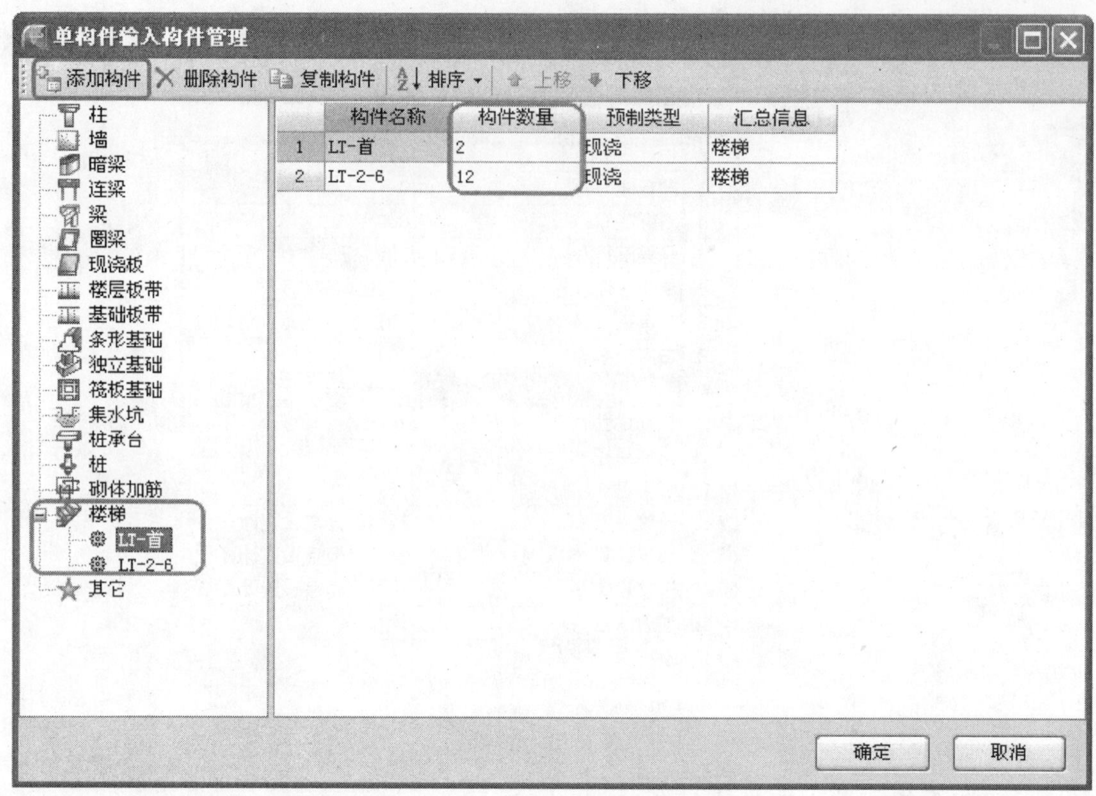

图 8-76　单构件输入构件管理界面

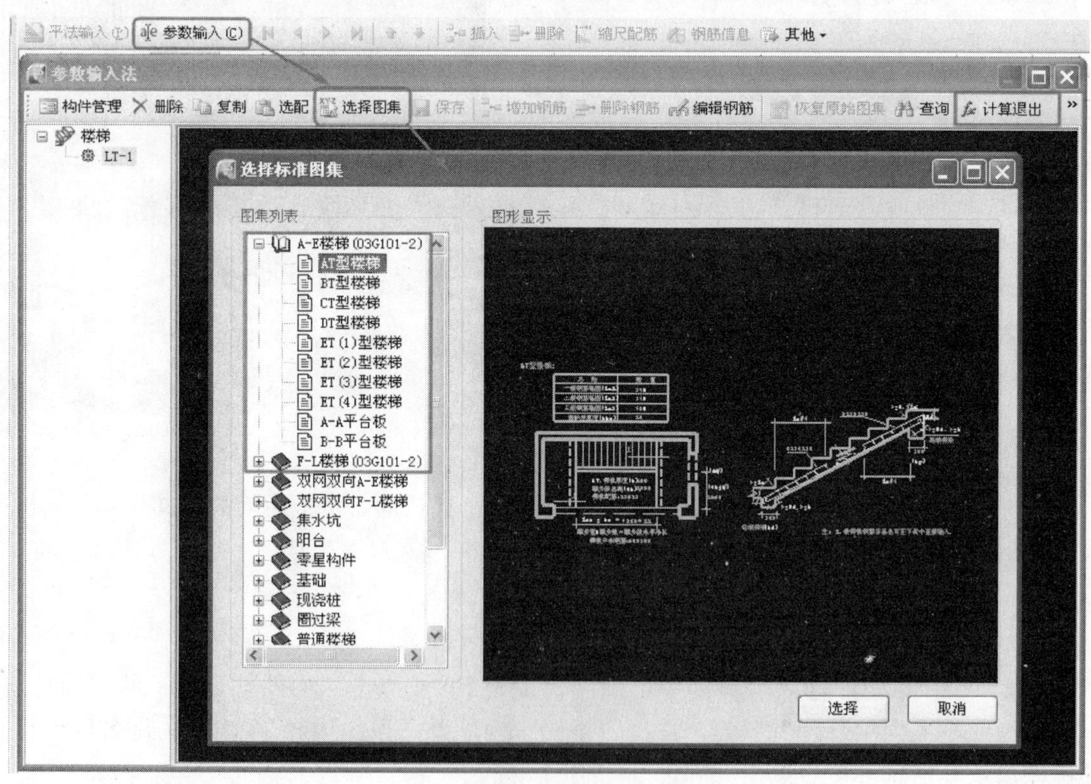

图 8-77　楼梯钢筋的输入

8.9 图形算量GCL2008和钢筋算量GGJ2009的常用辅助命令

8.9.1 “楼层”菜单下的常用功能

【从其他楼层复制构件图元】：当前楼层的构件图元和其他楼层的图元属性和位置基本相同，在当前层不需要再次重复绘制，只需稍作修改即可。

【复制选定图元到其他楼层】：在当前层绘制完某个构件后，其他楼层相同位置也存在该构件图元，可以使用此功能将部分图元进行层间复制。

【块复制】：当前楼层的某两个范围内的构件图元属性和相对位置完全一致时可使用块复制功能。

【块移动】：绘制完某个区域的所有构件后，发现所有的构件位置都是错误的，需要整体移动到其他位置。

【块旋转】：绘制完某个区域的所有构件后，发现所有的构件位置都是错误的，需要整体旋转到其他位置。

【块镜像】：当前楼层的某两个范围内的构件图元属性和相对位置完全对称可使用此功能。

【块拉伸】：在当前楼层中，已经在轴网上绘制了构件图元，这时候发现轴网轴距定义错误，修改轴距后已经绘制好的构件图元位置全部错误，需要重新绘制时可使用此功能将构件整体拉伸至需要的位置。

【块存盘、块提取】：想保存当前已经绘制好的所有图元，用在下一个类似的工程，例如：绘制一个小区的所有工程时，一般都是由一些固定的户型组成，那么只需要绘制几个户型，然后通过“块存盘”和“块提取”的功能就可以快速拼接成一个整体建筑。

8.9.2 “修改”菜单下的常用功能

【镜像】：在当前楼层中，发现某个位置的所有图元和已经绘制的图元完全对称。

【旋转】：需要对选中的构件图元旋转一定的角度时使用。

【延伸】：需要将选中的线性构件图元延伸到指定的边界线。

【修剪】：需要将选中的构件图元修剪到指定的边界或删除线性构件图元的一部分时使用。

【打断】：需要将构件图元打断为两个或多个，进行删除等修改操作。

【分割】：整个板的区域内只有局部厚度或标高不同，则可以将整块板分割出一小部分进行单独操作；对筏板基础、板等面状构件进行分割操作，以便进行局部删除、偏移等修改操作。

【偏移】：需要将选中的构件图元按指定的方向偏移一定的距离，偏移操作只能对线状构件和面状构件进行操作。

【对齐】：需要快速地将点状构件的边线与线性构件的边线平齐；需要快速地将线性构件的边线与点状构件的边线平齐。

【设置夹点】：对于面状构件，想对某一条边上的部分范围进行偏移，比如对板的一条边的部分长度范围进行偏移。

8.10 工程量输出

清单项目汇总表 **表 8-1**

序号	编码	项目名称	单位	工程量
1	010101001001	平整场地	m^2	196.48
2	010101003001	挖基础土方	m^3	290.59
3	010401006001	垫层；C15	m^3	24.05
4	010401003001	满堂基础	m^3	101.73
5	010301001001	砖基础	m^3	22.87
6	010103001001	土（石）方回填	m^3	186.85
7	010402001001	矩形柱；C25	m^3	1.60
8	010402001002	矩形柱；构造柱，C25	m^3	44.84
9	010403005002	过梁；C25	m^3	9.24
10	010403004001	圈梁；C25	m^3	30.02
11	010403002001	矩形梁；挑梁，C25	m^3	0.28
12	010405003002	平板；C25	m^3	28.71
13	010405001001	有梁板；C25	m^3	113.18
14	010406001001	直形楼梯；C25	m^2	62.21
15	010405008001	雨篷；C25	m^3	0.10
16	010407001001	其他构件；压顶，C25	m^3	3.13
17	010302001001	实心砖墙；粉煤灰轻质砖墙 240，M7.5 混浆	m^3	399.67
18	010302001002	实心砖墙；粉煤灰轻质砖墙 120，M7.5 混浆	m^3	9.66
19	010702001001	屋面卷材防水；防滑地砖，改性沥青卷材，LM 高分子涂料防水，1：3 砂浆找平 20	m^2	202.93
20	010803001001	保温隔热屋面；现浇水泥珍珠岩 1：8，聚氨酯发泡保温层 40	m^2	185.92
21	010702003001	屋面刚性防水；1：3 水泥砂浆找坡，改性沥青卷材，防水砂浆	m^2	17.22
22	010702004001	屋面排水管；塑料水落管 ϕ100	m	39.80
23	010407002001	散水；混凝土散水（L03J004-5/3）	m^2	40.93
24	010407002002	坡道；混凝土坡道 L03J004-1/27	m^2	11.92
25	010305008001	其他构件；混凝土台阶，C20	m^3	0.54
26	020403003001	防火卷帘门	樘	2.00
27	020401005001	夹板装饰门；单扇夹板门，安执手锁，底油 1 遍调合漆 2	m^2	100.40
28	020401005002	夹板装饰门；双扇夹板门，安执手锁，底油 1 遍调合漆 2	m^2	20.16
29	020402005001	塑钢门	m^2	1.89
30	020406007001	塑钢窗	m^2	232.88
31	020108002001	块料台阶面；防滑地砖台阶	m^2	1.08
32	020108003001	水泥砂浆台阶面	m^2	2.38
33	020101001001	水泥砂浆楼地面；地 1	m^2	81.40
34	020102002001	块料楼地面；地 14，地面砖 400×400	m^2	89.91
35	020102001001	石材楼地面；楼 16，大理石 800×800	m^2	502.90
36	020102002002	块料楼地面；楼 18，地面砖 400×400	m^2	342.18

续表

序　号	编　码	项目名称	单　位	工程量
37	020102002004	块料楼地面；楼 18，地面砖 300×300	m^2	30.84
38	020106002001	块料楼梯面层；楼 15，楼梯面砖 300×300	m^2	59.16
39	020105001001	水泥砂浆踢脚线；踢 1	m^2	69.76
40	020105003001	块料踢脚线；踢 5	m^2	138.81
41	020302001001	顶棚吊顶；轻钢龙骨，PVC 扣板	m^2	30.84
42	020301001001	顶棚抹灰；棚 3	m^2	1157.57
43	020507001003	刷喷涂料；顶棚刮腻子，乳胶漆二遍	m^2	1157.57
44	020204003001	块料墙面；贴瓷砖	m^2	168.85
45	020201001002	墙面一般抹灰混合砂浆 7+7+7，内墙 4	m^2	2835.83
46	020507001002	刷喷涂料；墙面刮腻子，乳胶漆二遍	m^2	2848.25
47	020202001001	柱面一般抹灰；混合砂浆 7+7+7，内墙 4	m^2	12.42
48	020201001003	墙面一般抹灰；外墙 9	m^2	1050.32
49	020507001003	刷喷涂料；外墙面丙烯酸涂料（一底二涂）	m^2	1100.13
50	020203001001	零星项目一般抹灰；外墙 9	m^2	49.81
51	020107001002	金属扶手带栏杆．栏板；不锈钢管栏杆	m	56.41
52	AB001	竣工清理	m^3	4065.75
53	010417002001	预埋铁件	t	0.12
54	010416001001	现浇混凝土钢筋；砌体加固筋	t	1.37
55	010416001002	现浇混凝土钢筋；Ⅰ级钢	t	13.89
56	010416001003	现浇混凝土钢筋；Ⅱ级钢	t	26.77
57	010416001004	现浇混凝土钢筋；冷轧带肋钢筋	t	0.01

钢筋汇总表　　**表 8-2**

构件类型	合　计	级　别	5	6	8	10	12	14	16	18	20
柱	0.145	Φ			0.145						
	0.939	Φ̶									0.939
构造柱	0.681	Φ		0.681							
	4.411	Φ̶							4.411		
过梁	0.415	Φ		0.155	0.077	0.184					
	0.392	Φ̶						0.392			
梁	0.475	Φ		0.475							
	2.891	Φ̶					0.069		2.253	0.569	
圈梁	0.71	Φ		0.71							
	5.228	Φ̶						0.135	5.093		
现浇板	10.364	Φ		1.071	6.779	2.514					
筏板基础	9.734	Φ̶							0.363	9.371	
柱墩（筏板局部加深部分）	3.031	Φ̶									3.031
楼梯	0.972	Φ		0.014		0.958					
其他（雨篷、压顶）	0.221	Φ		0.089			0.132				
	0.144	Φ̶								0.144	
	0.012	Φ̿	0.002	0.007		0.003					
合计	13.984	Φ		3.195	7.001	3.656	0.132				
	26.77	Φ̶					0.069	0.527	12.12	10.084	3.97
	0.012	Φ̿	0.002	0.007		0.003					

复习思考题

(1) 简述图形算量软件的算量流程。

(2) 定义轴网、筏板、柱墩、柱、圈梁、梁、板、墙、构造柱、门窗、过梁、楼梯、房间装修、台阶、散水、压顶、CAD导图等操作位置分别在哪里?

(3) 如何使用图形算量GCL2008软件处理本工程中的基础加深部分?

(4) 掌握8.9节介绍的常用命令,并在实际操作中灵活使用。

(5) 思考题:如何使用【智能布置】来快速布置过梁。

(6) 上机实习:使用三维算量软件计算附录中的商务楼,对比书中给出的答案,分析二者工程量是否一致,如果不一致,差在哪里,如何调整?

附表：商务楼工程施工图

商务楼图纸目录

序号	图号	图纸名称	标准图号	图集名称
1	建施01	建筑设计说明	L06J002	建筑工程做法
2	建施02	首层平面图	L92J601	木门
3	建施03	二、四层平面图	L99J603	PVC塑料门窗
4	建施04	三、五、六层平面图	L03J004	室外配件
5	建施05	屋面平面图		
6	建施06	正立面图		
7	建施07	背立面图		
8	建施08	侧立面图		
9	建施09	1-1剖面图		
10	结施01	结构设计说明	03G101-1	梁平法构造详图
11	结施02	基础平面图	03G101-2	板式楼梯构造详图
12	结施03	二层楼板配筋图	03G101-3	筏型基础构造详图
13	结施04	二层楼面梁配筋图	L99G320	现浇钢筋混凝土雨篷
14	结施05	三、五层楼板配筋图	L03G313	多层砖房抗震构造详图
15	结施06	三、五层楼面梁配筋图		
16	结施07	四层楼板配筋图		
17	结施08	四层楼面梁配筋图		
18	结施09	六层楼板、屋面板配筋图		
19	结施10	六层楼面、屋面梁配筋图		
20	结施11	楼梯平面图		
21	结施12	AT1、AT2		

门窗表

编号	洞口尺寸		数量	采用图集		备注
	宽度	高度		图集号	编号	
M-1	2380	2400	2	防火卷帘门		甲方自理
M-2	900	2100	38	L92J601 夹板门	M2-59	
M-3	1200	2100	8		M2-313	
M-4	700	2100	10		M2-12	
M-5	770	2100	4		M2-59	
M-6	880	2100	4		M2-59	
M-7	900	2100	1	L99J605 塑钢门窗	PM-93	
C-1	1500	1500	50		TC-23	首层窗台高1500,其余900
C-2	3020	2700	10		HTC-47	窗台50素砼
C-3	2400	2700	6		HTC-45	

建筑设计说明

一、建筑物室内标高 ±0.000 之绝对标高现场确定。图中尺寸以mm为单位，标高以m为单位。

二、墙体

采用粉煤灰轻质砖，室内坪以下M10水泥砂浆砌筑；以上采用M7.5混合砂浆砌筑。

三、屋面做法

1. 上人保温屋面按山东省建筑标准设计图集L06J002屋22，采用以下选项：

隔离层选用沥青玻璃布，防水层选用改性沥青，选用聚氨酯发泡保温层40；

2. 楼梯顶防水屋面：

1∶3水泥砂浆找平层，改性沥青卷材防水层，防水砂浆面层。

四、装修做法

1. 外墙面：涂料外墙面（外墙9），采用丙乙酸涂料。

2. 内墙面：混合砂浆墙面（内墙4）；

卫生间贴200×300彩釉面砖到顶棚（内墙31）。

3. 顶棚：水泥砂浆涂料顶棚（棚3）；

卫生间采用轻钢龙骨PVC扣板（棚15），高2500。

4. 内墙涂料：刮腻子二遍,乳胶漆二遍。

5. 地面：素土夯实，垫层C15素混凝土60厚。

库房：1∶2水泥砂浆20厚（地1），水泥砂浆踢脚150（踢1）。

大厅：地面砖400×400（地14），彩釉砖踢脚150（踢5）。

6. 楼面：

办公：大理石800×800（楼19），彩釉砖踢脚150（踢5）。

大厅：地面砖400×400防水楼面（楼18），彩釉砖踢脚150（踢5）。

卫生间：地面砖300×300防水楼面（楼18）。

7. 楼梯踏步：1∶2水泥砂浆找平20厚；3厚水泥胶结合层面贴瓷质梯级砖面。

五、门窗五金及玻璃

木门为夹板门，弹子门锁；木门油奶黄色调和漆一底二面。

窗均为90系列塑钢推拉窗，5厚玻璃。C-1窗台900，C-2，C-3落地安装。

六、其他

1. 木构件与砌体接触部分涂沥青防腐。

2. 外露预埋铁件均为刷红丹防锈漆二道，面油银粉二道。

3. 栏杆安装时严格焊接以确保牢固并将焊接缝打磨平整。

4. C1窗台处现浇C20混凝土60厚长度为（窗宽+2×60）内配3ϕ6通长，分布筋ϕ6@300。

七、本说明未提及未详之处按国家现行规范施工。

八、本图纸仅供案例教学使用，请勿照图施工。

商务楼	建施01
	建筑设计说明

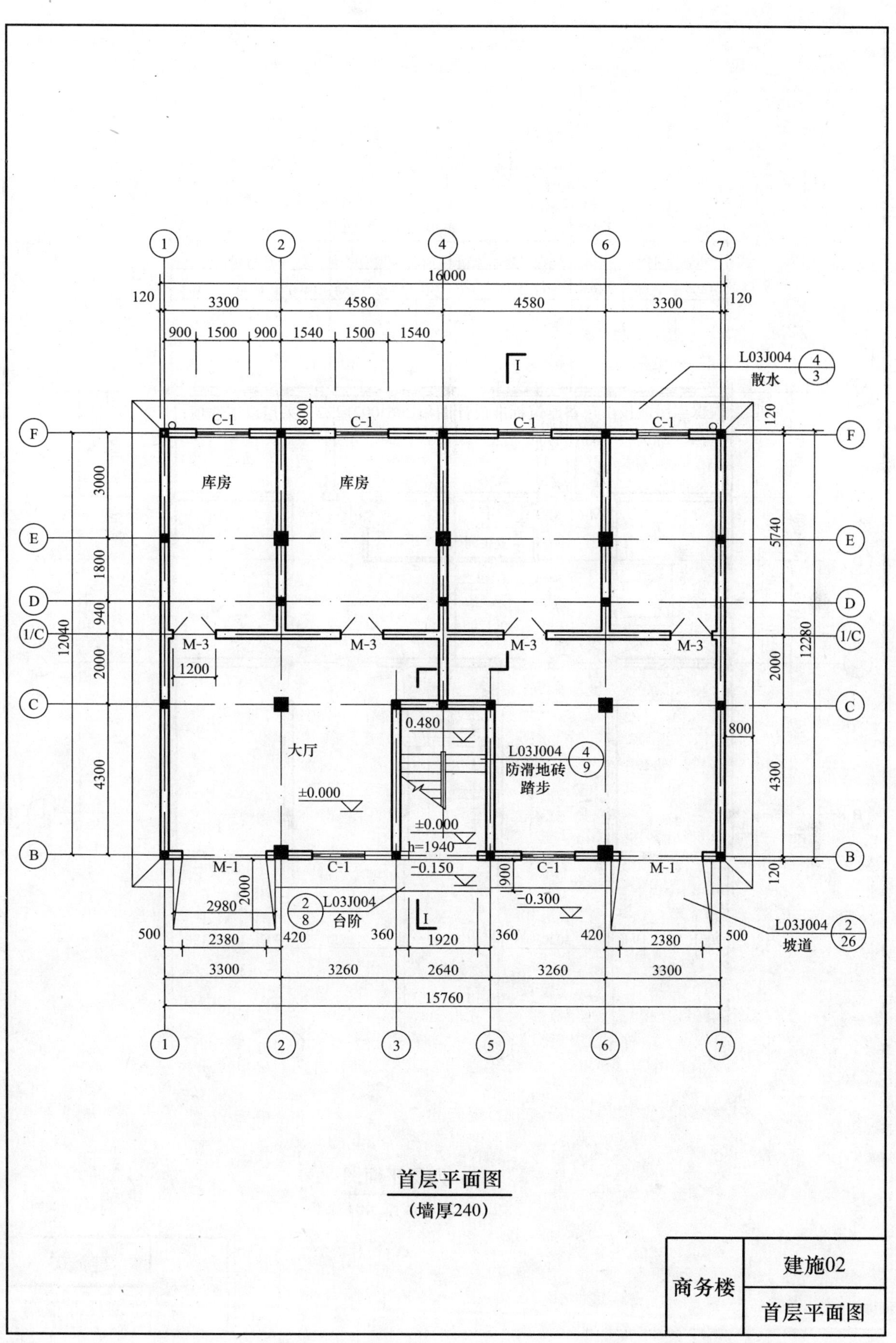

商务楼	建施02
	首层平面图

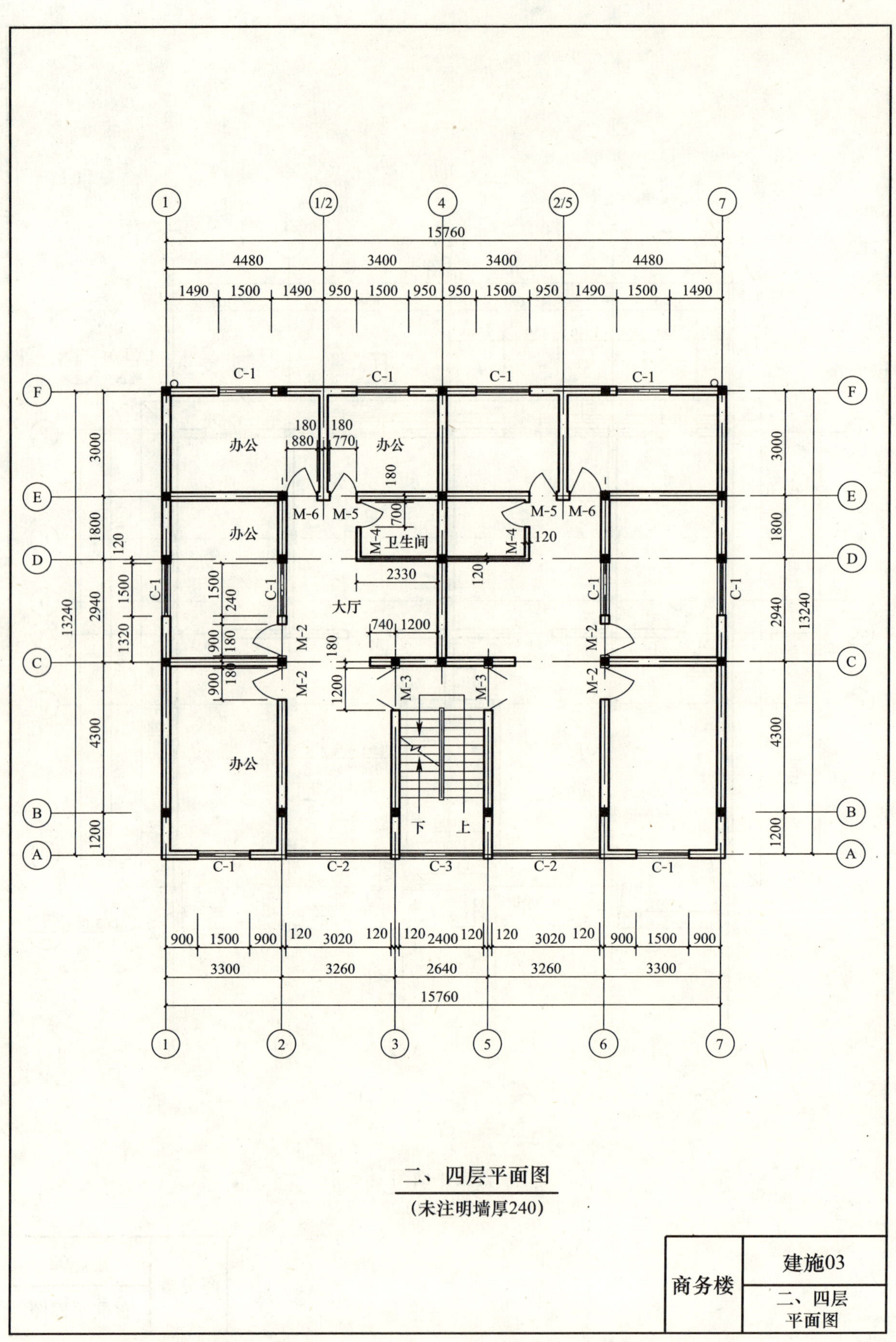

二、四层平面图

(未注明墙厚240)

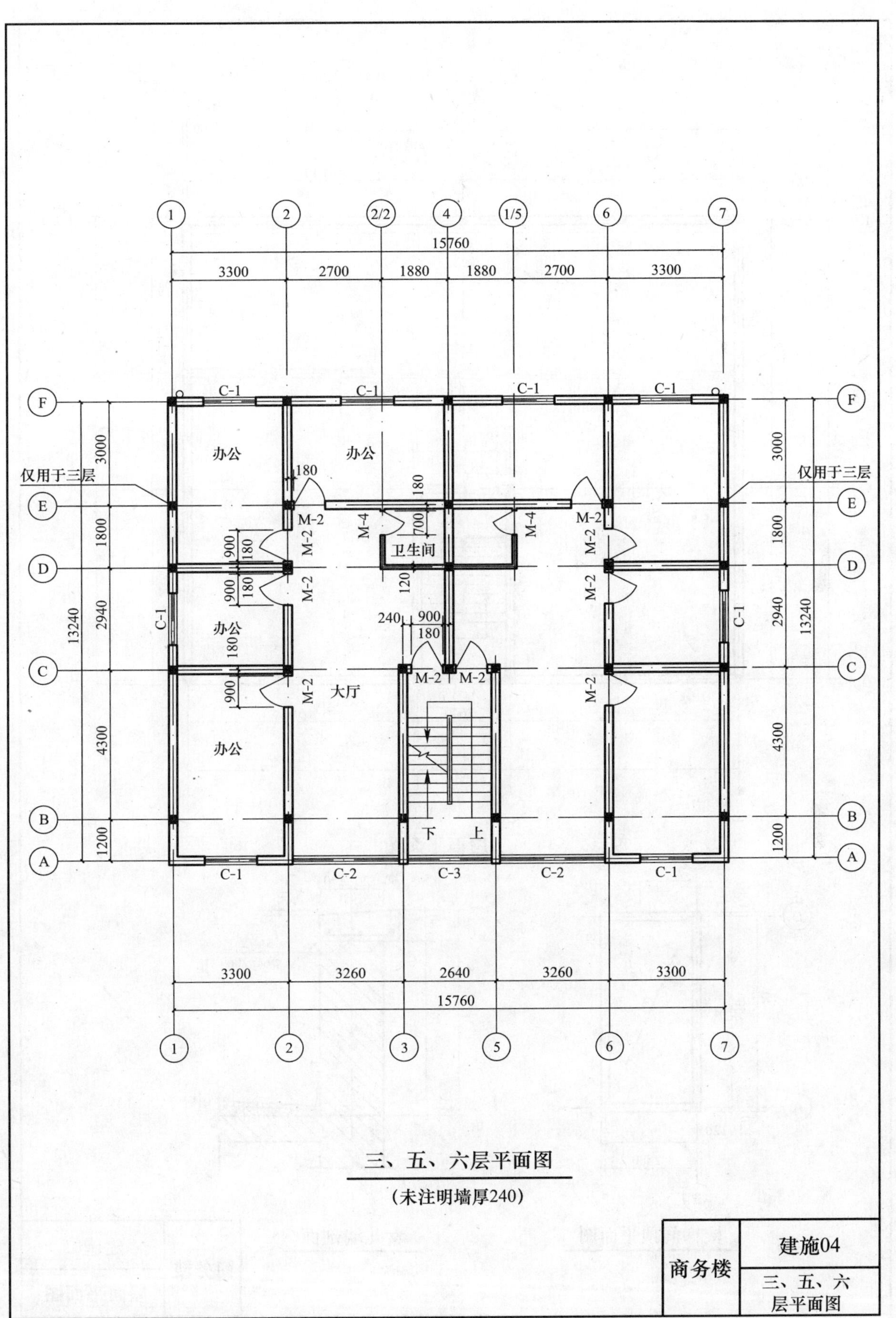
1
2
2/2
4
1/5
6
7
15760
3300
2700
1880
1880
2700
3300
C-1
C-1
C-1
C-1
F
E
D
C
B
A
3000
1800
2940
4300
1200
13240
仅用于三层
办公
办公
办公
办公
大厅
卫生间
M-2
M-4
180
700
900
120
240
C-1
下
上
C-2
C-3
3260
2640
3
5
三、五、六层平面图
(未注明墙厚240)
商务楼
建施04
三、五、六
层平面图

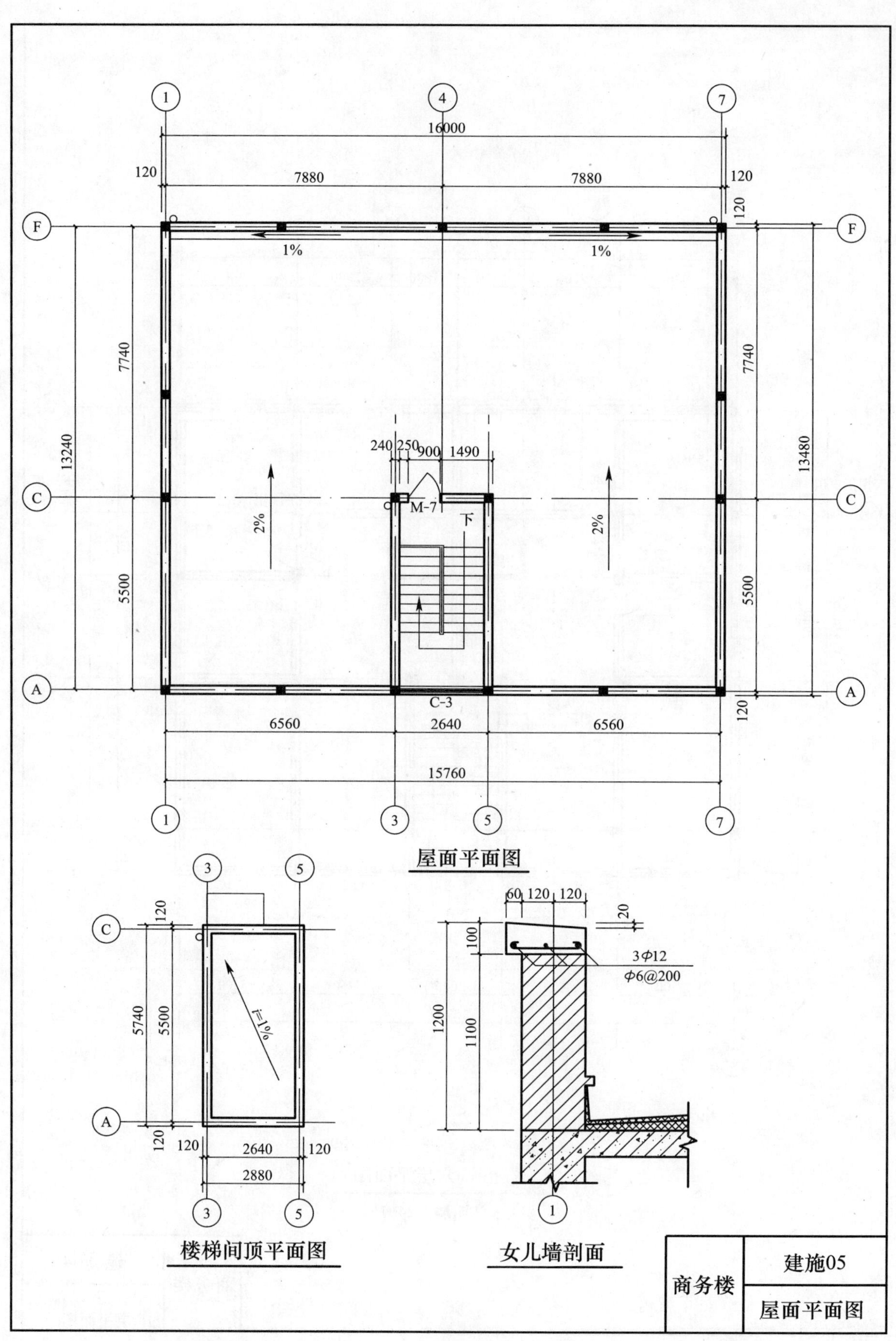

屋面平面图
楼梯间顶平面图
女儿墙剖面
商务楼
建施05
屋面平面图
16000
7880
7880
120
120
7740
5500
13240
13480
240
250
900
1490
M-7
C-3
下
1%
1%
2%
2%
6560
2640
6560
15760
5740
5500
2880
i=1%
60
100
1200
1100
20
3Φ12
Φ6@200

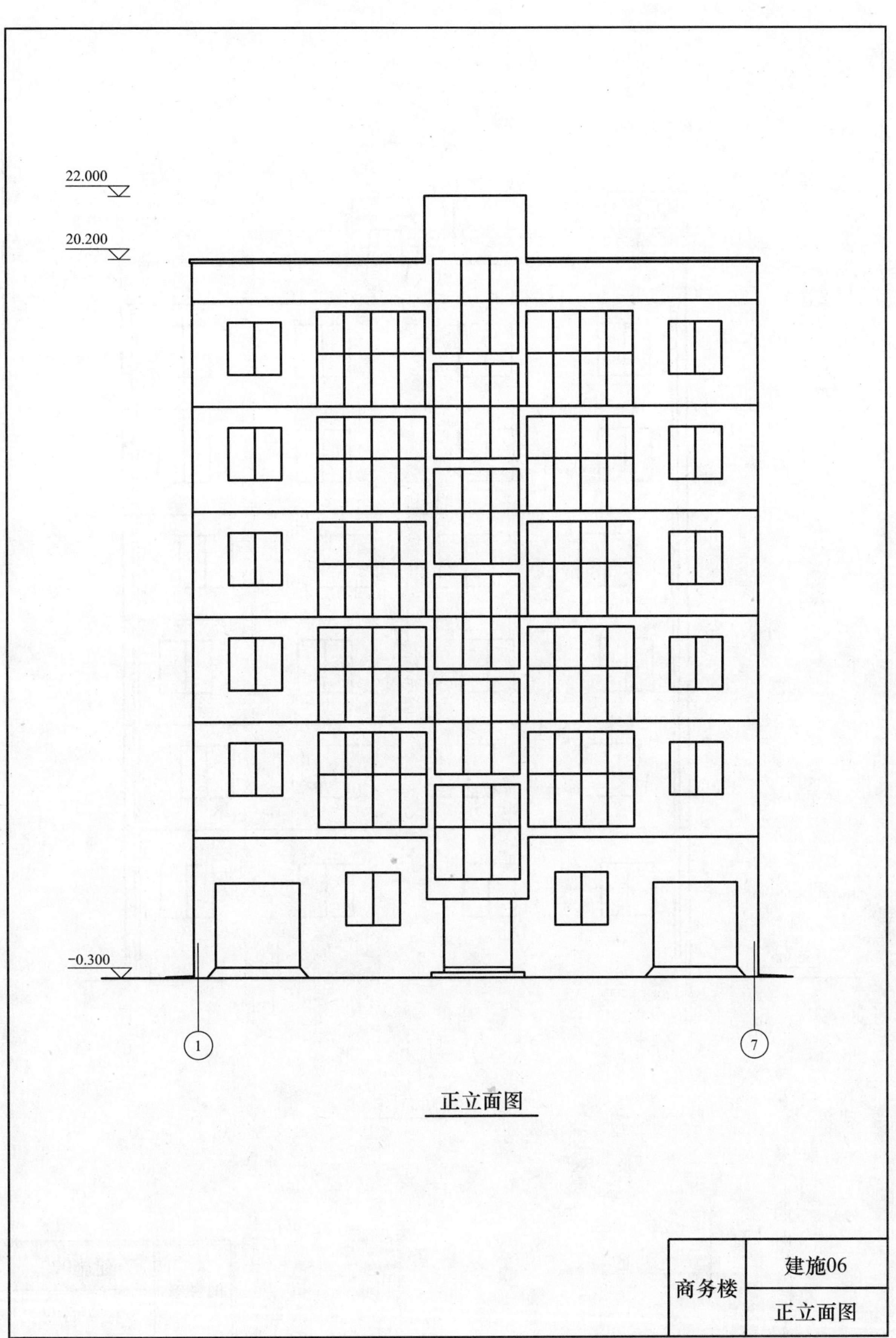
22.000
20.200
-0.300
1
7
正立面图
商务楼
建施06
正立面图

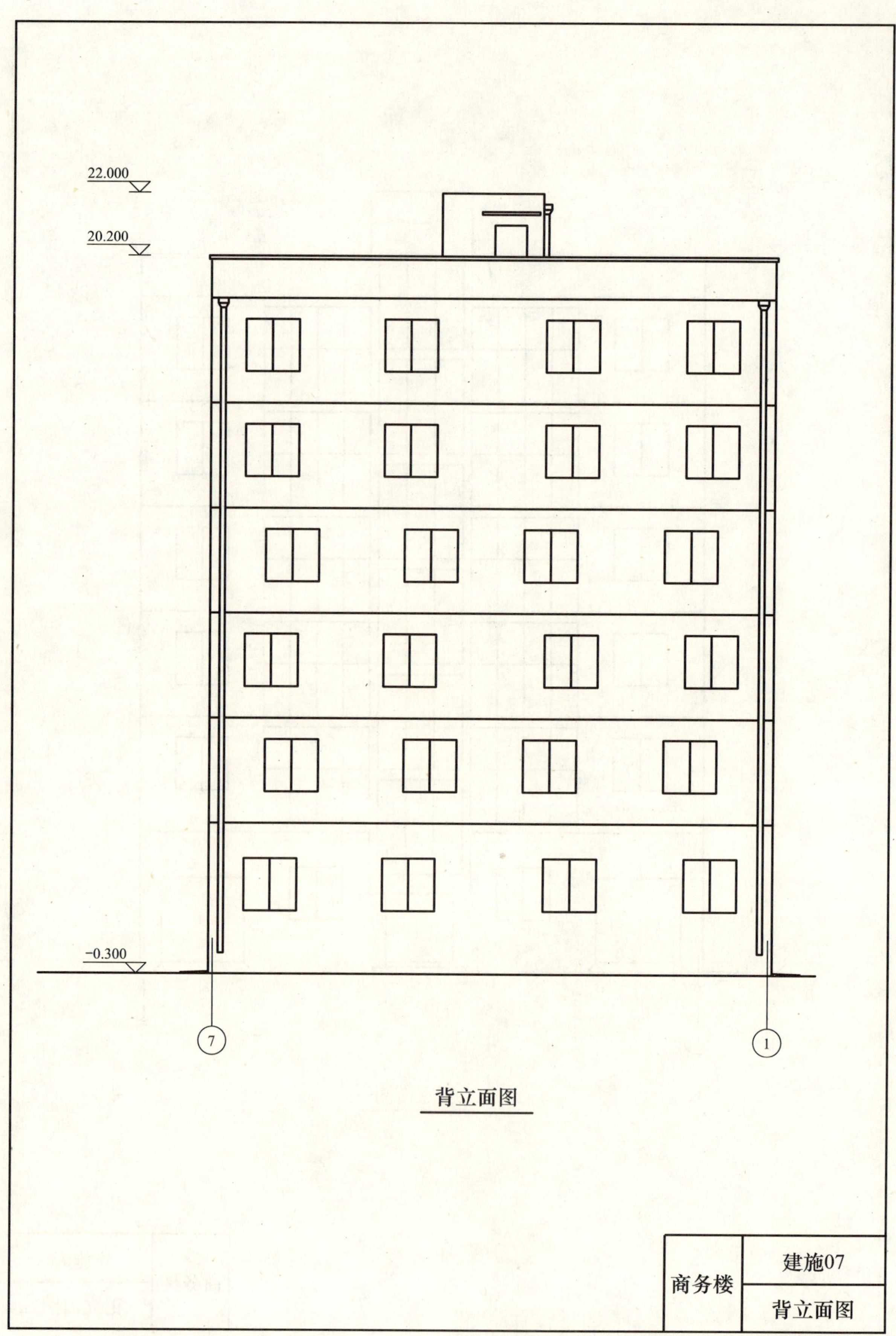
22.000
20.200
−0.300
7
1
背立面图
商务楼
建施07
背立面图

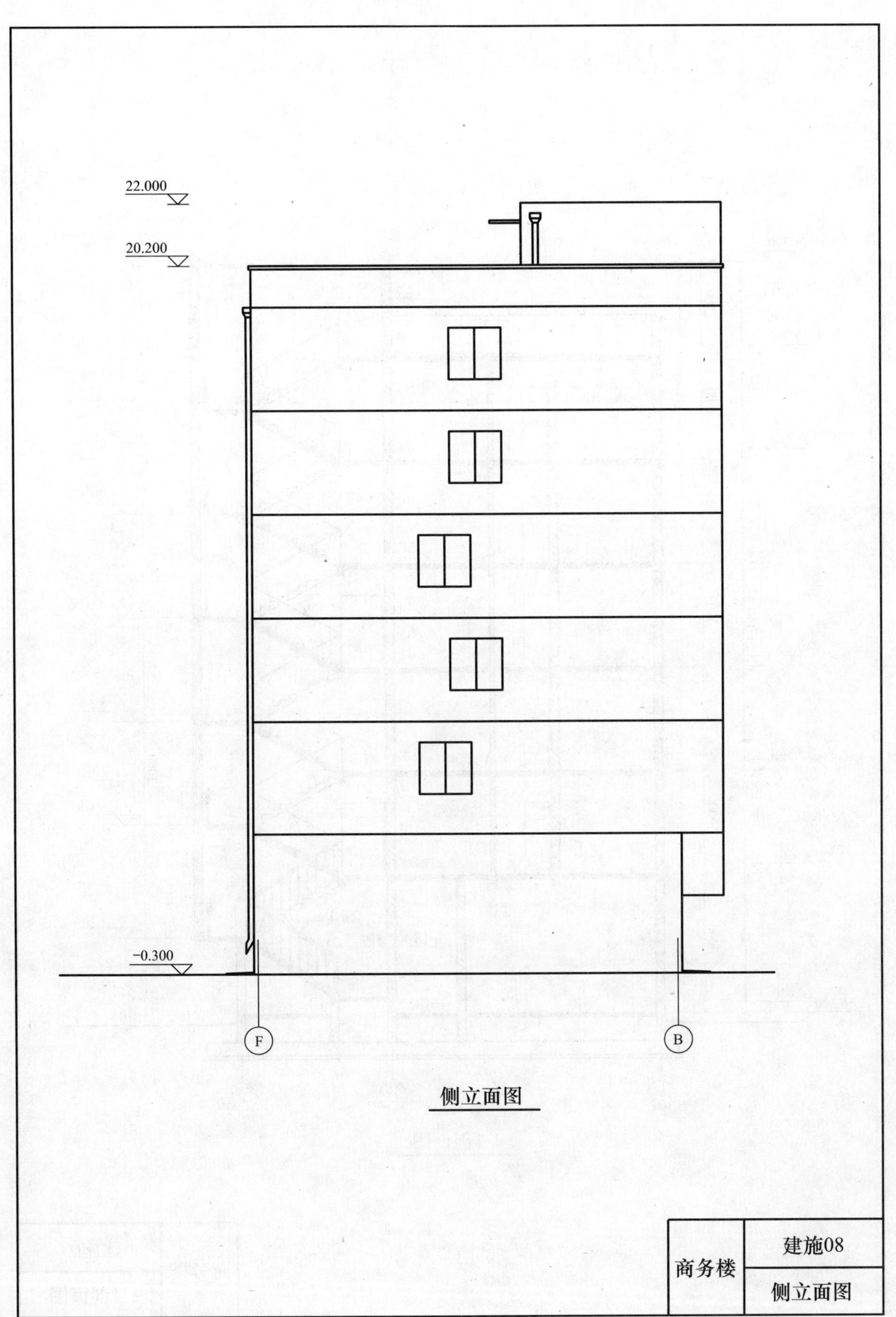
22.000
20.200
-0.300
F
B
侧立面图
商务楼
建施08
侧立面图

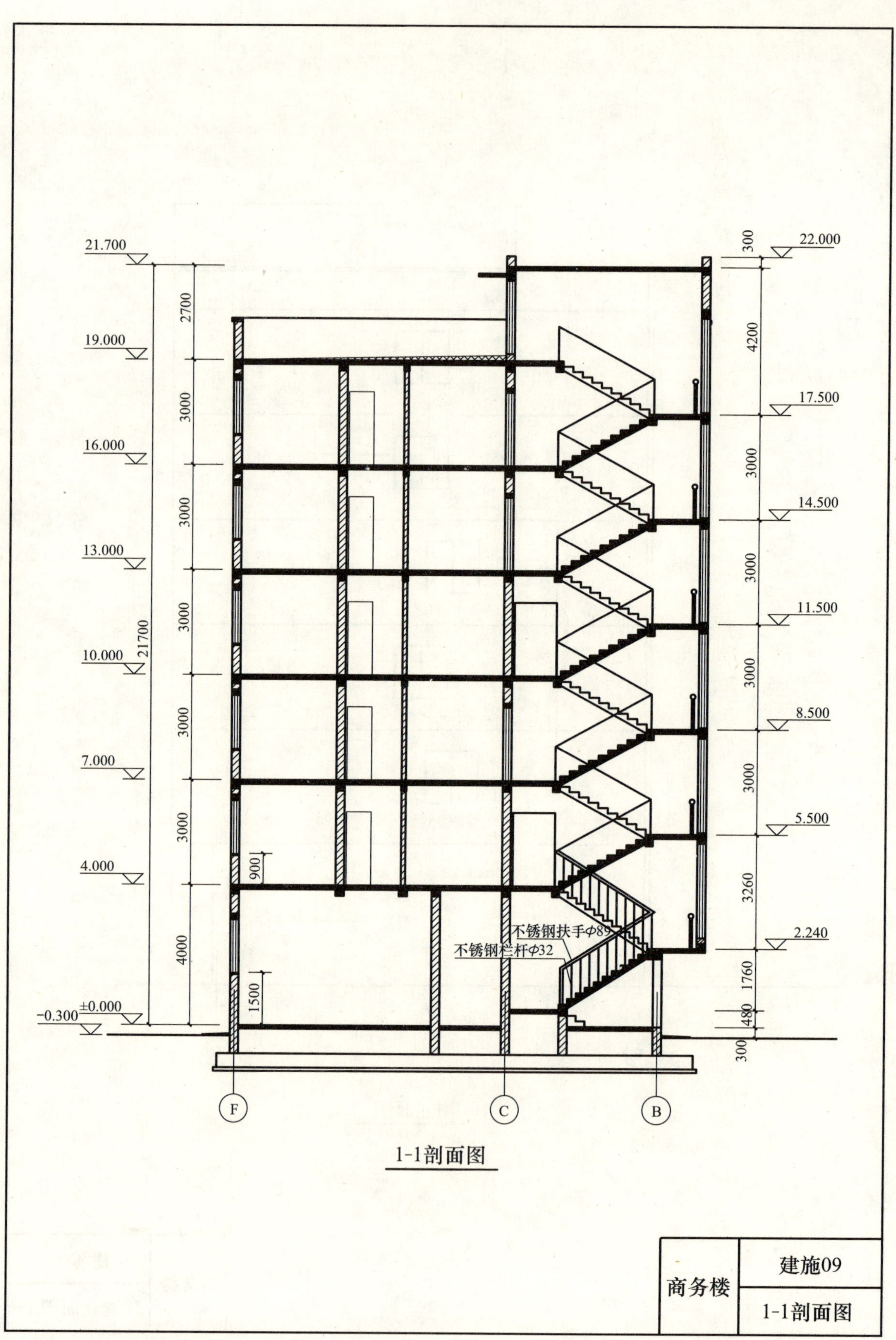
21.700
19.000
16.000
13.000
10.000
7.000
4.000
±0.000
-0.300
2700
3000
3000
3000
3000
3000
4000
21700
900
1500
22.000
17.500
14.500
11.500
8.500
5.500
2.240
300
4200
3000
3000
3000
3000
3260
1760
480
300
不锈钢扶手Φ89
不锈钢栏杆Φ32
F
C
B
1-1剖面图
商务楼
建施09
1-1剖面图

结构设计说明

一、主要结构材料

1. 本工程混凝土强度等级均为C25。

2. 钢筋种类：热轧钢筋HPB235级 f_y=210N/mm²以Φ表示。钢筋HRB335级 f_y=310N/mm²以Φ表示。

3. 墙体：±0.000以下砌体用MU15级砖，M10水泥砂浆砌筑。一层砌体为Mu15级砖，M7.5混合砂浆砌筑；其余楼层砌体均为MU10级砖，M7.5混合砂浆砌筑。

二、地基基础部分

1. 基础为C20混凝土，垫层为C15素混凝土。钢筋的保护层为35。

2. 开挖基槽时，在基础底设计标高以上，预留适当厚度200的土，待基础施工时，再挖至基础底设计标高。

3. 基础埋入老土的深度不应少于200。

4. 若施工时发现实际地质情况与设计要求不符，请通知设计院并与设计人员共同研究处理。

三、钢筋混凝土部分

1. 受力钢筋的混凝土保护层厚度为：板为15、梁柱为25。

2. 板底钢筋短跨方向筋放在底层，长跨方向筋放在短跨方向筋之上。

3. 当板跨≥3m时，在楼板面四角负筋长度方位内的支座负筋间距加密至100。

4. 门窗洞口过梁选用见下表(YP1按图集L99G320中YP1209-50配筋，洞口净宽900)

门窗洞宽(m)	过梁截面尺寸	上筋	下筋	分布筋	箍筋	梁长
L≤0.9	墙厚×120		3Φ8	Φ6@250		洞净宽+2×250
0.9<L≤2.0	墙厚×180	2Φ10	2Φ14		Φ6@250	洞净宽+2×250
2.0<L≤2.4	墙厚×240	2Φ10	3Φ14		Φ6@250	洞净宽+2×250

5. 圈梁交接处按L03G313，16、17页，如下图所示：

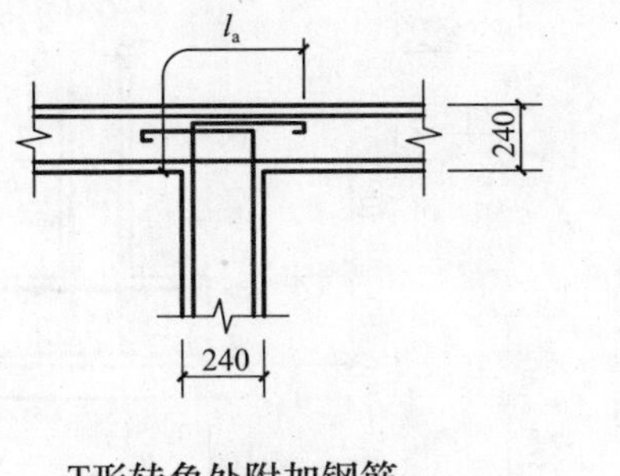

T形转角处附加钢筋

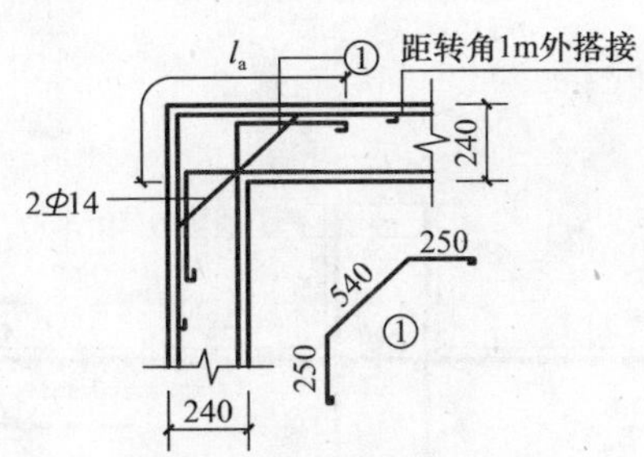

L形转角处附加钢筋

6. 柱和构造柱生根于基础或QL内，与墙联结处均设置拉结筋2Φ6沿高度方向每隔500设置并入墙内长度为1000；施工时必须先砌墙并按标准图集L03G313留马牙槎后浇筑构造柱混凝土。

7. 图中未注明的分布筋均为Φ6@200。

商务楼	结施01
	结构设计说明

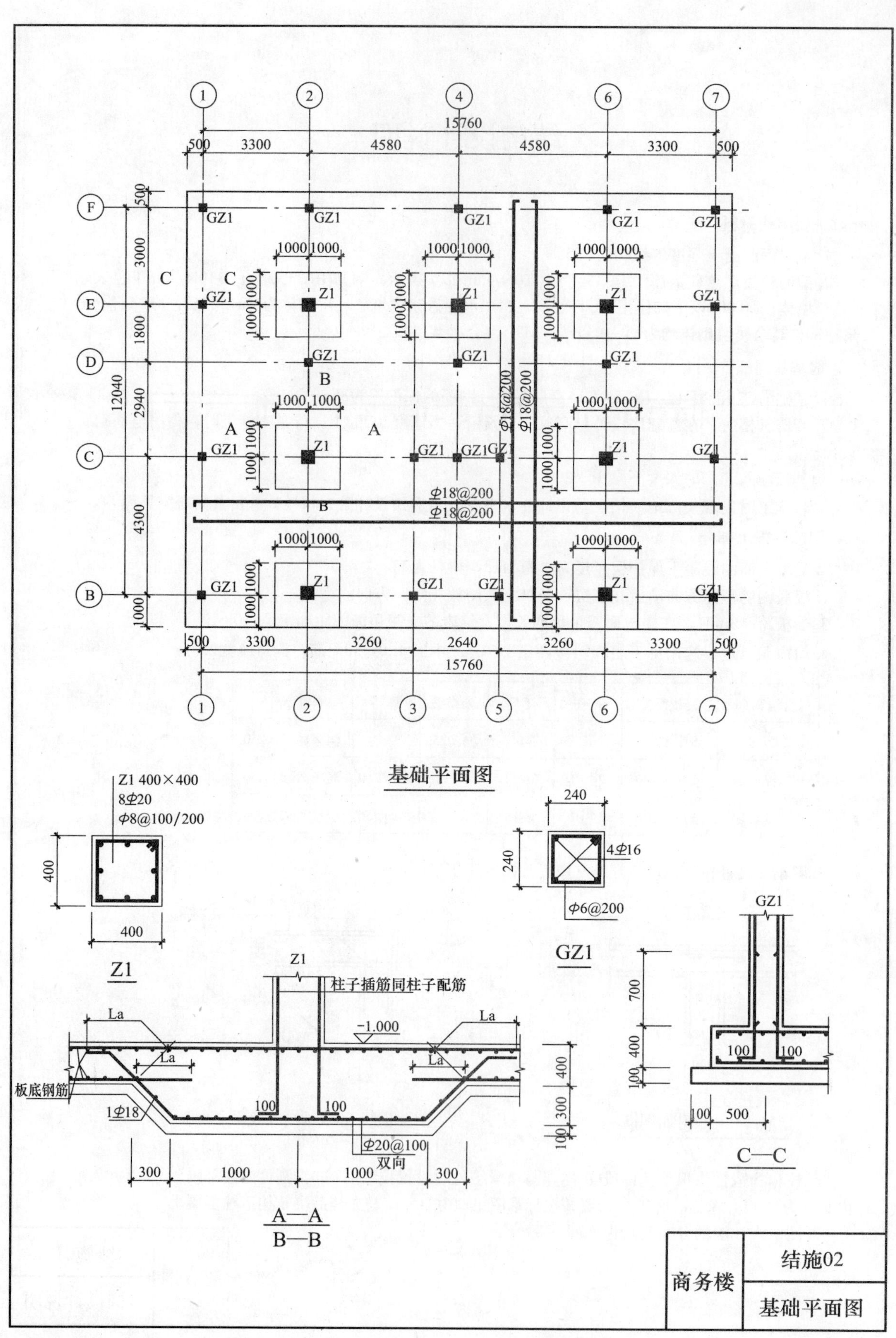

基础平面图
Z1 400×400
8Φ20
Φ8@100/200
Z1
GZ1
4Φ16
Φ6@200
柱子插筋同柱子配筋
-1.000
La
板底钢筋
1Φ18
Φ20@100
双向
A—A
B—B
C—C
商务楼
结施02
基础平面图

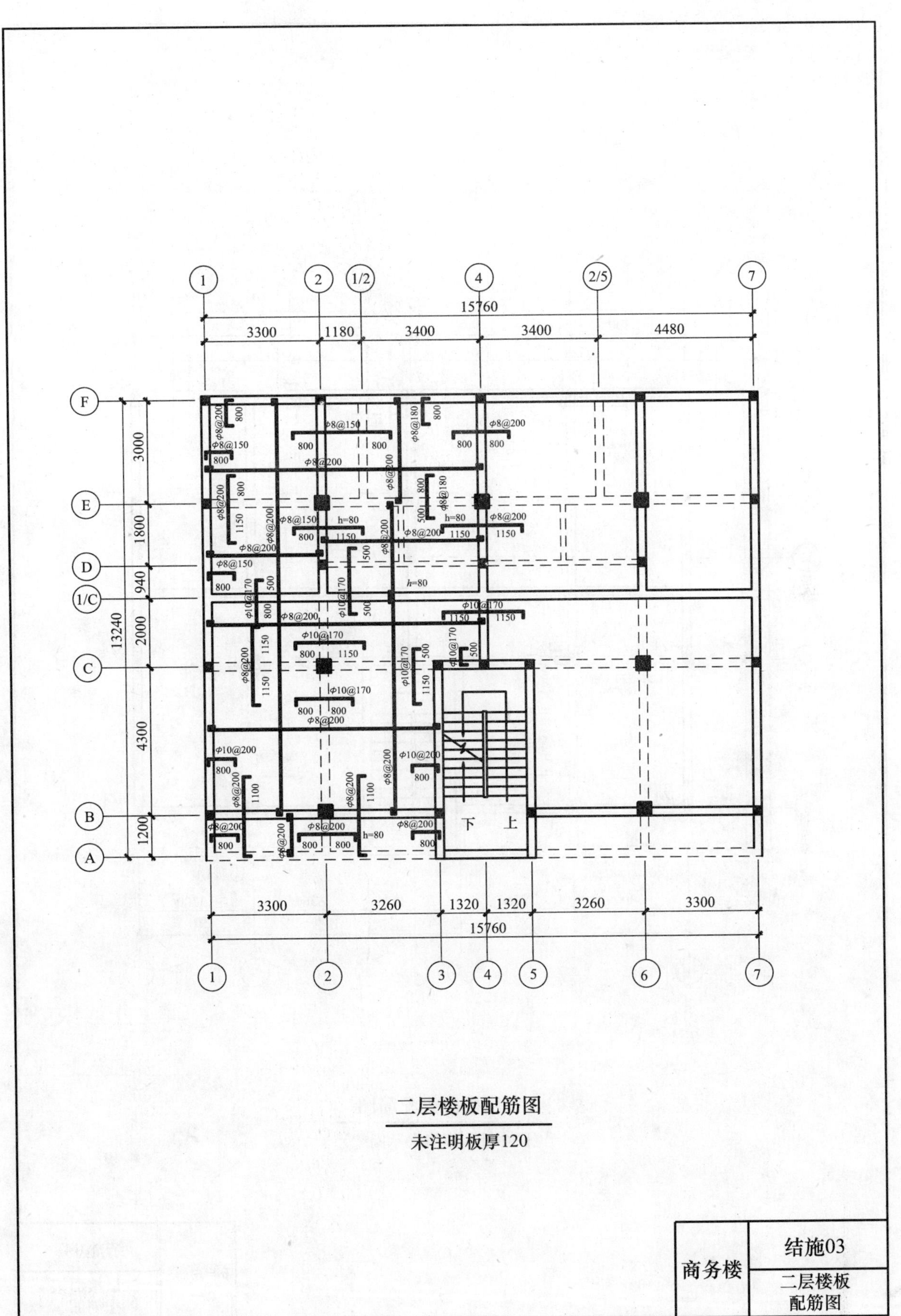

二层楼板配筋图
未注明板厚120
商务楼
结施03
二层楼板配筋图

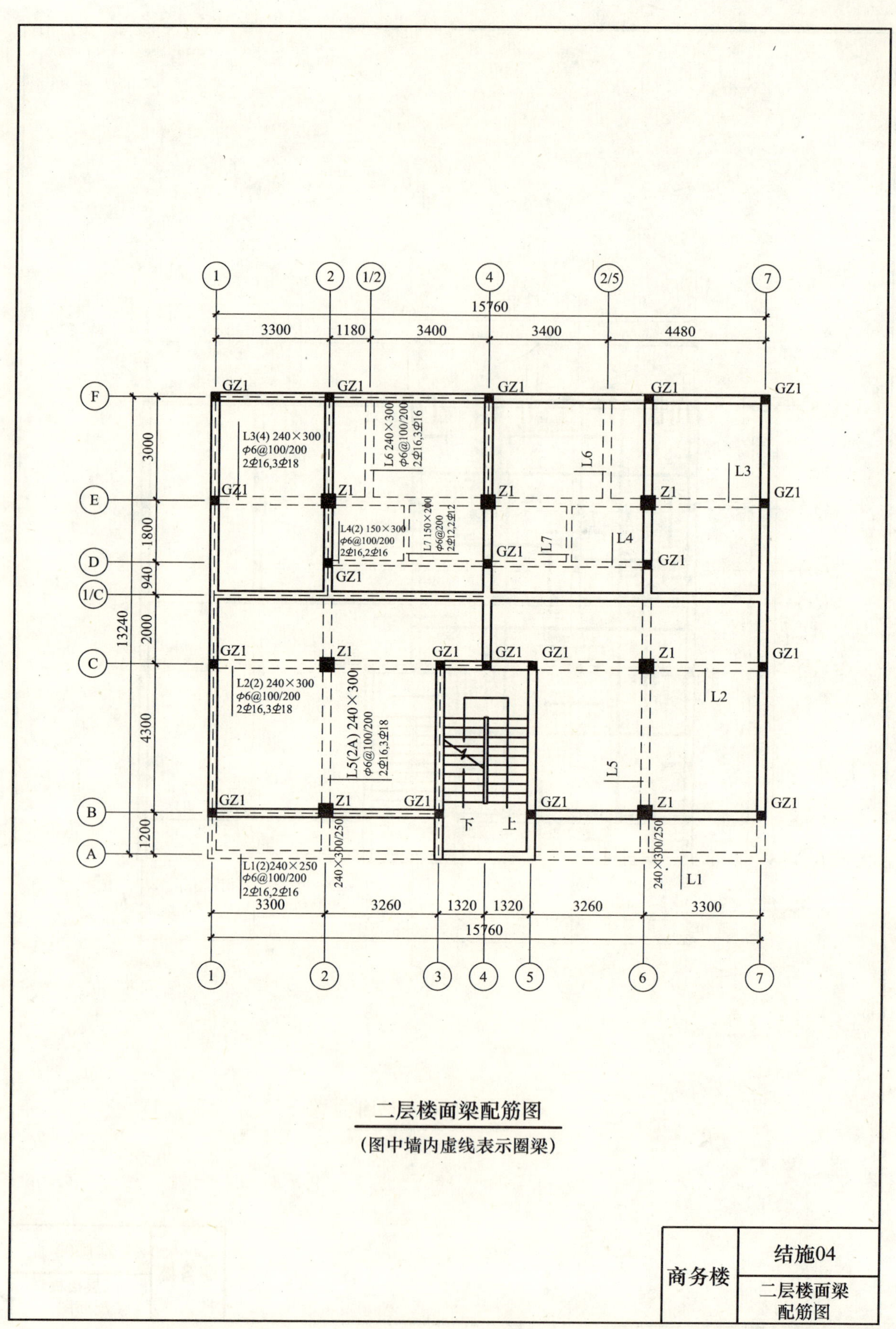

二层楼面梁配筋图

(图中墙内虚线表示圈梁)

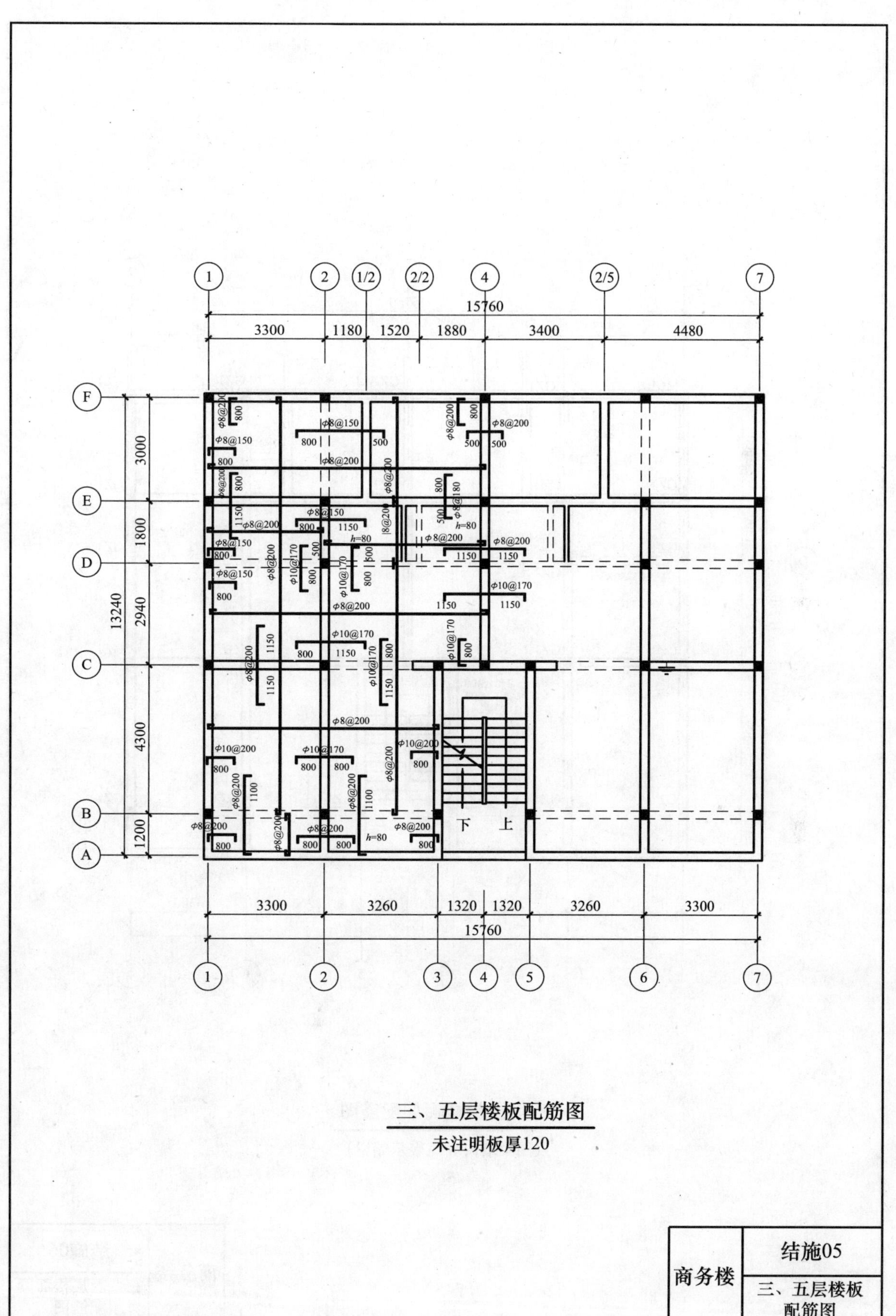

三、五层楼板配筋图

未注明板厚120

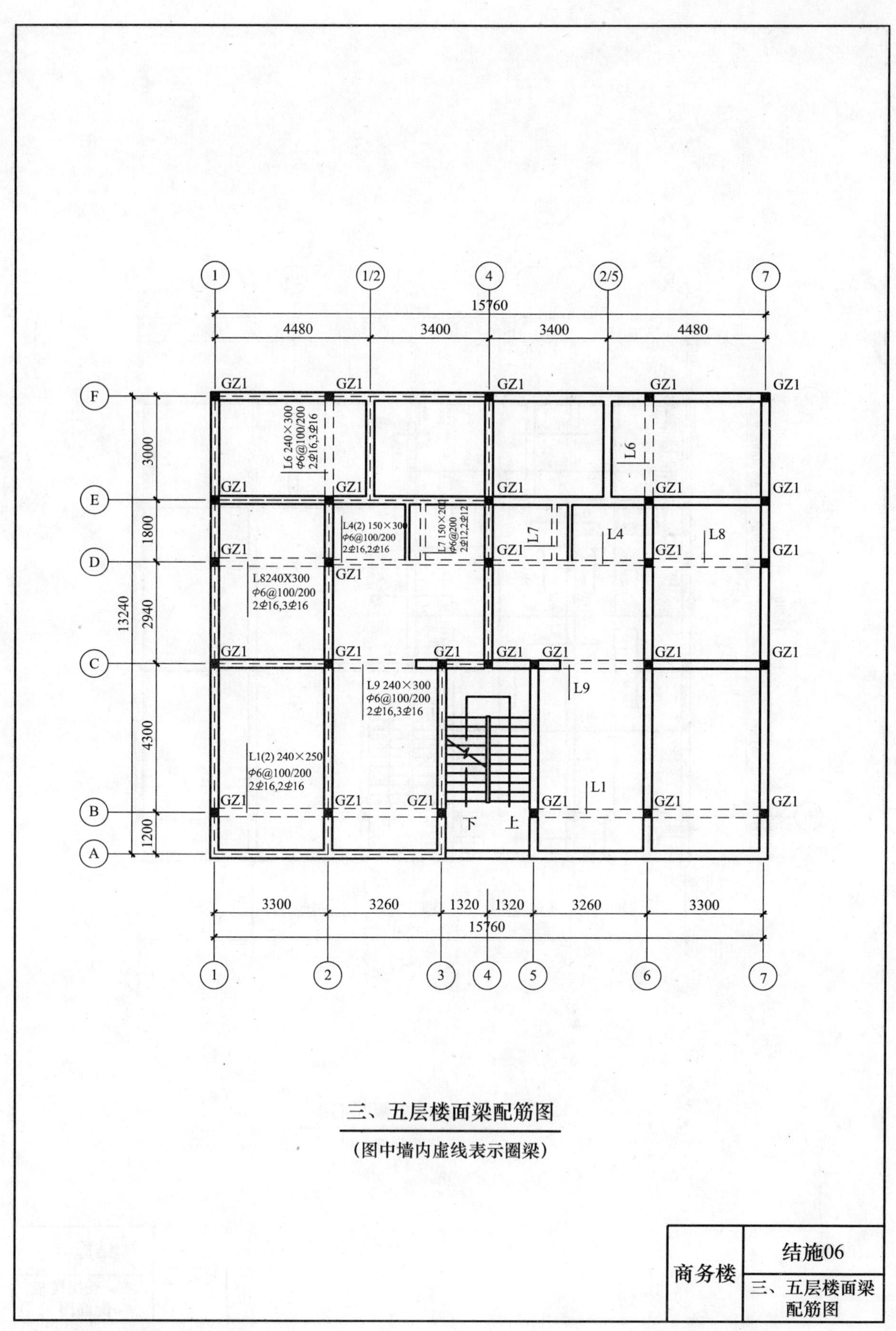
15760
4480
3400
3400
4480
GZ1
L6 240×300
Φ6@100/200
2Φ16,3Φ16
L6
L4(2) 150×300
Φ6@100/200
2Φ16,2Φ16
L7 150×200
Φ6@200
2Φ12,2Φ12
L7
L4
L8
L8240X300
Φ6@100/200
2Φ16,3Φ16
L9 240×300
Φ6@100/200
2Φ16,3Φ16
L9
L1(2) 240×250
Φ6@100/200
2Φ16,2Φ16
L1
下
上
3000
1800
2940
4300
1200
13240
3300
3260
1320
1320
3260
3300
15760
三、五层楼面梁配筋图
(图中墙内虚线表示圈梁)
商务楼
结施06
三、五层楼面梁配筋图

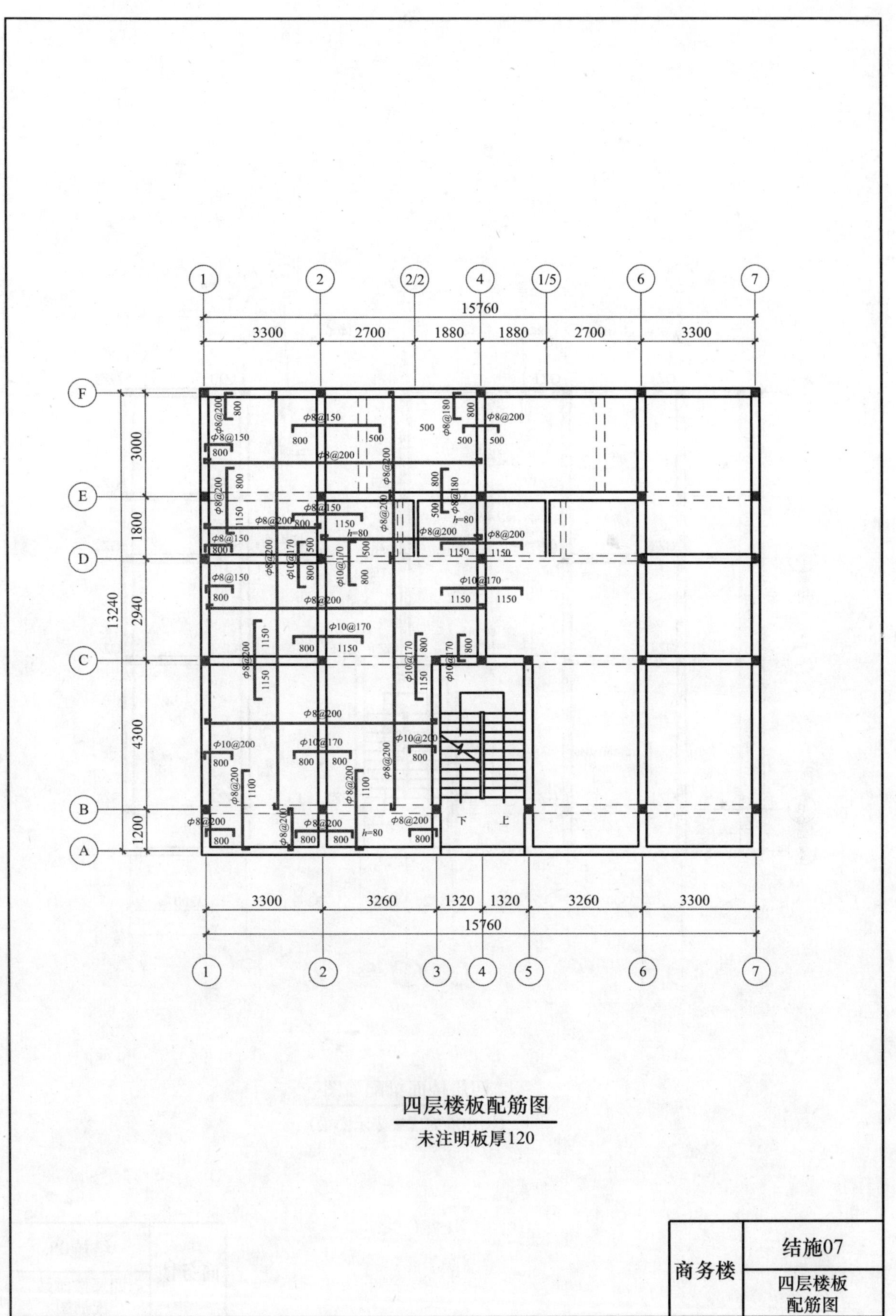
1
2
2/2
4
1/5
6
7
15760
3300
2700
1880
1880
2700
3300
F
E
D
C
B
A
3000
1800
2940
4300
1200
13240
φ8@200
φ8@150
φ8@180
φ10@170
φ10@200
h=80
下
上
3300
3260
1320
1320
3260
3300
15760
1
2
3
4
5
6
7
四层楼板配筋图
未注明板厚120
商务楼
结施07
四层楼板
配筋图

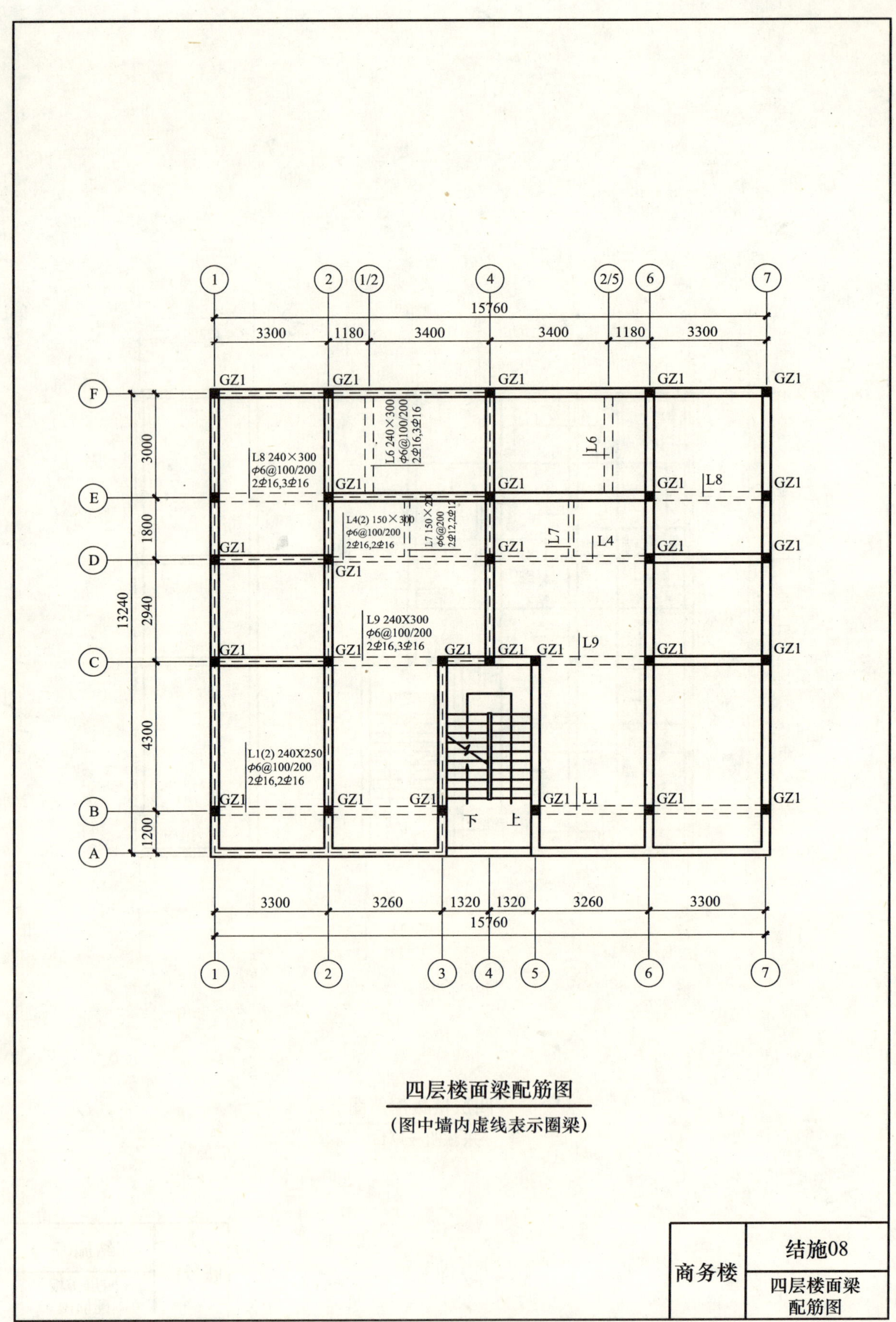
15760
3300
1180
3400
3400
1180
3300
GZ1
L8 240×300
φ6@100/200
2⏀16,3⏀16
L6 240×300
φ6@100/200
2⏀16,3⏀16
L6
L8
L4(2) 150×300
φ6@100/200
2⏀16,2⏀16
L7 150×200
φ6@200
2⏀12,2⏀12
L7
L4
L9 240X300
φ6@100/200
2⏀16,3⏀16
L9
L1(2) 240X250
φ6@100/200
2⏀16,2⏀16
L1
下
上
3000
1800
2940
4300
1200
13240
3300
3260
1320
1320
3260
3300
15760
四层楼面梁配筋图
(图中墙内虚线表示圈梁)
商务楼
结施08
四层楼面梁配筋图

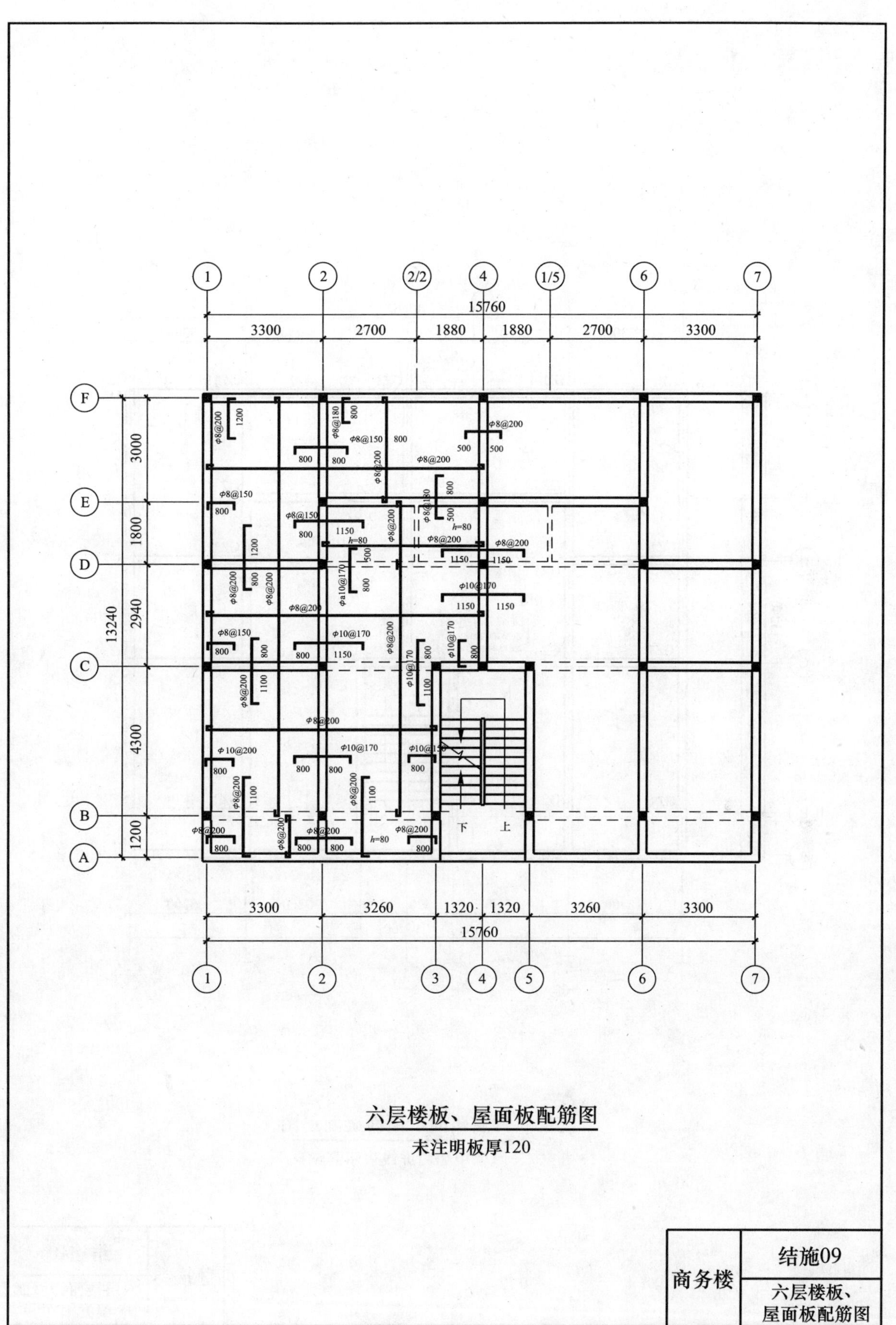
1
2
2/2
4
1/5
6
7
15760
3300
2700
1880
1880
2700
3300
F
E
D
C
B
A
3000
1800
2940
4300
1200
13240
3300
3260
1320
1320
3260
3300
15760
1
2
3
4
5
6
7
下
上
六层楼板、屋面板配筋图
未注明板厚120
商务楼
结施09
六层楼板、
屋面板配筋图

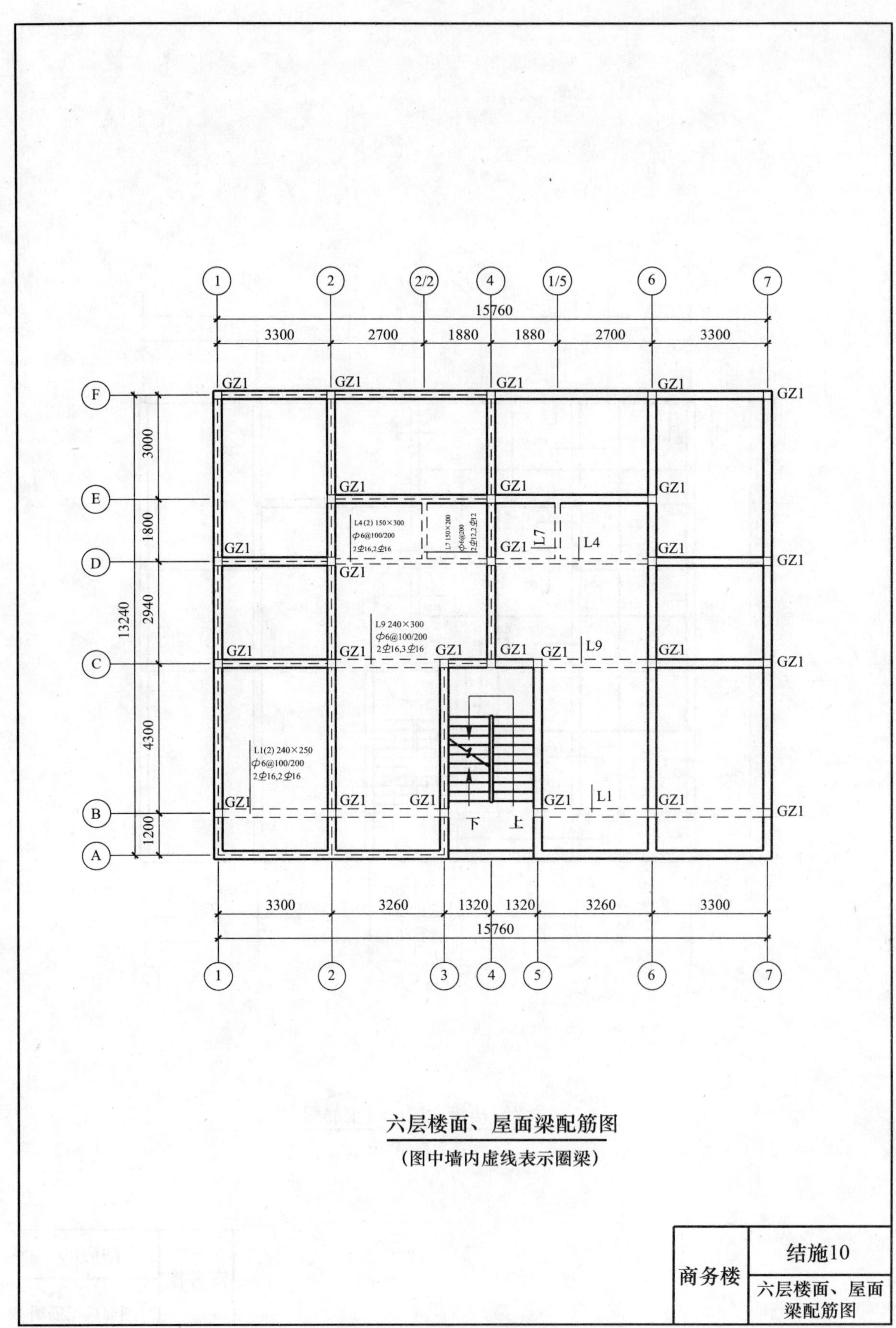
15760
3300
2700
1880
1880
2700
3300
GZ1
L4(2) 150×300
φ6@100/200
2Φ16,2Φ16
L7 150×200
φ6@200
2Φ12,2Φ12
L7
L4
L9 240×300
φ6@100/200
2Φ16,3Φ16
L9
L1(2) 240×250
φ6@100/200
2Φ16,2Φ16
L1
下
上
3000
1800
2940
4300
1200
13240
3260
1320
1320
3260
15760
六层楼面、屋面梁配筋图
(图中墙内虚线表示圈梁)
商务楼
结施10
六层楼面、屋面
梁配筋图

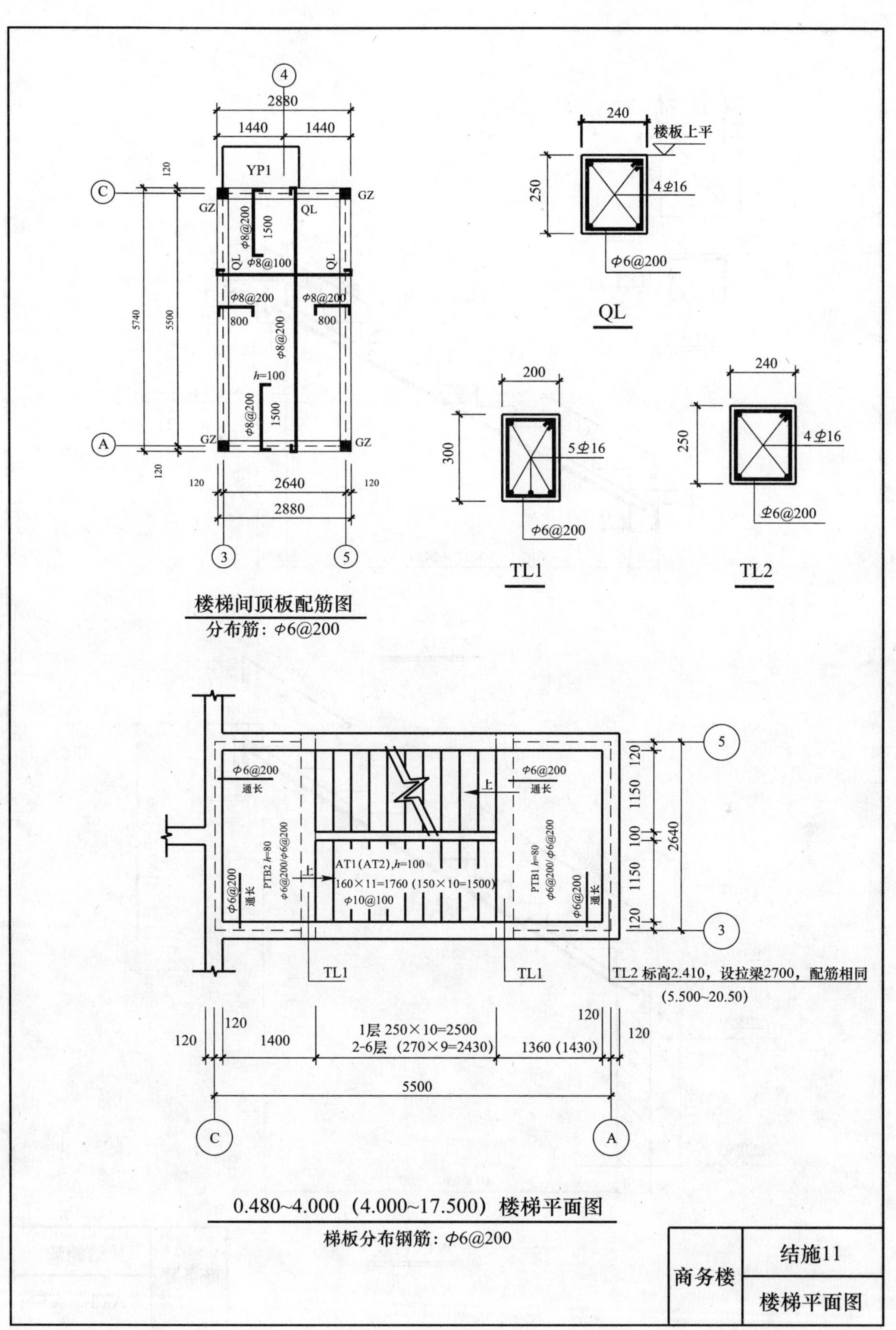

楼梯间顶板配筋图
分布筋：φ6@200
QL
TL1
TL2
0.480~4.000（4.000~17.500）楼梯平面图
梯板分布钢筋：φ6@200
商务楼
结施11
楼梯平面图

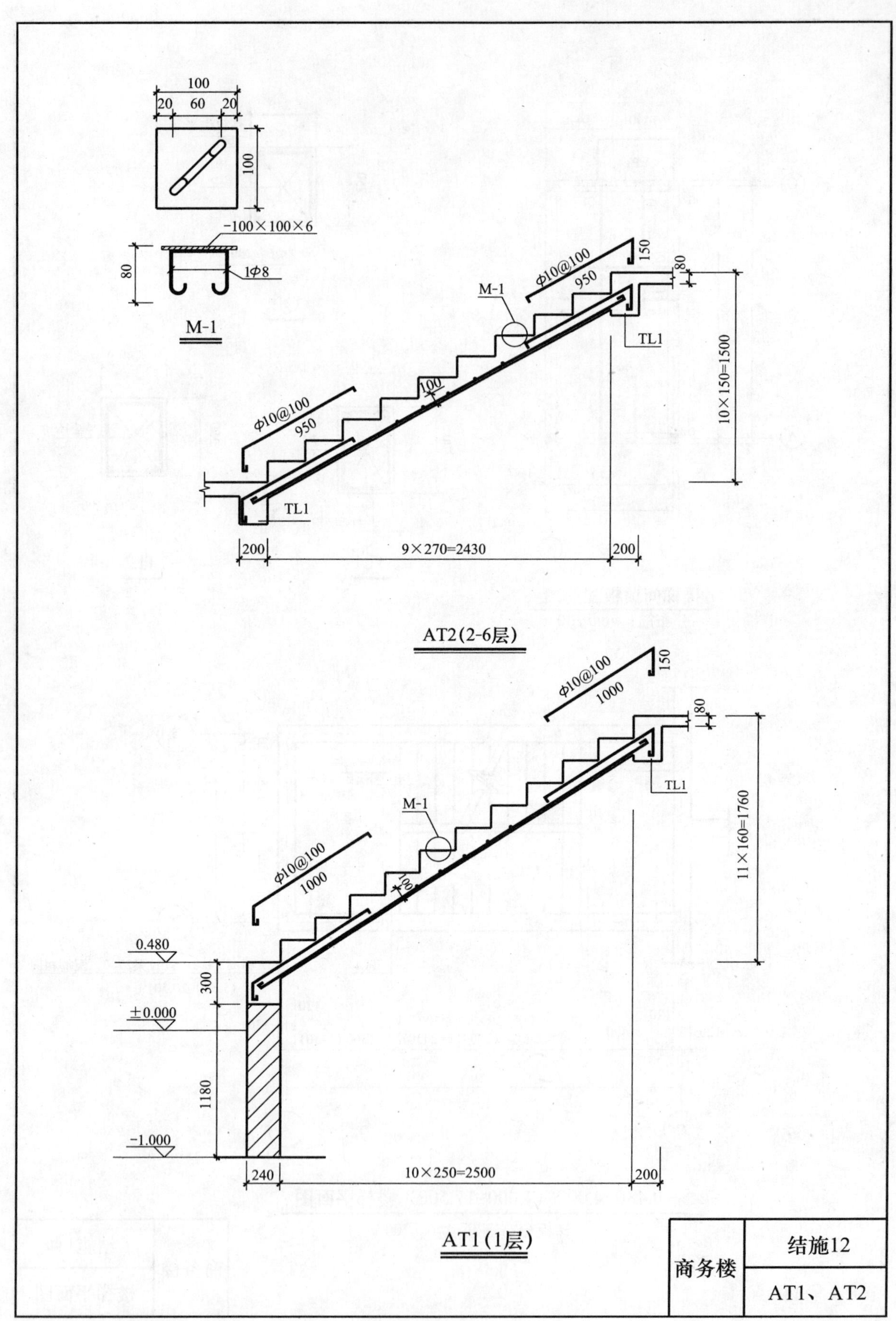

商务楼	结施12
	AT1、AT2

参 考 文 献

[1] 王在生. 微电脑用于编制预算. 北京：中国建筑工业出版社，1990.

[2] 黄伟典. 建设工程计量与计价案例详解. 济南：山东科学技术出版社，2006.

[3] 邢莉燕，陈起俊. 工程估价. 北京：中国电力出版社，2008.

[4] 王在生，王传勤. 建筑及装饰工程算量计价综合案例. 北京：中国建筑工业出版社，2008.

[5] 中华人民共和国国家标准.《建设工程工程量清单计价规范》GB 50500—2008. 北京：中国计划出版社，2008.

[6]《建设工程工程量清单计价规范》编制组.《建设工程工程量清单计价规范》GB 50500—2008 宣贯辅导教材. 北京：中国计划出版社，2008.

[7] 广联达软件股份有限公司. 广联达工程造价类软件教程案例图集. 北京：人民交通出版社，2009.

[8] 深圳市斯维尔科技有限公司. 三维算量软件高级实例教程. 北京：中国建筑工业出版社，2009.

[9] 王在生. 工程量清单招标控制价实例教程. 北京：中国建筑工业出版社，2009.